Der Kosmos-Mineralienführer

KOSMOS
NATUR
FÜHRER

J. Bauer / F. Tvrz

Der Kosmos-Mineralienführer

Mineralien
Gesteine · Edelsteine

Ein Bestimmungsbuch
mit 576 Farbfotos

Kosmos
Gesellschaft der Naturfreunde
Franckh'sche Verlagshandlung
Stuttgart

Text von Dozent Dr. Ing. Jaroslav Bauer
Mit 576 Farbfotos von František Tvrz und
63 Zeichnungen von Jaroslav Bauer
Grafische Gestaltung von Antonín Chmel

Umschlag von Edgar Dambacher unter Verwendung eines
Farbfotos von František Tvrz

CIP-Kurztitelaufnahme der Deutschen Bibliothek

Bauer, Jaroslav:
Der Kosmos-Mineralienführer: Mineralien, Gesteine, Edelsteine; e. Bestimmungsbuch / J. Bauer; F. Tvrz. – 5. Aufl. – Stuttgart: Franckh, 1981.
(Kosmos-Naturführer)
ISBN 3-440-04906-X
NE: Tvrz, František:

5. Auflage, 101.–120. Tausend
Franckh'sche Verlagshandlung, W. Keller & Co., Stuttgart
1981

Printed in Czechoslovakia / Imprimé en Tchécoslovaquie
L 10WW H Ste / ISBN 3-440-04906-X
Gesamtherstellung: Svoboda, Praha
3/07/03/52-05

Der Kosmos-Mineralienführer

Vorwort

Einen Teil der mannigfaltigen, besonderen Eigenschaften zahlreicher Gesteine, Erze und Minerale verstand schon der Mensch der Vor- und Frühgeschichte höchst sinnvoll zu nutzen. Mit anderen Worten: Im Grunde war der Steinzeitmensch der erste Mineraloge. In der Folge ließen die vielfältigen physikalischen und chemischen Eigenschaften der Minerale diese eine stetig zunehmende Bedeutung für Technik und Wissenschaft gewinnen, und heute sind manche als Rohstoffe für die moderne Industrie immer noch unentbehrlich. Darüber hinaus sprachen und sprechen die reichen Farben und der strahlende Glanz vieler Kristalle ebenso wie ihre regelmäßige, ja kunstvolle Gestalt seit jeher das Schönheitsempfinden im Menschen unmittelbar an.

Mit seinen 576 Farbfotos ist der KOSMOS-MINERALIENFÜHRER nicht nur für die zahlreichen Mineraliensammler und für die noch zahlreicheren Menschen bestimmt, die sich ganz allgemein an „schönen Steinen" erfreuen. Auch interessierte Laien und Anfänger können aus der Fülle des Dargebotenen einen tiefen Einblick in eine besondere Wunderwelt der Natur gewinnen.

Die Auswahl des Bildmaterials erfolgte deshalb sowohl nach systematischen wie auch nach ästhetischen Gesichtspunkten. So wird der erfahrene Sammler auf den folgenden Seiten auch so manche weniger bekannte und seltenere Minerale finden, die er in den vielen populären Büchern zum gleichen Thema vergeblich gesucht haben mag.

Der KOSMOS-MINERALIENFÜHRER will nicht zuletzt als praktikables und allgemeinverständliches Hilfsmittel zur Bestimmung von Mineralen dienen. Diesem hohen Anspruch Genüge zu tun ist nicht leicht. Einerseits wendet sich das Buch an einen breiten Leserkreis von Laien, bei dem man kaum tiefere Kenntnisse der Kristallographie, Chemie und Physik voraussetzen darf. Andererseits kann ein und dasselbe Mineral so verschiedenartige Merkmale zeigen, daß die sichere Bestimmung nicht nur dem Anfänger größte Schwierigkeiten bereiten, sondern auch Fachleuten viel Mühe und Nachdenken abfordern wird. So wurden als Grundlage der Mineralbestimmung nur diejenigen äußeren Merkmale gewählt, die sich durch genaues Betrachten und mittels einiger recht einfacher Proben feststellen lassen.

Die auffallendste Eigenschaft der Minerale ist ihre Farbe (s. Seite 24), obwohl dieses Kennzeichen nicht immer das entscheidende sein muß. Deshalb sind sie in diesem Buch auch nach Farben angeordnet. Tritt, was häufig vorkommt, ein Mineral in verschiedenen Farben auf, so ist es auch unter den verschiedenen Farben angeführt. Und damit der Leser und Benutzer die gesuchte Farbe auf Anhieb aufschlagen kann, sind die einzelnen Seiten mit Farbstreifen in den jeweiligen Farben der Minerale gekennzeichnet.

Ein zweites hervorstechendes Merkmal eines jeden Minerals ist sein Glanz (s. Seite 26), und so sind die besprochenen Minerale in metallisch und nichtmetallisch glänzende unterteilt. Innerhalb der Tabellen erfolgt die Anordnung der Minerale nach dem Grad ihrer Härte (s. Seite 21) und dem üblichen chemischen System der speziellen Mineralogie. Zur genaueren Bestimmung sind ergänzend als weitere leicht erkennbare Merkmale Strichfarbe (s. Seite 25), Spaltbarkeit (s. Seite 23) und Transparenz oder Durchsichtigkeit (s. Seite 27) in besonderen Spalten angeführt.

Üblicherweise findet man in vielen Bestimmungstafeln und -büchern idealisierte Zeichnungen der Kristallformen; aber es gibt in der Natur solche ideale „Modelle" nur sehr selten. Die Handstücke, die wir selbst sammeln oder in Sammlungen sehen, zeigen meist verschiedenartig verzerrte Formen und sind recht unregelmäßig entwickelt. Bei ein und derselben Mineralart, wie z. B. bei den Quarzvarietäten, kann nicht nur die Farbe sehr unterschiedlich sein (wir stoßen in den Tabellen immer wieder darauf), auch die Gestalt der Kristalle kann sehr häufig variieren, denken wir z. B. nur an die reichen Kristallformen des gewöhnlichen Calcits.

Idealmodelle können den Laien zunächst nur verwirren und ihn in zusätzliche Schwierigkeiten stürzen. Um dies zu vermeiden, wurde auf Kristallzeichnungen in den Tabellen verzichtet. Der Leser findet jedoch eine Zusammenfassung der wichtigsten Kristallformen auf Seite 16, zur Erläuterung der in der Tabelle in der Spalte Kristallsystem gebrauchten Ausdrücke. Für den, der sich speziell für Kristallographie interessiert, sei auf den Literaturnachweis am Schluß des Buches verwiesen.

Edelsteine und Gesteine sind in unserem Buch in Bild und Text nur kurz gestreift. Eine umfassende Auskunft findet man in zahlreichen Veröffentlichungen. Der Interessent sei auch hier auf das Literaturverzeichnis aufmerksam gemacht.

Alle Stufen – so nennt man die gezeigten Gruppen von Mineralen – stellte die Technische Universität in Prag aus ihrer mineralogischen Sammlung zu Verfügung. Einige Stücke stammen aus dem Mineralienkabinett des Prager Nationalmuseums. Anregung und Auftrag für das Buch gab die Franckh'sche Verlagshandlung – Kosmos Verlag, Stuttgart; die Gesamtherstellung übernahm Artia, Prag.

Einleitung

Einige Grundbegriffe

Sowohl die feste Erdrinde wie auch der lockere Boden unter unseren Füßen sind keine homogenen Massen. Im Gegenteil, die äußerste Schicht des Erdballs besteht aus stofflich sehr verschiedenen und uneinheitlichen, wie der Fachmann sagt, unhomogenen oder heterogenen Bausteinen. Sie alle bezeichnet man als *Gesteine*. Bei einer näheren Betrachtung dieser Gesteine stellt man fest, daß sie Anhäufungen von Mineralen sind. Man muß also die *Minerale* als Grundbestandteile der Gesteine bezeichnen. Tatsächlich ist ein Gestein im allgemeinen ein durch Naturvorgänge gebildetes Gemenge aus mehreren Mineralarten, ein stofflich unhomogener, geologisch aber selbständiger Teil der festen Erdrinde. Zwar gibt es auch einige chemisch homogene Gesteine – Marmor z.B. besteht aus nur einer Mineralart, aus Kalkspatkristallen –, die dann aber physikalisch unhomogen sind.

Demgegenüber sind Minerale natürlich entstandene, chemisch und physikalisch homogene Körper, die im allgemeinen eine definierte chemische Zusammensetzung haben. Abgesehen von zufälligen Einschlüssen und Beimengungen sind Eigenschaften und Zusammensetzung eines Minerals überall, d. h. unabhängig vom Ort seines Vorkommens, gleich.

Jedes Mineral hat bestimmte Eigenschaften und eine typische und gesetzmäßige Form. Die meisten Minerale sind durch ebene Flächen, scharfe Kanten und Ecken begrenzt. Minerale dieser Ausbildung bezeichnet man als *Kristalle*. Die äußere regelmäßige Gestalt hängt engstens mit dem inneren Feinbau, der Feinstruktur der Kristalle, zusammen. Ein Kristall ist also ein stofflich homogener Körper mit einer gesetzmäßigen Anordnung seiner kleinsten Bausteine, der Atome. Auch unregelmäßige Bruchstücke eines Kristalls bleiben in diesem Sinne *kristallin*. Die regelmäßige äußere Form mag zwar gestört sein, aber die Abstandsverhältnisse und die geregelte Anordnung der einzelnen Bausteine der Kristalle sind erhalten geblieben.

Manche Minerale haben keinen gesetzmäßigen geometrischen Feinbau. Anordnung und Abstandsverhältnisse der einzelnen Atome sind nicht so streng geregelt, die Begrenzung ihrer äußeren Form ist nicht geradflächig. Meist ist sie kugelig oder nierenförmig. Solche Minerale bezeichnet man als *amorph*, z. B. die Opale. Prinzipiell sind fast alle amorphen Minerale instabil und haben die Tendenz, über kurz oder lang in den kristallinen Zustand überzugehen.

Es gibt auch sogenannte *kryptokristalline* Minerale. Sie ähneln äußerlich den amorphen Substanzen, sind aber im inneren Feinbau, wie z. B. der Chalcedon, kristallin.

Es gibt nur feste Minerale; das einzige flüssige Mineral ist gediegenes Quecksilber.

Die Mehrzahl der Minerale tritt in Kristallform auf, jedoch nicht alle Minerale bilden auch Kristalle.

Minerale, die ein industriell wichtiges Element enthalten und als Rohstoffe zur Gewinnung dieses Elementes dienen können, bezeichnet man als *Erze*.

Minerale

Der stoffliche Aufbau der Minerale

Wir haben bereits festgestellt, daß sich die Erdrinde aus verschiedenen Gesteinen zusammensetzt, deren Grundbestandteile wiederum die Minerale sind. Die meisten Minerale sind bestimmte Verbindungen von chemischen Grundstoffen, den Elementen, und einige bestehen aus nur einem chemischen Element, wie z. B. Kupfer, Gold, Schwefel oder Kohlenstoff. Letzteren kennen wir als Diamant oder als Graphit. Der Grundstoff des verbreitetsten Minerals, des Quarzes, ist Siliciumdioxid (SiO_2), eine Verbindung von Silicium und Sauerstoff. In zahlreichen anderen Mineralen dagegen schließt sich eine größere Anzahl von Elementen zu sehr komplizierten Verbindungen zusammen. Die meisten Minerale sind anorganische Gebilde. Nur in Ausnahmefällen haben wir es mit Verbindungen organischer Herkunft zu tun, wie z. B. beim Bernstein (ein fossiles Harz) oder beim Whewellit (ein Calciumoxalat).

In der Natur kommen etwa 3000 verschiedene Minerale vor. Sie sind aus den 92 chemischen Elementen (Wasserstoff bis Uran) gebildet. Von dieser großen Anzahl der bekannten Mineralarten ist aber nur ein sehr kleiner Teil, etwa 40 bis 50, allgemein verbreitet, z. B. Quarz, Feldspäte, Glimmer, Pyroxene, Amphibole, Olivin. Diese Minerale bilden die Hauptgemengeteile verschiedener Gesteine. Sie heißen deshalb *gesteinsbildende Minerale.*

Das Klassifikationssystem der Minerale

Wie in jedem naturwissenschaftlichen Fachgebiet hat es sich auch in der Mineralogie als notwendig und zweckmäßig erwiesen, die einzelnen Arten der Minerale in ein übersichtliches System zu bringen. Zwar sind 3000 bekannte Minerale im Vergleich zu den Zehntausenden von Gattungen in der Biologie keine überwältigende Menge. Aber dennoch ist es vorteilhaft, die Minerale nach ihrer chemischen Zusammensetzung und nach ihrem inneren Gitterbau, ihrer Feinstruktur, zu ordnen. Dieses sehr übersichtliche Ordnungsprinzip finden wir in fast allen Mineraliensammlungen. Man beginnt mit den chemisch einfachsten, d. h. den Elementen, die bereits an sich ein Mineral sind, und ordnet dahinter die komplizierteren Verbindungen ein, wobei auch die chemischen Verwandtschaftsbeziehungen der Minerale berücksichtigt werden. Auch für kleinere, private Sammlungen ist diese Ordnung zu empfehlen.

Ebenso bewährt wie weitverbreitet ist die Einreihung der Minerale nach kristallchemischen Gesichtspunkten, entsprechend den Mineralogischen Tabellen von H. Strunz, in neun natürliche Klassen:

1. Elemente
2. Sulfide (Selenide, Telluride, Arsenide, Antimonide, Bismutide)
3. Halogenide
4. Oxide, Hydroxide
5. Nitrate, Carbonate, Borate
6. Sulfate (Chromate, Molybdate, Wolframate)
7. Phosphate, Arsenate, Vanadate
8. Silikate
9. Organische Substanzen

Nach diesem Klassifikationssystem sind auch im vorliegenden Kosmos-Mineralienführer die Minerale des Tafelteils gegliedert.

Die Entstehung der Minerale

Magmatische Mineralbildung

Ähnlich wie alles Leben einem steten Wandel unterworfen ist, entstehen, wachsen und wandeln sich auch Minerale. Die meisten entstanden und entstehen auch heute noch in den Tiefen der Erde, dort, wo große Drücke (Tausende von Atmosphären) und hohe Temperaturen (etwa 900°C bis 1300°C) herrschen. In dieser Tiefe liegt der Bereich der glühenden, flüssigen Silikatschmelze, die wir *Magma* nennen. Teile dieses Magmas gelangen im Zusammenhang mit den ständigen Bewegungen der Erdkruste, wie Auffaltung oder Bruch usw., in höhere und kühlere Schichten der Erdrinde, wo es allmählich erstarrt und Massive von Tiefengesteinen bildet.

Das Magma ist eine mit Gasen und Wasserdampf gesättigte Schmelze aus verschiedenen Silikaten und Oxiden. Seine Zusammensetzung entspricht im allgemeinen dem chemischen Charakter der Gesteine der Erdrinde. Verschiedene Strömungen halten das Magma in steter Bewegung. Dabei kommt es in seinem Innern zu chemischen Reaktionen. Es bilden sich neue Verbindungen, die neuentstehenden Mineralen entsprechen.

Gelangt das unter großem Druck stehende, glutflüssige Magma in höhere und kühlere Schichten der Erdrinde, nimmt seine Temperatur ab. Und während dieses Abkühlungsprozesses scheiden sich die ersten Minerale ab. Mit zunehmender Abkühlung des Magmas steigt auch die Menge der sich bildenden Minerale. Die spezifisch leichteren der in diesem ersten Stadium auskristallisierten Minerale bleiben in den höheren Schichten, die schwereren jedoch sinken wieder langsam ab. Dieser Vorgang gehört zur *magmatischen Differentiation*. Sie führt zu örtlichen Mineralanreicherungen, wie z. B. Lagerstätten von Magnetit und Chromit.

Im weiteren Verlauf der Kristallisation wachsen die Kristalle: Aus winzigen Keimen entstehen durch die gesetzmäßige Anlagerung neuer Baueinheiten neue, weitere Kristalle, ein Vorgang, der erst mit dem endgültigen Erstarren des Magmas endet.

In der Endphase der Kristallisation wird das Magma dünnflüssiger. Sein Gehalt an leichtflüchtigen Bestandteilen, Gasen und Wasserdampf, ist gestiegen. Es hat sich weiter vom ursprünglichen Magmaherd entfernt und bildet nun die sogenannten *Pegmatite*. In diesen konzentrieren sich Minerale wie Glimmer, Turmalin, Beryll und andere, die Elemente von seltenen Erden enthalten, sowie Zinn- und Wolframerze. Schließlich erstarrt auch das Restmagma.

Ein Teil der Gase und des Wasserdampfs bleibt im Gestein eingeschlossen und kann dort, ähnlich wie Luftblasen in einem Brotlaib, mandelförmige Hohlräume bilden. Wir finden solche Mandeln nicht selten in Melaphyrgesteinen. Oft füllen sich die Hohlräume später mit Quarz, Achat oder Chalcedon. Der Großteil der Gase und Dämpfe kann jedoch durch Gesteinsspalten und -klüfte zur Erdoberfläche entweichen. Dabei kühlen die ursprünglich heißen Lösungen ab, und es bilden sich neue Minerale, die in Form von Kristallen die Wände der Spalten besetzen. In diesem Stadium, das wir als *hydrothermal* bezeichnen, können allgemeinbekannte Minerale wie Quarz und Kalkspat entstehen. Sind Elemente von Schwermetallen vorhanden, bilden sich die verschiedenartigen Erzgänge.

Werden bestimmte Erze, wie des Molybdäns, Zinns und Wolframs, direkt aus den heißen Gasen und Dämpfen ausgeschieden, spricht man von *Pneumatolyse* bzw. pneumatolytischer Bildung.

Nahe der Erdoberfläche verdichtet sich der Wasserdampf zu Wasser, das immer noch stark mit Mineralstoffen durchsetzt ist und nun zusammen mit versickertem Oberflächenwasser als Mineralquelle an die Oberfläche dringt. Aus diesen heißen oder kalten Mineralquellen setzen sich weitere verschiedene Minerale ab, z. B. Sprudelstein (Aragonit) oder Geyserit.

Dringen heiße Lösungen und Gase durch die Spalten und Klüfte sedimentärer Gesteine (z. B. Kalkstein), lösen sie diese auf, und es entstehen neue, sekundäre Minerale. Diese Mineralbildung nennt man *metasomatisch*. Durch solche Vorgänge entsteht z. B. Siderit-Eisenspat.

Mineralentstehung durch Verwitterung

Alle Minerale und Gesteine sind an der Erdoberfläche einer Reihe von zerstörenden Einflüssen ausgesetzt, die wir zusammenfassend als *Verwitterung* bezeichnen. Sie wirkt allmählich, aber unaufhaltsam und dauernd. Der Wechsel der Temperatur und die sprengende Wirkung des Frostes zerstören das Gestein mechanisch, der Sauerstoff der Luft, Kohlensäure und Wasser zerstören es chemisch. Hinzu kommt als dritter Faktor der zerstörende Einfluß biologischer Prozesse.

Die Verwitterung kann zu durchgreifenden Veränderungen der Minerale führen: Feldspäte werden zu Kaolin, Olivin wird zu Serpentin, und goldgelber Pyrit geht in braunen Limonit über, um nur einige Beispiele zu nennen. Durch die Verwitterung des Pyrits kann auch Schwefelsäure frei werden. Diese wirkt dann auf ihre Umgebung und läßt aus Kalkspat Gips entstehen oder eine ganze Reihe von anderen Sulfaten. Ähnlich verläuft auch die Bildung des Edelopals.

Auf die geschilderte Art und Weise erhalten wir eventuell aus einem einzigen Mineral, z. B. aus Chalkopyrit, eine ganze Reihe sekundärer Minerale, wie Malachit, Azurit oder Limonit. Auch die bekannten Tropfsteinhöhlen sind die Folge eines Verwitterungsprozesses.

Mineralbildung durch chemisch-sedimentäre Prozesse

Verschiedene Minerale setzen sich aus dem Meer ab, entweder durch Verdunstung des Wassers oder durch Änderung seiner chemischen Zusammensetzung. So entstehen Lagerstätten von Steinsalz oder Sylvin, und so bilden sich auch Gipsstein, Kalkspat und einige Eisenerze, wie Chamosit oder Raseneisenerz.

Minerale und Gesteine biologischen Ursprungs

Die lebende Natur übt nicht nur eine zersetzende Wirkung auf Minerale und Gesteine aus. Sie vermag auch aus Mineralstoffen, die in Wasser gelöst sind, neue Minerale aufzubauen. So sind z. B. Koralleninseln und Kalksteinmassive das „Produkt“ von Lebewesen. Aus einer Reihe von Organismen entstehen nach ihrem Absterben neue Minerale, d. h. dann, wenn die Prozesse des Verfalls und der Zerstörung ablaufen. So bildeten und bilden sich auch heute noch neue Lagerstätten von Phosphoriten. Biologischen Ursprungs sind z. B. auch Schwefel, Salpeter, Pyrit und Markasit.

Metamorphe Mineralbildung

Das aus dem Erdinnern aufsteigende, glutflüssige Magma wirkt auch auf die Teile der Erdkruste, in die es eindringt. Es beeinflußt die umliegenden älteren Gesteine, besonders die sedimentären, einerseits durch seine hohe Temperatur und den Druck, den es ausübt, und andererseits chemisch durch die Reaktion mit verschiedenen Stoffen. Die sedimentären Gesteine ändern dabei wesentlich ihr Aussehen und ihre physikalischen und chemischen Eigenschaften. Auf diese Weise entstehen sekundär neue, metamorphe Gesteine und Minerale. Eine solche Bildung neuer Minerale nennt man *kontaktmetamorph.* Zu den kontaktmetamorphen Mineralen gehören z. B. manche Glimmer, Granat, Disthen usw.

Zusammenfassend läßt sich sagen: Ein Mineral kann unter verschiedenen Bedingungen und auf verschiedene Weise entstehen. Ein Mineral tritt in der Natur nur selten allein auf, aber fast immer gemeinsam mit vielen anderen, den *Begleitmineralen.* Eine solche Mineralgemeinschaft nennt man *Paragenese.* Ihre Bildung unterliegt ganz bestimmten Gesetzen. Die Kenntnis dieser Gesetze ist die Voraussetzung für eine Orientierung im Entstehungsprozeß der Minerale und ermöglicht es, aus dem Vorkommen eines Minerals auf die Existenz weiterer Begleitminerale zu schließen.

Das äußere Bild der Minerale

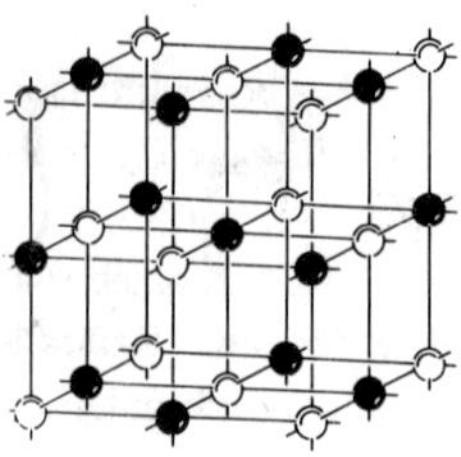

Steinsalz – Gittermodell

Kristalle

Wir haben auf den vorhergehenden Seiten kurz die Begriffe kristallin und amorph erklärt und sind auch schon auf die Feinstruktur der Kristalle eingegangen, die von der Anordnung ihrer kleinsten Bausteine (Ionen, Atome und Moleküle) abhängt. Diese Grundeinheiten sind gesetzmäßig geometrisch gereiht. Sie bauen *Kristallgitter* oder *Raumgitter* auf. Entsprechend der Gruppierung der Bauelemente unterscheiden wir eine ganze Reihe von Gittertypen. Einige ziemlich einfache Typen sind mehreren Mineralen gemeinsam, wie z. B. der NaCl-Typ. Andere Raumgitter haben eine sehr komplizierte Struktur.

Die Gruppierung der Atome im Innern der Kristalle spiegelt sich vereinfacht in der äußeren *Kristallform.* Der Raumkörper Kristall ist von Flächen, Kanten und Ecken verschiedener Form und Größe begrenzt. Ihre Lage zueinander und ihre Symmetrie folgen, ähnlich wie die innere Struktur, bestimmten Gesetzen.

Für jede kristallisierte Mineralart sind die Winkel, unter denen sich die einzelnen Kristallflächen schneiden, typisch. Die Größe dieser Winkel, die wir *Flächenwinkel* nennen, ist bei allen Kristallen desselben Minerals gleich, ohne Rücksicht auf die Kristallgröße. Diese Eigenschaft wird durch das Gesetz der Winkelbeständigkeit definiert. Es gilt natürlich nur für gleiche, analoge Flächen.

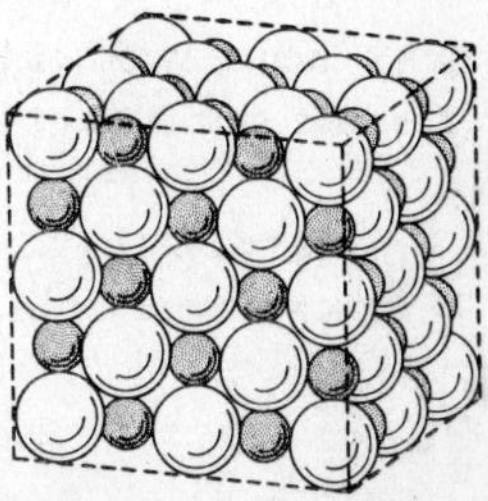

Feinbau der Kristalle (schwarze Kugeln – Natrium, weiße Kugeln – Chlor)

Symmetrie der Kristalle

Eine wichtige Eigenschaft der Kristalle ist die Regelmäßigkeit der Stellung oder Lage der einzelnen Kristallflächen zueinander, die *Symmetrie der Kristalle.* Wir unterscheiden folgende Symmetrieelemente:

1. Die *Symmetrieebene:* Sie teilt den Kristall in zwei symmetrische Hälften und wird auf Grund dieser Eigenschaft auch *Spiegelebene* genannt.

2. Die *Symmetrieachse:* Sie ist eine gedachte Gerade, die durch das Zentrum des Kristalls geht. Dreht man den Kristall um diese Achse, gelangt er wiederholt in eine Stellung, die identisch mit der Ausgangsposition ist. Man bezeichnet diese Symmetrieachsen als zwei-, drei-, vier- und sechszählig, je nachdem wie oft bei einer vollen Drehung des Kristalls (um 360°) eine Identität mit der Ausgangsposition erreicht wird.

3. Das *Symmetriezentrum:* Jeder Fläche des Kristalls entspricht eine parallele, gegenüberliegende Fläche, die jedoch um das gedachte Zentrum um 180° gedreht ist.

Kombiniert man die genannten Symmetrieelemente und gliedert sie nach Anzahl und Art, gelangt man zu 32 *Symmetrieklassen* für alle Kristalle. Die Klassen wiederum lassen sich nach gemeinsamen Merkmalen zu 7 *Kristallsystemen* zusammenfassen. Das gemeinsame Merkmal der einzelnen Systeme sind die sogenannten *Achsenkreuze.* Als dreidimensionales Koordinatensystem ermöglichen sie die genaue Bestimmung der Lage jeder Kristallfläche. Die geringste Anzahl von Symmetrieelementen besitzt das trikline System. Ihm folgt in ansteigender Reihe das monokline, rhombische, tetragonale, trigonale, hexagonale und kubische System (s. S. 16).

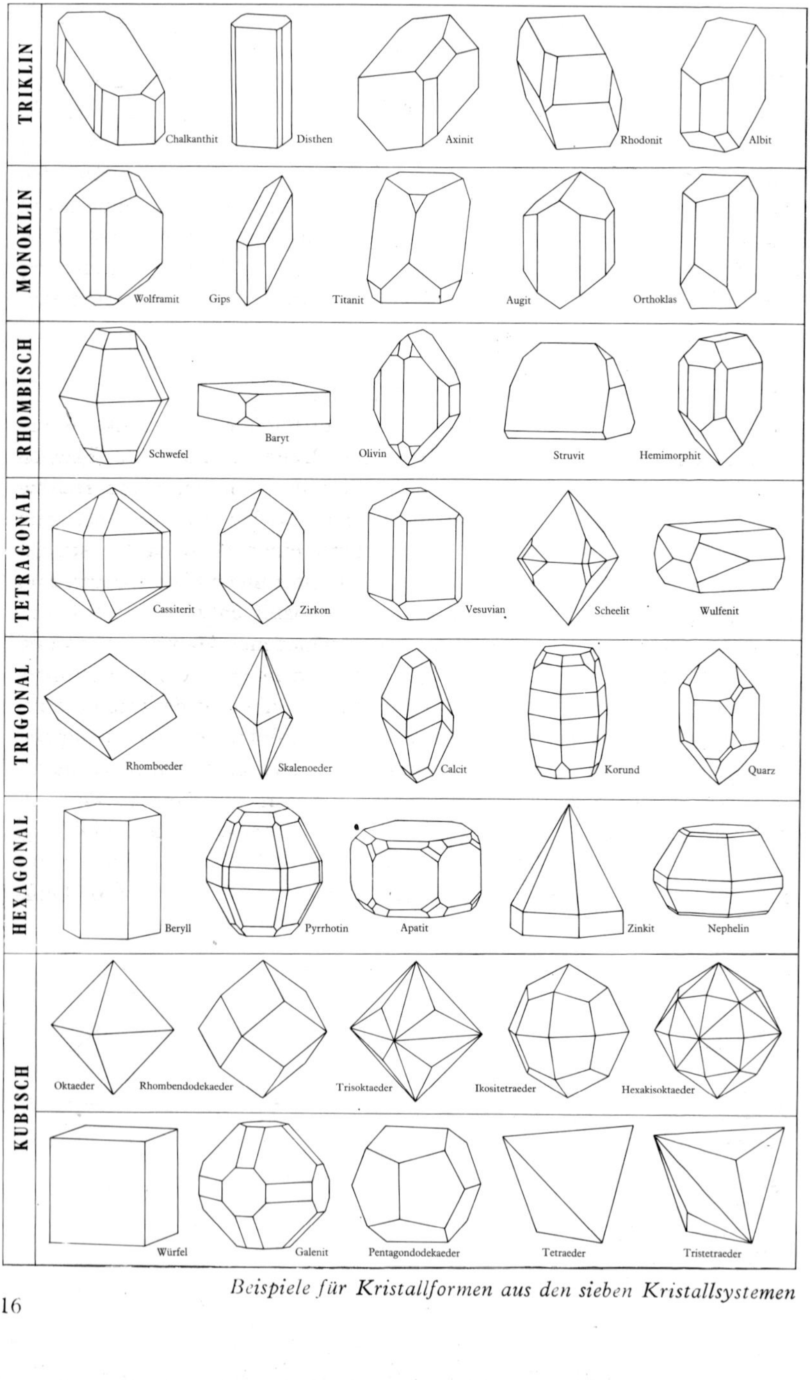

Beispiele für Kristallformen aus den sieben Kristallsystemen

Einige Vertreter aus der Vielzahl der Kristallformen aller Systeme sind als Beispiele auf der gegenüberliegenden Seite dargestellt.

Für manche Mineralarten ist ihre Zugehörigkeit zu einer einzigen, bestimmten Klasse und dadurch auch zu einem bestimmten Gittertypus charakteristisch. Manche Minerale gleicher chemischer Zusammensetzung können aber, da sie unter sehr verschiedenen Bedingungen entstanden, auch in zwei oder mehreren Klassen kristallisiert haben. Solche Minerale nennt man *polymorph*. Die einzelne Kristallart polymorpher Minerale heißt *Modifikation*. Diamant – Graphit, Calcit – Aragonit, Pyrit – Markasit, Quarz – Cristobalit – Tridymit, Rutil – Brookit – Anatas sind Beispiele dafür.

Aussehen und Entwicklung der Kristalle

Die Gesamtheit aller an einem Kristall auftretenden Flächenkombinationen bezeichnet man als *Tracht*. Die relative Breite und Länge der Flächen eines Kristalls bestimmen seine *Gestalt*, die wir in diesem Sinne *Habitus* nennen. Wir unterscheiden z. B. einen pyramidalen Habitus, bei dem alle Flächen konvergieren (zusammenlaufen), einen säuligen bis stengeligen, nadelförmigen, faserigen, tafeligen, plattenförmigen bis blättrigen oder einen isometrischen Habitus mit allseitig gleichmäßig entwickelten Flächen.

Zwei Kristalle gleicher Tracht können verschiedenen Habitus haben und umgekehrt. Tracht und Habitus der Kristalle hängen einerseits von ihrer chemischen Zusammensetzung ab, andererseits können beide durch die bei der Entstehung herrschenden physikalischen Bedingungen, wie Temperatur, Druck, Wachstumsgeschwindigkeit und Charakter des Milieus, beeinflußt werden. Wie sich der Habitus an Kristallen von gleicher Formenkombination (Tracht) ändern kann, zeigt die untenstehende Abbildung.

Ebenflächig wohlausgebildete Kristalle kommen in der Natur leider nur selten vor. Sie entstehen in einem nachgebenden Milieu, wie z. B. Gips-

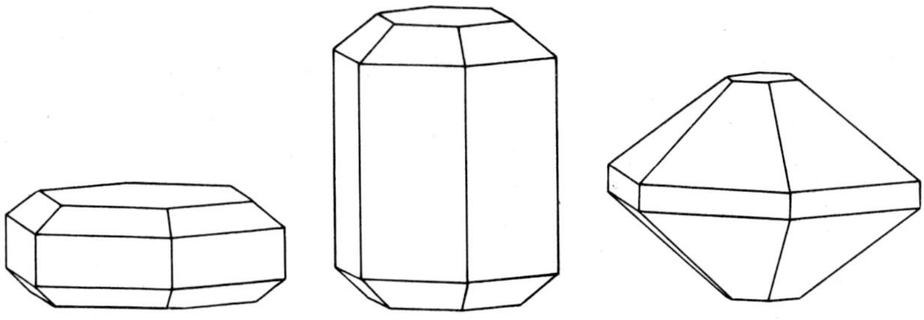

Verschiedener Habitus der Kristalle bei gleicher Flächenkombination

kristalle in weichem Ton. Auch an den Wänden von Gesteinshohlräumen können sich Kristalle frei entwickeln. An ihnen finden wir dann immer wohlausgebildete Endflächen. Dagegen führt die einseitige oder unregelmäßige Zufuhr neuen Materials während des Wachstums zu den verschiedensten *Verzerrungen.* Diese seltsam entwickelten Formen können sich weitgehend von der Idealform unterscheiden, wie aus der Abb. auf dieser Seite ersichtlich ist. Jedoch auch bei diesen „Mißbildungen" bleiben die konstanten Neigungswinkel analoger Flächen erhalten.

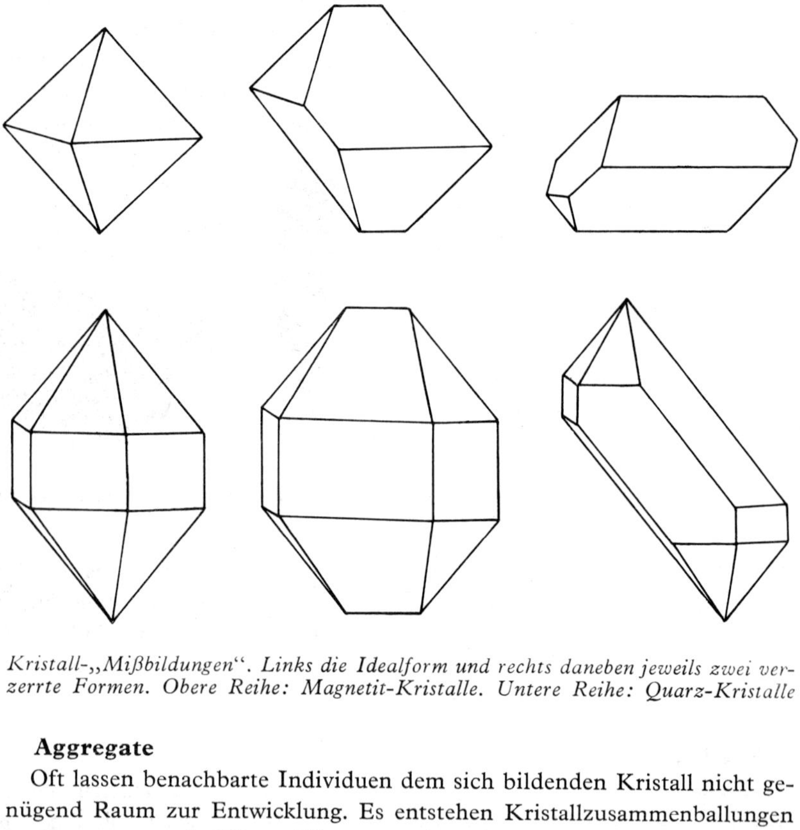

Kristall-„Mißbildungen". Links die Idealform und rechts daneben jeweils zwei verzerrte Formen. Obere Reihe: Magnetit-Kristalle. Untere Reihe: Quarz-Kristalle

Aggregate

Oft lassen benachbarte Individuen dem sich bildenden Kristall nicht genügend Raum zur Entwicklung. Es entstehen Kristallzusammenballungen in Form unregelmäßiger Klumpen oder *Aggregate.* In Gesteinsspalten wachsen Gruppen von Kristallen auf einem gemeinsamen Untergrund und bilden *Drusen* oder, in ovalen Höhlen, *Geoden.* Nach Aufbau und Morphologie können diese Aggregate das unterschiedlichste Aussehen haben.

Auf den feinen Spaltflächen mancher Kalke findet man skelettähnliche

Bildungen und strauchartige Zeichnungen, die wie versteinerte Abdrücke von Pflanzen aussehen. Diese sogenannten *Dendriten* sind aus Lösungen ausgeschiedene Oxide oder Hydroxide des Mangans und Eisens. Sie haben mit Versteinerungen nichts zu tun.

Zwillingsbildung

Eine charakteristische Eigenschaft der Kristallbildung bei manchen Mineralen ist die *Zwillingsbildung*, bei der einzelne Individuen von Kristallen nach bestimmten Gesetzen zusammenwachsen. Bei Zwillingen fällt oft ein einspringender Winkel auf, z. B. bei Cassiterit, Gips und Fluorit.

In einigen Fällen führt die Zwillingsbildung zu einer *Pseudosymmetrie*: Kristalle mit einer niedrigeren Symmetrie wachsen so zusammen, daß die daraus hervorgehende Gruppe eine höhere Symmetrie vortäuscht. So wächst

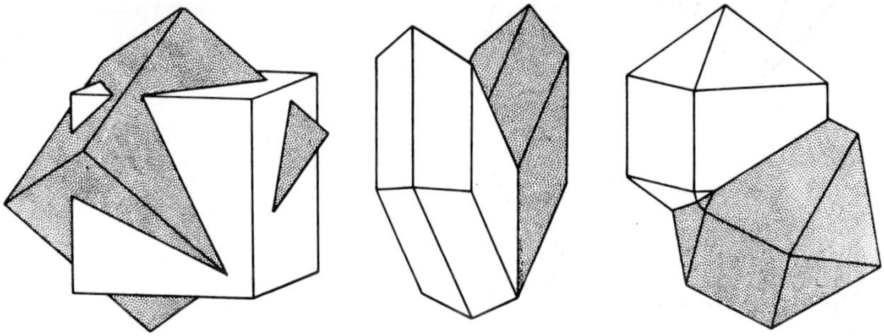

Zwillingsverwachsungen bei (von links nach rechts): Fluorit, Gips und Cassiterit

rhombischer Aragonit oft zu säulenförmigen Kristallen mit hexagonaler Pseudosymmetrie zusammen. An der Oberfläche solcher Kristalle findet man dann eine zarte Streifung, die *Zwillingsstreifung* Bekannt sind weiter regelmäßige Verwachsungen von Kristallen verschiedener Art, *Syntaxie* oder *Epitaxie* genannt.

Die Kristalloberfläche

Wie schon erwähnt, sind gerade, glatte Flächen an Kristallen selten. Häufiger findet man mehr oder weniger deformierte Flächen mit Furchen und Streifen. Für manche Mineralarten, wie z. B. Pyrit, Quarz, Turmalin, sind diese Streifen so typisch, daß sie als Bestimmungsmerkmal dienen.

Pseudomorphosen

Als besondere Art „Minerale" treten die *Pseudomorphosen* auf. Es sind

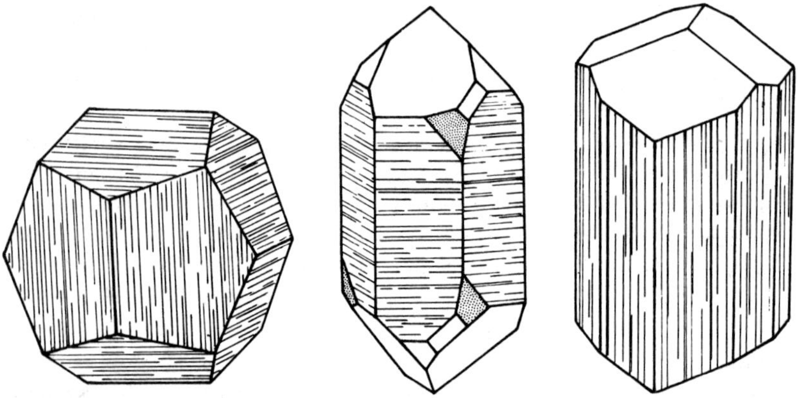

Charakteristische Streifung bei (von links nach rechts): Pyrit, Quarz und Turmalin

dies Kristalle mit einer von anderen Kristallen geborgten Tracht. Das heißt, äußerlich gleicht die Form z. B. einem Pyrit, die Zusammensetzung jedoch entspricht der des Limonits. Pseudomorphosen entstehen dadurch, daß ein Kristall chemisch mehr oder weniger vollständig umgewandelt wird.

Die physikalischen Eigenschaften der Minerale

Von der Anordnung der Atome und der Art ihrer gegenseitigen Bindung ist nicht nur die äußere Form und Symmetrie der Kristalle abhängig. Anordnung und Bindung bestimmen ebenso eine ganze Reihe wichtiger physikalischer Eigenschaften der Minerale. Entsprechend dem Charakter der jeweiligen Struktur können einige physikalische Eigenschaften bei ein und demselben Mineral wechseln, je nachdem aus welcher Richtung wir auf das Mineral einzuwirken versuchen. Die Glimmer z. B. lassen sich nur in einer einzigen Richtung spalten: Kristalle sind *anisotrope* Körper; sie zeigen nach verschiedenen Richtungen verschiedene physikalische Eigenschaften. Bei amorphen Stoffen sind sämtliche physikalische Eigenschaften unabhängig von der Richtung der Einwirkung. Amorphe Stoffe sind also *isotrop* im weitesten Sinne, das heißt, sie verhalten sich nach allen Richtungen gleich.

Jedes Mineral hat kennzeichnende physikalische Eigenschaften. Sie sind für uns ein wichtiges Hilfsmittel bei seiner Bestimmung.

Dichte

Als Dichte (spezifisches Gewicht) eines Minerals bezeichnet man die relative Zahl, die angibt, wievielmal schwerer oder leichter dieses Mineral ist als die volumengleiche Menge Wasser. Zur genauen Bestimmung der Dichte benötigen wir spezielle Hilfsmittel. Ungefähr können wir die Dichte durch einfaches Abwägen in der Hand schätzen. Bei den meisten Mineralen bewegt sie sich zwischen 2 und 4.

Durch das bloße Schätzen des Gewichts gleichgroßer Stücke verschiedener Minerale gelingt bei einiger Übung die Unterscheidung zwischen:

leichten Mineralen mit der Dichte 1 – 2,
mittelschweren Mineralen mit der Dichte 2 – 4,
schweren Mineralen mit der Dichte 4 – 6 und
sehr schweren Mineralen mit einer Dichte von über 6.

Kohäsionseigenschaften

Weitere wichtige Eigenschaften der Minerale hängen von der Kristallstruktur und der Einwirkungsrichtung ab: Härte, Spaltbarkeit, Sprödigkeit und Festigkeit. Alle diese Merkmale bezeichnet man als Kohäsionseigenschaften der Kristalle.

Härte: Den Kristall eines Calcits können wir mit einer Messerspitze leicht ritzen. Derselbe Versuch mißlingt bei einem Quarzkristall, das Messer gleitet an den Kristallflächen ab: Beide Minerale haben eine verschiedene Härte, genauer gesagt Ritzhärte.

Unter *Ritzhärte* versteht man beim Kristall allgemein sein Widerstandsvermögen gegen eine Verletzung der Oberfläche, mit anderen Worten, die Größe des Widerstandes, den ein bestimmtes Mineral einer mechanischen, äußeren Einwirkung entgegensetzt.

Für den relativen Vergleich der Mineralhärten stellte Friedrich Mohs (1773 – 1839) eine zehnteilige *Härteskala* auf, nach der das nächsthärtere Mineral jeweils das weichere ritzt:

1 Talk	3 Calcit	5 Apatit	7 Quarz	9 Korund
2 Gips	4 Fluorit	6 Feldspat	8 Topas	10 Diamant

Die Härteangaben der Tabelle beziehen sich immer nur auf frische, unverwitterte Minerale.

Die Härte eines Minerals läßt sich mit sehr einfachen Mitteln wenigstens ungefähr feststellen. Minerale des 1. Härtegrades können wir ganz leicht mit dem Fingernagel schaben, sie fühlen sich fettig an. Auch bei Mineralen des 2. Härtegrades läßt sich die Oberfläche noch mit dem Fingernagel beschädigen. Ein Kupferdraht oder eine Kupfermünze (Härte ca. 3) ritzt Minerale bis zum 3. Härtegrad und das Taschenmesser (Härte ca. 6) Minerale bis zum 5. Härtegrad. Eine gute Feile greift sogar noch Quarz an. Minerale mit einer Härte von über 6 kratzen Fensterglas (Härte ca. 5).

Minerale des Härtegrades 8—10 sprechen nicht einmal mehr auf eine gute Feile an. Man kann mit ihnen Funken schlagen.

Bei der Bestimmung der Härte gehen wir so vor, daß wir mit dem zu bestimmenden Mineral die Minerale der Skala vom kleinsten Härtegrad an aufwärts ritzen, so lange, bis uns dies nicht mehr gelingt. Zur Kontrolle probieren wir noch den folgenden Härtegrad aus. Genau entgegengesetzt verfahren wir bei in Gestein eingewachsenen Mineralen: Wir ritzen das zu bestimmende Mineral mit den Mineralen der Skala beginnend beim größten Härtegrad. Bei etwas Übung fühlt man gleich, ob das Mineral ritzt oder nur glatt über die Oberfläche gleitet. Außerdem wird das Ritzen von einem feinen, knisternden Geräusch begleitet.

In der Praxis müssen wir mit folgenden Fällen rechnen:

1. Die Härtegrade sind gleich, wenn das zu bestimmende Mineral und das Muster der Skala sich gegenseitig nicht ritzen.

2. Ebenso ist die Härte des zu bestimmenden Minerals und des Minerals der Skala gleich, wenn sich beide gegenseitig ritzen. Die Ecken und Kanten der Kristalle sind in manchen Fällen härter als ihre Kristall- oder Spaltflächen. So kann man mit der Kante eines Gipskristalls die Spaltfläche eines anderen Gipskristalls ritzen.

3. Kann man mit dem zu bestimmenden Mineral ein Mineralmuster der Skala nicht ritzen, wird im Gegenteil das zu bestimmende Mineral vom Muster geritzt, so liegt die Härte zwischen der des Musters und dem niedrigeren Wert. Man bestimmt also diese geringere Härte und zählt einen halben Härtegrad dazu.

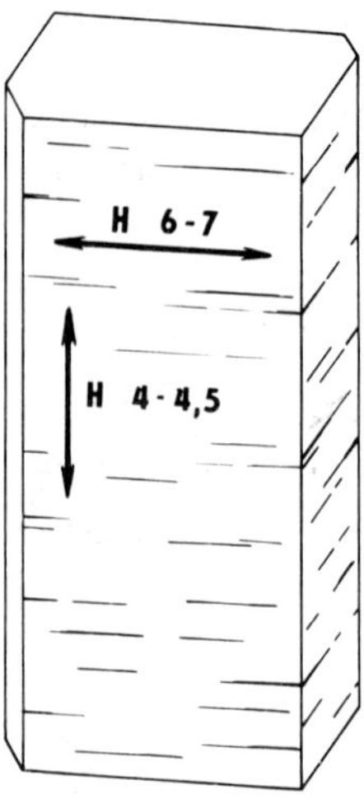

Verschiedene Ritzhärte auf Disthen

Obwohl die Bestimmung der Härte einfach scheint, so gibt es doch eine ganze Reihe von Faktoren, die zu falschen Schlüssen verleiten können.

So kann die Härte bei ein und demselben Mineral in verschiedenen Richtungen sehr verschieden sein. Das fällt vor allem beim säulenförmigen Disthen (Cyanit) auf. In der Vertikalrichtung weist Disthen die Härte 4—4,5 auf, ist also mit dem Messer ritzbar, quer dazu aber eine Härte von 6—7, läßt sich also mit dem Messer nicht ritzen. Deshalb müssen wir die Ritzprobe immer in verschiedenen Richtungen vornehmen.

Manchmal sind weiche Aggregate von härteren Mineralen durchwachsen, und die wahre Härte des Minerals ist dadurch scheinbar höher. In solchen

Fällen kann die Härte sehr schwanken, und eine fehlerhafte Bestimmung muß zu ganz falschen Schlußfolgerungen führen.

Eine weitere Fehlerquelle birgt die Tatsache, daß feinkörnige und dichte Aggregate oft härter sind als die Kristalle desselben Minerals; ein kompaktes Stück Gips kann man z. B. sehr schwer mit dem Fingernagel ritzen. Im Gegensatz dazu scheinen die faserigen und lockeren Aggregate oft eine geringere Härte zu haben, was auf die Lücken zwischen den Körnchen zurückzuführen ist. So kann man mit dem Fingernagel Kreide leicht schaben, obwohl sie Härte 3 hat. Ähnlich verhalten sich verwitterte Stücke.

Bei erdigen Mineralen und Ausblühungen zeigt sich ebenso wie bei nadelförmigen, faserigen und feinschuppigen Aggregaten eine genaue Härtebestimmung mit einfachen Mitteln als unmöglich. In solchen Fällen zieht man besser ein anderes Bestimmungsmerkmal zu Rate.

Spaltbarkeit: Durch Schlag (mit dem Hammer) oder Druck (mit dem Messer) kann man manche kristallisierte Minerale in Spaltstücke oder Spaltkörper zerlegen. Das sind kleinere Stückchen mit neuen, glatten Spaltflächen. Die Spaltung erfolgt entlang der Flächen der geringsten Kohäsion. Einige Minerale lassen sich in mehreren Richtungen spalten: Steinsalz und Galenit in den Flächen eines Würfels, Fluorit nach denen eines Oktaeders, Calcit in den Flächen eines Rhomboeders. Andere Minerale wie z. B. Glimmer und Gips haben eine vollkommene Spaltbarkeit nur in einer Richtung. In den anderen Richtungen ist die Spaltbarkeit unvollkommen oder überhaupt nicht gegeben.

Oft erkennen wir bei genauerer Betrachtung in durchsichtigen Kristallen die Spaltbarkeit schon an dünnen Spaltrissen, die in bestimmten kristallographischen Richtungen verlaufen.

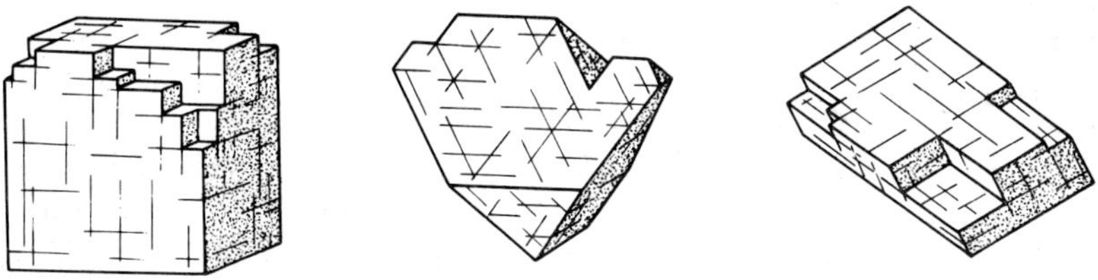

Spaltbarkeit (von links nach rechts): Galenit, Fluorit und Calcit

Bruch: Manche Minerale, wie z. B. Quarz und Opale, sind in keiner Richtung spaltbar. Meistens zerbrechen solche Minerale ganz unregelmäßig. Und nach dem Aussehen der Bruchfläche unterscheiden wir einen geraden, ungeraden, muscheligen, halbmuscheligen, unebenen oder hakigen Bruch.

Metalle und zähe Minerale haben einen hakigen Bruch. Auch der Bruch kann als Bestimmungsmerkmal dienen.

Sonstige Kohäsionseigenschaften: Manche Minerale (Pyrit, Quarz, Opale) zerspringen unter dem Hammer mit knisterndem Geräusch in kleine Stückchen: wir nennen sie *spröde*. Im Gegensatz dazu zerfallen *milde* Minerale (Talk, Graphit) unter dem Hammerschlag zu Staub. Es springen keine Stückchen ab.

Geschmeidige oder *hämmerbare* Minerale, wie z. B. reine Metalle oder Argentit, können wir zu dünnen Plättchen austreiben. Kratzen wir daran, bleibt kein Pulver zurück.

Ein dünnes Plättchen Glimmer läßt sich mit den Fingern biegen. Lockert man den Druck, nimmt es wieder seine ursprüngliche Form an. Solche Minerale nennen wir *elastisch.* Andere, z. B. Gips oder Antimonit, können wir biegen, aber sie kehren nicht mehr in ihre ursprüngliche Form zurück. Man bezeichnet sie als *biegsame* Minerale. Auf Grund dieser Eigenschaften können wir mit Sicherheit einige ähnliche Minerale voneinander unterscheiden, z. B. elastische Glimmer von biegsamen Chloriten.

Farbe

Manche Kristalle haben besonders reine, herrlich leuchtende Farben, und es nimmt nicht Wunder, daß sie für Farbbezeichnungen Pate standen. Sprechen wir doch oft und gern von smaragdgrün, rubinrot, türkis- oder azurblau, amethystfarben usw.

Nun gehört zwar die Farbe zu den auffallendsten Kennzeichen eines Minerals und spielt so eine bedeutende Rolle bei seiner Bestimmung. Aber sie ist leider nicht immer ein verläßliches und vor allem kein charakteristisches Merkmal. Gewiß kennen wir viele *eigenfarbige* (idiochromatische) Minerale, bei denen die Farbe zu ihren wesentlichen und unveränderlichen Eigenschaften gehört. So ist z. B. Malachit immer grün, Graphit immer schwarz und Schwefel immer gelb. Bei diesen Mineralen kann die Farbe als ein zum Unterscheiden geeignetes Charakteristikum dienen. Es gibt jedoch eine weitere große Gruppe von Mineralen, die in ihrer reinen Form meist *farblos* sind, wie z. B. Bergkristall, Calcit und Steinsalz. Sobald nun aber diese Minerale Beimengungen enthalten, haben sie die verschiedensten Farben. Wir kennen z. B. blaues Salz, auch gelben, rosa, violetten oder braunen Quarz. Fluorit finden wir in fast allen Farbtönen. Verschieden gefärbt sind Turmaline, Apatit und Beryll. Bei diesen *gefärbten* oder *fremdfarbigen* (allochromatischen) Mineralen ist die Farbe kein wesentliches Unterscheidungsmerkmal. Die Färbung verursachen, wie gesagt, verschiedene Beimengungen, Pigmente, Mineraleinschlüsse und manchmal auch geringste Spuren anderer Elemente. Ebenso kann eine Verfärbung auch durch radioaktive Strahlen hervorgerufen worden sein.

Bei manchen Mineralen ändert sich die Farbe mit einer Änderung der Beleuchtung. So ist z. B. Alexandrit an der Sonne grün, bei künstlicher Beleuchtung aber violett. Darüber hinaus kennen wir Minerale, deren Kristalle, wenn man sie gegen das Licht hält und dreht, ihre Farbe bzw. die Intensität der Färbung ändern. Dreht man z. B. einen Cordieritkristall, wechselt seine Farbe von blauen zu gelben Tönen. Solche Minerale nennen wir *pleochroisch*. Diese Erscheinung hängt mit der unterschiedlichen Absorption des Lichtes in verschiedenen Richtungen zusammen.

Bei manchen Mineralen ist die Farbe durch eine Art Rinde oder durch Anflüge verdeckt. Viele Erze haben sogenannte *Anlauffarben*. Daher muß man die Farbe immer an einer frischen Fläche prüfen und besser bei Streulicht als bei Sonnenschein oder künstlicher Beleuchtung.

Ändert der bereits erwähnte Alexandrit nur vorübergehend je nach Beleuchtung seine Farbe, so gibt es eine ganze Reihe von Edelsteinen, die ihren wunderschönen Farbton einbüßen, sobald sie eine bestimmte Zeit der Sonne ausgesetzt sind. Smaragd verliert sein sattes Grün, und auch Amethyst und Rosenquarz verblassen an der Sonne. Lichtempfindlich sind ebenso manche Minerale, die Silber enthalten, wie z. B. Pyrargyrit und Proustit. Unter Lichteinfluß überziehen sie sich langsam mit einer dünnen schwarzen Schicht. Solche Minerale müssen in Sammlungen vor Licht geschützt werden. Ähnlich verhält sich auch der sattrote Realgar, der sich am Licht unaufhaltsam in gelben Auripigment umwandelt. Alle diese *Farbänderungen* erfolgen sehr langsam.

Auch hat der Mensch schon vor geraumer Zeit gelernt, die Farbe mancher Minerale gezielt zu verändern, und zwar viel schneller, als dies die Natur vermag. Durch Erhitzen können wir aus violettem Amethyst gelben Citrin oder goldbraunen „Topas“ herstellen. Diamanten, Rubine und Saphire werden durch radioaktive oder ultraviolette Strahlen künstlich „verschönt“, sie bekommen sattere Farbtöne. Einer starken Bestrahlung widersteht nicht einmal der Bergkristall: er wandelt sich in Rauchquarz um. Achate, deren Grau ausdruckslos und verschwommen ist, können wir ohne Schwierigkeit beliebig „einfärben“, wenn wir sie, ähnlich wie Textilien, in einer Lösung von Anilinfarben kochen.

Strich

Ob ein Mineral eigenfarbig oder gefärbt ist, sagt uns seine *Strichfarbe*. Mit dem zu bestimmenden Mineral streichen wir, nicht zu leicht, über eine rauhe, unglasierte Porzellanplatte, die sogenannte *Strichtafel.* Das Mineral hinterläßt dabei einen farbigen Strich, der als Bestimmungsmerkmal dienen kann. Wir dürfen dabei aber nicht vergessen, daß Porzellan nach der Mohs-Skala die Härte 6—6,5 hat und deshalb diejenigen Minerale, die härter als Porzellan sind, nur weißes Porzellanpulver erzeugen. Diese harten Minerale muß man, will man die Strichfarbe feststellen, entweder in einer Reibschale zerreiben oder auf einem kleinen Amboß mit dem Hammer zermalmen. Dann erst kann man das Pulver auf die Strichtafel übertragen. In einem solchen Fall verwendet man natürlich frische, unverwitterte Stückchen.

Eigenfarbige Minerale erzeugen immer einen farbigen Strich, der etwas heller ist als die eigentliche Farbe des Minerals. Die farblosen und weißen (nichtmetallisch glänzenden) Minerale braucht man nicht zu prüfen, denn ihre Strichfarbe wird immer weiß sein. Ebenso ist bei den verfärbten Mineralen die Strichfarbe meist weiß oder leicht grau. Bei den letzteren kann der Strich auch verfärbt sein. Aber seine Farbe ist nicht ausgeprägt, denn ihre Intensität hängt von der Menge des Pigments und der Beimengungen ab. Besonders große Unterschiede zwischen der Eigenfarbe und der Strichfarbe zeigen die metallisch glänzenden Minerale. Der gelbe Pyrit hat einen grünlich schwarzen Strich, der schwarze Haematit einen kirschroten, der schwarze Wolframit einen braunen und der schwarze Cassiterit einen fast farblosen. Wir sehen daraus, daß die Feststellung der Strichfarbe ein wichtiges und dabei einfaches Mittel der Bestimmung ist, denn Minerale mit einem farbigen Strich lassen sich leichter bestimmen als diejenigen, deren Strich farblos oder nur wenig ausgeprägt ist.

Glanz

Ähnlich wie die Farbe ist auch der *Glanz* ein wichtiges Hilfsmittel zur Bestimmung der Minerale. Im allgemeinen ist er von der Art der Reflexion und Brechung des Lichtes sowie von der Qualität der Mineraloberfläche abhängig. Nach dem Glanz können wir *metallisch glänzende* und *nichtmetallisch glänzende* Minerale unterscheiden. Ein und dasselbe Mineral muß nicht stets denselben Glanz haben. Es ist deshalb nicht immer möglich, haargenau zwischen metallisch und nichtmetallisch glänzenden Mineralen zu unterscheiden. Manche Bestimmungsschlüssel benützen daher zusätzlich die Übergangsbezeichnung *halbmetallisch glänzend.*

Die undurchsichtigen Erzminerale, wie Pyrit, Galenit usw., glänzen wie Metalle und haben ein starkes Reflexionsvermögen. Bei einer großen Gruppe von Mineralen, wie z. B. beim dunklen Sphalerit, bei Cassiterit, Rutil usw., ist es manchmal schwierig, die Art des Glanzes zu bestimmen. In unseren Bestimmungstabellen sind sie deshalb mehrfach angeführt. Bei den nichtmetallisch glänzenden Mineralen unterscheiden wir je nach Intensität und Qualität des Glanzes einige Abstufungen: 1. *Diamantglanz*; solchen besitzen durchsichtige Minerale mit einem hohen Brechungsvermögen; 2. *Glasglanz*; 3. *Fettglanz*; 4. *mattglänzende Minerale* mit niedrigem Reflexionsvermögen.

Besondere Arten von Glanz sind entweder durch den Bau des Aggregats oder durch eine hervorragende Spaltbarkeit bedingt. *Seidenglanz* haben häufig die faserigen Aggregate, wie z. B. Asbest. *Perlmutterglanz* besitzen einige Minerale, die aus feinen, dünnen Schichten aufgebaut sind.

Lichtdurchlässigkeit

Die *Lichtdurchlässigkeit* oder *Transparenz* der Minerale ist graduell verschieden. Als *durchsichtig* bezeichnen wir Minerale, durch die man Schrift lesen kann. Zu dieser Gruppe gehören meistens klare Kristalle, wie Bergkristall, Steinsalz oder Topas. Beimengungen und Einschlüsse machen durchsichtige Minerale trüb. Sie sind dann nur noch *durchscheinend*. *Undurchsichtig* (opak) sind alle metallisch glänzenden und glanzlosen (matten) eigenfarbigen Minerale.

Auch die Durchsichtigkeit ist vom Aufbau der Minerale abhängig. Feinkörnige Aggregate, wie z. B. Gips oder Glimmer, sind undurchsichtig oder nur durchscheinend, wogegen größere Kristalle derselben Minerale vollkommen durchsichtig sind. Betrachten wir jedoch die dünnen, feinen Schuppen der feinkörnigen Aggregate mit der Lupe, sind auch sie durchsichtig.

Auf die weiteren physikalischen Eigenschaften kann im Rahmen dieses Buches nur kurz eingegangen werden. Wer sich näher dafür interessiert, sei auf weiterführende Literatur verwiesen.

Lichtbrechung

Die (einfache) *Lichtbrechung* ist eine wichtige optische Konstante eines jeden Minerals. Zu ihrer genauen Bestimmung benötigt man eine spezielle Ausstattung.

Beim Eintritt in einen anisotropen Kristall erfährt ein Lichtstrahl eine doppelte Brechung. Betrachten wir durch ein derartiges Mineral eine unterlegte Schrift, sehen wir sie zweimal. Diese Erscheinung nennt man *Doppelbrechung*. Mit bloßem Auge kann man sie bei reinen, farblosen Kristallen des Calcits beobachten.

Lumineszenz

Bei Bestrahlung mit ultraviolettem Licht leuchten manche Minerale, z. B. Scheelit und Willemit, in bestimmten Farben auf. Bei einigen davon ist sogar noch ein Nachleuchten festzustellen. Eine ähnliche Reaktion zeigt Fluorit, den man im dunklen Zimmer erwärmt. Nach einer gewissen Zeit beginnt er zu leuchten, er zeigt *Thermolumineszenz*. Eine weitere Art der Lumineszenz, die *Tribolumineszenz*, erreichen wir bei bestimmten Mineralen durch Reiben.

Auch die Lumineszenz gehört zu den typischen Eigenschaften verschiedener Minerale. Sie kann deshalb als ergänzender Faktor zur Mineralbestimmung mit einfachen Mitteln dienen.

Wärmeleitfähigkeit

Wenn wir in die eine Hand ein Stück reines Kupfer und in die andere ein Stück Bernstein nehmen, fühlt sich das Kupfer kälter an. Dieser Eindruck ist auf die unterschiedliche Wärmeleitfähigkeit der beiden Minerale zurückzuführen. Erfahrene Steinschleifer sind in der Lage, auf diese Weise echte Edelsteine von Glasimitationen zu unterscheiden. Sie legen dazu die Steine an die Wange, weil hier die Haut wärmeempfindlicher ist.

In eine ähnliche Kategorie können wir auch die sogenannten *physiologischen Eigenschaften*, wie die Griffigkeit, einreihen. Graphit und Talk z. B. fühlen sich beim Anfassen fettig und glatt an, Kreide und Kaolin dagegen trocken und rauh.

In Wasser lösliche Minerale, wie Salz, Sylvin, Epsomit u. a., haben einen charakteristischen Geschmack: salzig, bitter, beißend.

Andere Minerale, z. B. Schwefel, geben sich durch einen charakteristischen Geruch zu erkennen. Dieser Geruch fällt besonders auf, wenn man das Mineral zerschlägt (Arsenopyrit, Fluorit, sog. Stinkspat).

Magnetismus

Bruchstücke oder Staub von einigen Mineralen lassen sich, besonders wenn sie einen größeren Eisengehalt besitzen, mit einem starken Magneten von anderen, ähnlichen Mineralen trennen. Magnetit und Pyrrhotin sind ihrerseits selbst magnetisch und ziehen Eisenspäne an. Manche Minerale, wie z. B. Haematit, werden erst nach dem Ausglühen magnetisch.

Die chemischen Eigenschaften der Minerale

Die Bestimmung der Minerale nach ihren chemischen Eigenschaften erfordert nicht nur eine spezielle Ausstattung, sondern auch bestimmte, eingehende Kenntnisse der analytischen Chemie.

Es gibt jedoch ein auch für den Laien geeignetes, sehr einfaches chemisches Hilfsmittel zur Mineralbestimmung: die Weglösung der Carbonate vor anderen, ähnlichen Mineralen mittels verdünnter Salzsäure. Wir können z. B. mit einem Tropfen dieser Säure mit Sicherheit ein weißes Calcitstück von einem ebenso weißen Stück Gips unterscheiden. Auf Gips bleibt der Salzsäuretropfen unverändert, Calcit jedoch löst er auf. Dabei wird Kohlendioxid frei, d. h. der Tropfen schäumt merklich auf.

Die Mineralbestimmung

Aus den vorangegangenen Kapiteln ist deutlich geworden, daß eine hundertprozentig verläßliche Mineralbestimmung nicht immer auf Anhieb gelingen wird. Letztlich läßt sich in Extremfällen die eindeutige Identifikation eines Minerals nur mittels einer quantitativen chemischen Analyse, gegebenenfalls auch durch die Bestimmung der inneren Kristallstruktur erreichen. Dazu benötigt man aber ein speziell ausgestattetes Laboratorium und entsprechende fachliche Kenntnisse.

Dennoch ist es dem Sammler und Liebhaber in der Praxis weitgehend möglich, auch ohne vollkommene chemische Analyse die Minerale nach äußerer Form und anhand einiger physikalischer Eigenschaften zu bestimmen. Zu diesem Zweck bedient man sich einer Reihe von Bestimmungsschlüsseln, die auf der Feststellung verschiedener Merkmale beruhen. Es sind dies morphologische und optische (Brechungsindex, Doppelbrechung) Merkmale, die chemische Zusammensetzung (einfache Reaktionsproben) und physikalische Eigenschaften. Eine gute Möglichkeit ist das schrittweise Eliminieren der in Frage kommenden Minerale im Verlauf der Bestimmung. Die allgemeinen Bestimmungsschlüssel kann man meistens nur für genügend charakteristische Stücke von Mineralen benützen. Dort, wo alle möglichen Arten der Bestimmung kombiniert werden müssen und wo man mit einem Mangel an Merkmalen oder mit deren Veränderlichkeit zu rechnen hat, sind die Schlüssel sehr kompliziert und unübersichtlich. Selbstverständlich benützen wir als Amateure nur auf den ersten Blick eindeutige Eigenschaften oder solche, die wir mit einfachen Mitteln feststellen können.

Der Gang der Bestimmung

Als Ausgangsmaterial für die Bestimmung wählen wir ein ganz frisches Stück des Minerals, das wir gegebenenfalls von einem größeren Handstück abbrechen müssen. Als erstes betrachten wir die Probe mit größter Sorgfalt und registrieren dabei alle Eigenschaften, die mit bloßem Auge oder mit der Lupe erkennbar sind. Es empfiehlt sich, alle festgestellten Merkmale schriftlich festzuhalten. Ein solches Arbeitsprotokoll erweist sich vor allem in den Fällen als vorteilhaft, in denen das Ergebnis nicht eindeutig ist und in denen wir die Bestimmung der betreffenden Eigenschaft wiederholen müssen.

Wir achten vor allem auf die äußere Form und das Gesamtbild des Minerals, bei den polykristallinen auch auf die Gruppierung der Kristalle, auf Zwillingsformen und auf die Symmetrie. Wir bestimmen die Eigenfarbe und überzeugen uns durch den Strich, daß das Mineral nicht etwa nur gefärbt ist. Die Angabe des Glanzes wird in manchen Fällen problematisch sein, deshalb tragen wir lieber mehrere Möglichkeiten ein. Ähnlich wird es sich mit der Lichtdurchlässigkeit verhalten. Die Härte bestimmen wir zunächst nur grob mit einfachen Mitteln und erst später genauer mit Hilfe der Härteskala. Je präziser wir den Härtegrad bestimmen, um so enger ist das Gebiet innerhalb der Tabellen, in dem wir das Mineral zu suchen haben: Schon in diesem Stadium können wir die in Frage kommenden Minerale eingrenzen.

Nun stellen wir fest, ob das Mineral spaltbar ist, gegebenenfalls wie die Spaltfläche aussieht. Ebenso prüfen wir die Sprödigkeit, Feinheit, Biegsamkeit oder Elastizität. Durch Abwägen in der Hand bestimmen wir die ungefähre Dichte. An einem kleineren Bruchstück untersuchen wir, ob das Mineral in Wasser oder in Salzsäure löslich ist. Wenn sich das Probestück in Salzsäure aufschäumend löst, handelt es sich um ein Mineral aus der Gruppe der Carbonate. Wir achten auch auf die Begleitminerale, die Paragenese, was in manchen Fällen die Bestimmung sehr erleichtern kann. Anhand der so festgestellten Eigenschaften finden wir in den Bestimmungstabellen die laufende Nummer des Minerals und unter dieser Nummer eine nähere Beschreibung der Eigenschaften. Minerale, deren Farbe, Glanz und Lichtdurchlässigkeit verschieden sein können, findet man, damit die sichere Bestimmung gewährleistet ist, mehrfach in den Tabellen.

Haben wir das Mineral identifiziert, kontrollieren wir das Ergebnis nochmals und vergleichen die Angaben im Buch. Im Idealfall ergibt sich die volle Übereinstimmung. In der Praxis haben wir bei der Mineralbestimmung mit folgenden Möglichkeiten zu rechnen:

1. Wir können das Mineral auf den ersten Blick identifizieren. Trotzdem überprüfen wir nochmals die Richtigkeit der Diagnose.

2. Dem äußeren Aussehen nach kommen einige einander ähnliche Minerale in Frage. Durch sukzessives Prüfen der Eigenschaften eliminieren wir so lange, bis wir zu einer eindeutigen Bestimmung gelangen. Manchmal führen schon wenige Proben zu einem sicheren Resultat.

3. Das Mineral ist uns vollkommen fremd. In diesem Fall prüfen wir fortlaufend alle Eigenschaften und eliminieren über eine engere Auswahl bis zum eindeutigen Ergebnis. Je mehr Eigenschaften wir feststellen, um so leichter wird die Bestimmung sein.

4. Die Bestimmung des Minerals mit Hilfe der Tabellen führt zu keinem eindeutigen Ergebnis. In diesem Fall:
ist uns ein Fehler unterlaufen. Wir sollten auch die ähnlichen Minerale, die im Textteil der Tabellen genannt sind, in Betracht ziehen;
haben wir möglicherweise ein einziges, scheinbar unbedeutendes Merkmal übersehen;
kann es sich um ein Mineral handeln, das nicht in den Tabellen angeführt ist und dessen Bestimmung größere, kompliziertere Bestimmungsschlüssel erfordert.

Einige Beispiele der Mineralbestimmung

Gehen wir davon aus, daß wir mit Hilfe der äußeren Kennzeichen, wie Glanz und Farbe, und über die Bestimmungstabellen zu einem vorläufigen Ergebnis gekommen sind, nach dem das zu bestimmende Mineral in zwei oder gar mehreren Mineralgruppen zu suchen ist. Wie wir nun in einem solchen Fall weiterkommen können, welche Merkmale wir zu einer eindeutigen Unterscheidung und Bestimmung wählen müssen, wollen wir im folgenden an einigen Beispielen zeigen.

Die körnigen Aggregate des Magnetit und Chromit sind einander sehr ähnlich. Um sie zu unterscheiden, genügt die Feststellung der Strichfarbe. Sie ist beim Magnetit schwarz, beim Chromit braun. Außerdem wirkt Magnetit im Gegensatz zum Chromit auf die Magnetnadel.

Ist eine Kristallbegrenzung nicht gegeben, sehen ein derber Pyrit mit bunten Anlauffarben und Chalkopyrit vollkommen gleich aus, auch die Strichfarbe stimmt überein. Wir unterscheiden sie voneinander lediglich durch die Feststellung der Härte: Pyrit ist härter (6) als Chalkopyrit (4,5).

Der schwarze Sphalerit und der schwarze Cassiterit haben den gleichen halbmetallischen Glanz. Wir unterscheiden sie ebenfalls durch die Feststellung des Härtegrades. Sphalerit hat die Härte 3,5, Cassiterit die Härte 6,5. Ein zusätzlicher Hinweis ergibt sich daraus, daß Sphalerit häufig zusammen mit anderen Sulfiden vorkommt und daß Cassiterit meist von Quarz und Glimmer begleitet wird.

Kreide und Kaolin unterscheiden wir leicht chemisch mit Hilfe verdünnter Salzsäure. Kreide ist im wesentlichen ein Calciumcarbonat und löst sich in Salzsäure unter starkem Schäumen auf.

Fluorit, Amethyst und Apatit unterscheiden sich durch die Form ihrer Kristalle. Ihre grobkörnigen Aggregate können eine fast identische violette Farbe haben. Amethyst hat die größte Härte von allen drei Mineralen; er läßt sich nicht mit dem Messer ritzen und ist nicht spaltbar. Fluorit verrät sich durch seine vollkommene Spaltbarkeit und, wenn man ihn erhitzt, seine

Lumineszenz. Apatit ist um ein Grad härter als Fluorit und hat eine andere Spaltbarkeit.

Augit, Amphibol und Turmalin kommen häufig als schwarze, säulenförmige Kristalle vor. Der Turmalin verrät sich durch das Fehlen der Spaltbarkeit und durch eine typische Streifung an den Prismenflächen. Meistens ist er in sauerem Gestein zu finden. Dagegen sind Augit und Amphibol oft in basischem Gestein verwachsen. Beide unterscheiden sich voneinander durch den Winkel und die Güte der Spaltflächen. Beim Augit ist sie gut, beim Amphibol vollkommen.

Feldspat, Calcit, Baryt und Gips sind oft weißlich und ähneln einander in ihrer vollkommenen Spaltbarkeit. Leicht schalten wir den Gips aus, der sich mit dem Nagel kratzen läßt, und den Feldspat, der nicht mit dem Messer ritzbar ist. Baryt und Calcit haben die gleiche Härte, wir unterscheiden sie durch Abwägen: Baryt ist schwerer. Auch löst sich in verdünnter Salzsäure der Calcit im Gegensatz zum Baryt unter Aufschäumen.

Natürlich erschöpft sich die ganze Problematik der Mineralbestimmung nicht in diesen wenigen Beispielen. Aber lassen wir uns durch anfängliche Mißerfolge nicht schrecken. Auch Fachleuten fällt die richtige Bestimmung seltener Minerale nicht immer leicht. In Zweifelsfällen wird allen ernsthaften Sammlern gewiß ein erfahrener Mineraloge mit Rat und Tat zur Seite stehen. Am besten helfen wird uns jedoch eigene Ausdauer und Geduld.

Praktische Hinweise für Sammler

Jeder, der mit dem Sammeln von Mineralen erst beginnt, sollte sich zunächst darüber klarwerden, was er sammeln und wie er seine Sammlung anlegen will. Es ist zweckmäßig, seine Aufmerksamkeit zunächst vor allem den Mineralen und Gesteinen der näheren Umgebung zuzuwenden und eine Sammlung lokalen Charakters anzulegen. Da es natürlich mineralreiche und weniger fündige Gebiete gibt, wird auch der Umfang unserer ersten Sammlung wechseln. In jedem Fall ist es ratsam, sich zunächst mit der geologischen Beschaffenheit unseres Sammelgebietes vertraut zu machen. Dabei helfen uns eine geologische Karte, eventuell auch Fachliteratur und der Rat erfahrener Sammler. Auf Grund dieser Vorinformation können wir dann darangehen, planmäßig Exemplare aller Mineralarten zu sammeln, die für unser Gebiet typisch sind.

Werden wir am Anfang unserer Sammlertätigkeit wahrscheinlich alles Erreichbare sammeln, so kommen wir sicher mit der Zeit dahin, die gesammelten Stücke durch bessere und schönere ersetzen zu können, das heißt, wir werden auch auf die ästhetische Seite der Sammlung achten. Die Bedeutung einer gut angelegten und gut geführten Sammlung liegt nicht nur in der Freude, die sie uns bereitet; sie kann darüber hinaus später zum unschätzbaren Studienmaterial für Fachleute werden. Nicht selten hat ein Sammler, der direkt an der Quelle sitzt, bessere und schönere Stücke vorzuweisen als ein staatlich gefördertes Museum.

Allmählich können wir unser Sammelgebiet weiter ausdehnen und unsere Sammlung durch Austausch oder Ankauf immer weiter ergänzen, bis wir schließlich eine sogenannte systematische Sammlung besitzen, in der Muster aller erreichbaren Mineralarten vertreten sind. Obwohl eine Sammlung niemals komplett sein kann, wird sie trotzdem viel Platz in Anspruch nehmen. Auch dieser Gesichtspunkt ist zu beachten. Wer für sein Hobby nur wenig Raum zur Verfügung hat, kann sich eine „Minisammlung" anlegen und sie auf kleine, dafür aber ausgewählte und vollkommene Stücke beschränken. Sehr schön und attraktiv kann auch eine Sammlung wirken, die aus kleinen freien Kristallen von nur wenigen Mineralarten, jedoch mit verschiedenen Typen des Habitus besteht. Interessant und lehrreich ist auch eine Sammlung von bedeutenden gesteinsbildenden Mineralen oder auch Gesteinen, die wir in den mannigfaltigsten Formen finden können.

Wo sind Minerale zu finden?

Minerale lassen sich nicht wie Blumen am Wege pflücken. Wir müssen sie geduldig suchen und mühsam gewinnen, und dieses Suchen und Finden gehört zu den größten Freuden des Sammelns. Wo also werden wir am ehesten fündig?

Vor allem in Steinbrüchen, die wir – am besten nicht allzulang nach einer neuen Sprengung – aufsuchen, natürlich stets erst dann, wenn wir vorher die Genehmigung dazu eingeholt haben. Aber auch aufgegebene Steinbrüche bieten häufig eine reiche Ernte. Allerdings dürfen wir hier in unserer Sammelleidenschaft nicht die Gefahr des Steinschlags vergessen und müssen bei der Arbeit höchst vorsichtig sein.

Eine ganze Reihe schöner Minerale kann man auch auf Halden von Bergwerken finden. Verlassene Stollen oder Höhlen betreten wir jedoch niemals allein. Sie können auch für erfahrene Sammler sehr gefährlich werden.

Eine willkommene Gelegenheit zum Sammeln von Mineralen und Gesteinen bietet auch z. B. der Bau von Straßen, Staudämmen und Tunnels. Beim Bohren eines Brunnens oder Ausschachten einer Grube können wir ausgezeichnet verfolgen, wie sich mit der Tiefe die Zusammensetzung der Gesteine ändert. Sammeln können wir auch an den felsigen Ufern von Flüssen und Bächen, in felsigen Flußbetten oder in Schottergruben. Manchmal finden wir interessante Minerale sogar im Ackerboden oder als Steinbrocken am Wegesrand.

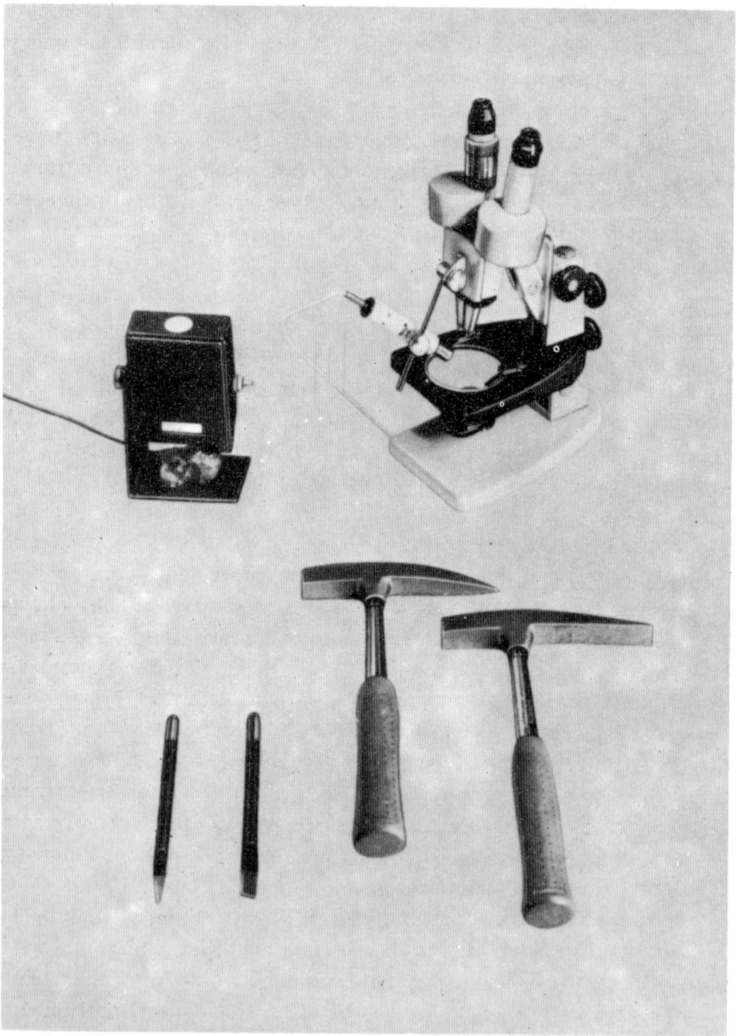

Geräte für den Mineraliensammler aus dem KOSMOS-Programm: Oben: UV-Analysenlampe zur Prüfung der Minerale unter ultraviolettem Licht und (rechts) stereoskopische Prismenlupe für die Mineralbestimmung und für Präparierarbeiten. Unten: Spitz- und Flachmeißel und Geologenhammer mit Spitze und Schneide.

Die Sammelausrüstung

Der treueste Helfer beim Sammeln von Mineralen ist ein guter Geologenhammer in Ganzstahlausführung. Es gibt ihn mit Spitze und mit einer quer zum Griff gestellten, scharfen Schneide (Abbildung). Der Griff ist etwa 30 cm lang, das Gewicht beträgt ca. 900 g. Zum Zertrümmern größerer Stücke können wir zusätzlich einen schwereren, kurzen Hammer, den Fäustel, mitführen. Beim Abschlagen der überflüssigen Unterbettung und bei der endgültigen Bearbeitung der Muster kann uns ein dem geologischen Hammer ähnlicher, kleiner Hammer (Formatisierhammer) mit 200–400 g sehr gute Dienste leisten. Je leichter der Hammer ist, desto länger muß der Stiel sein, damit der Aufschlag genügend Wucht bekommt. Als Erstausrüstung wird jedoch der Geologenhammer zunächst genügen.

Neben dem Hammer benötigen wir verschiedene Steinmeißel (Abbildung), und zwar sowohl Flach- als auch Spitzmeißel. Sie müssen aus gut gehärtetem Material bestehen. Ihre ideale Länge beträgt 20 cm. Mit Hilfe der Meißel holen wir unbeschädigte Stücke aus Felsritzen, und wir können sie auch zum Zerteilen von Geoden nicht entbehren.

Zum Transportieren der gesammelten Stücke eignet sich am besten ein Rucksack. Es lohnt sich, eine bessere Qualität mit einem Tragegestell zu wählen, denn die Minerale sind unbarmherzig hart und sehr schwer.

Zum Einpacken der Stücke nehmen wir Zeitungs- oder Seidenpapier, auch Watte, und für besonders spröde Stücke Pappkartons, am besten faltbare. Man vergesse nicht, Zettel für die erste Beschreibung mitzunehmen, die sogenannten Lokalzettel (Größe 4 × 6 cm), oder Blocks mit Nummern, weiter ein Klebeband, ein Notizheft, Bleistifte und Karten.

Ein unentbehrlicher Helfer im Gelände und zu Hause ist eine Lupe mit acht- bis zehnfacher Vergrößerung. „Vor Ort“ ist die genaue Bestimmung der Minerale meistens nicht möglich, wir nehmen sie zu Hause in unserem Labor vor. Wir brauchen dazu folgende Hilfsmittel: Lupe, Hammer und Meißel, eine Kneifzange zum Abbrechen kleiner Probestücke, einen Amboß oder eine Eisenplatte und eventuell eine kleine Reibschale. Unentbehrlich sind ein Strichtäfelchen, etwa in der Größe einer Zigarettenschachtel, aus unglasiertem Hartporzellan, die Härteskala nach Mohs (wenigstens für die ersten 8 Grade), ein Stück Fensterglas, ein Messer mit Stahlspitze, ein Magnet oder eine Magnetnadel, eine Stahlnadel, Kupferdraht oder eine Kupfermünze, eine gute Feile und eine Pinzette, ein gut verschließbares Fläschchen mit verdünnter Salzsäure und ein Tropfstäbchen. Viele dieser Hilfsmittel, wie Strichtafel, Härteskala und andere, sind im KOSMOS-Programm für den Mineraliensammler zu finden. Bei Anfragen und Bestellungen wende man sich an: KOSMOS-Service, 7 Stuttgart 1, Postfach 640.

Arbeit im Gelände

Mit der gleichen Sorgfalt, mit der wir die Minerale geborgen und bearbeitet haben, notieren wir alle beobachteten Einzelheiten und verpacken die Stücke zum Abtransport. Man spare nicht mit Papier. Jedes Mineralstück wird gesondert eingewickelt. Dann legen wir unseren Lokalzettel dazu (oder die Blocknummer) und umhüllen die Probe noch mindestens zweimal. Die Lokalzettel legen wir niemals direkt zum Mineral, denn auch bei bester Verpackung könnten sie beim Transport zerstört werden. Wir legen das Papier möglichst straff um das Mineral, damit es sich nicht bewegen und so das Papier zerreißen kann. Der Verschluß des Päckchens erfolgt am besten mit einem Klebeband. Auf überstehende Kristalle in Drusen legen wir zunächst einen Tampon aus zerknülltem Seidenpapier oder einen Wattebausch, und erst dann umhüllen wir das Stück mit Zeitungspapier. Empfindliche Minerale betten wir in Watte und legen sie in Kartons. Die feinsten und empfindlichsten Minerale, wie z. B. die nadelförmigen Natrolith-Drusen, vertragen nicht einmal die Berührung mit Watte. Solche Stücke befestigen wir mit Zwirn oder einem feinen Draht am Boden der Schachtel.

Die Nummer auf dem jedem Stück beigelegten Lokalzettel muß natürlich mit der Nummer in unserem Notizbuch übereinstimmen. Auf den Zettel gehören neben der Nummer das Datum, der Fundort und die angenommene Bezeichnung des Minerals. Hinzu kommt eine nähere Beschreibung des Fundortes (z. B. „Wände eines Steinbruchs“ oder die Haldenart), damit wir später einmal die Fundstelle wiederfinden. Außerdem verliert ohne Beschreibung der Lokalität das Mineral an Wert.

Aufbewahrung und Kennzeichnung der Sammelstücke

Zu Hause müssen wir die Minerale vorsichtig auspacken, abstauben und säubern. Weniger empfindliche und größere Stücke können wir mit Wasser, Seife und Bürste waschen. Für feinere nehmen wir besser einen Pinsel. Von den nadelförmigen Kristallen blasen wir den Staub einfach ab oder schwenken sie vorsichtig in lauwarmem Wasser. Minerale, die in Wasser löslich sind, wie z. B. Salz, waschen wir mit Benzin. Verschiedene Sulfide, wie z. B. Pyrit und Markasit, darf man nicht mit Wasser behandeln, da sie sonst später zerfallen könnten. Man reinigt sie mit Spiritus. Gipskristallen bekommt Seife nicht. Sie bildet auf den Kristallen weißliche Überzüge. Zum Trocknen sollte man die Minerale aus den bereits genannten Gründen keinesfalls direktem Sonnenlicht aussetzen.

Zum Bezeichnen der Minerale nehmen wir kleine Schildchen, die wir mit einer Nummer versehen und am besten auf gerade Flächen an der Rückseite des Minerals kleben, wo sie am wenigsten stören. Man kann auch eine kleine Fläche des Minerals mit weißem Email anstreichen und dann darauf mit Tusche die Nummer schreiben.

Sehr kleine Kristalle legen wir in Glasröhrchen, die Nummer kleben wir auf den Korken. Ähnlich, in kleinen Fläschchen, bewahren wir auch feuchtigkeitsempfindliche oder in Wasser lösliche Minerale auf. Den Verschluß der Fläschchen dichten wir mit Wachs oder Paraffin ab.

Zur übersichtlichen Aufbewahrung der Minerale und Gesteine eignen sich am besten Sammlungskästchen, wie man sie auch beim KOSMOS-Service kaufen kann. Zu den Mineralen legen wir auch die Etiketten. Auf dem Etikett sollen im oberen Teil der Name und die Adresse des Sammlers stehen, die Nummer und eventuell auch das Datum des Fundes. In die Mitte kommt, in größerer Schrift, die Bezeichnung des Minerals, darunter eine kurze Beschreibung (Begleitminerale, Gewicht, Maße). Links unten führen wir den Fundort an, rechts die Art des Erwerbs (eigener Fund, Ankauf, Austausch).

Jeder ernsthafte Sammler erstellt eine Liste seiner Sammlung – einen Katalog. In diesem befinden sich die gleichen Angaben wie auf den Etiketten. Wir können hier auch eine nähere Beschreibung des Fundorts eintragen und ebenso Hinweise auf Fachliteratur, Bedingungen beim Austausch, Ankauf oder den Preis.

Bei größeren Sammlungen empfiehlt es sich, zur besseren Übersicht noch einen Kartenkatalog anzulegen, in den man die Karteikarten alphabetisch nach den Namen der Minerale einreiht.

Unsere Sammlung schützen wir vor allem vor Staub und Feuchtigkeit, einigen Mineralen schadet auch zu große Trockenheit, starke Licht- oder Temperaturschwankungen.

Anmerkungen zu den Tabellen

Die Reihenfolge der Mineralfarben ist: 1. farblose und weiße, 2. gelbe, 3. orangefarbene, 4. rote, 5. violette, 6. blaue, 7. grüne, 8. braune, 9. graue, 10. schwarze, 11. mehrfarbige.

In den Bestimmungstabellen werden für die Kristallsysteme folgende Namen benützt: triklines System, monoklines System, rhombisches System, trigonales System, tetragonales System, hexagonales System, kubisches System, amorphe Minerale. Innerhalb der einzelnen Farben werden stets zuerst aufgeführt die metallisch glänzenden Minerale und – zusammengefaßt in einer zweiten Gruppe – die nichtmetallisch glänzenden. Innerhalb dieser beiden Gruppen sind die Minerale nach ihrer Härte aufsteigend angeordnet, also von Härte 1 bis 10.

Unter den Bildnummern auf den Tafelseiten ist der jeweilige Vergrößerungs- bzw. Verkleinerungsfaktor angegeben, der bei der Abbildung Anwendung fand. So bedeutet 1: das Mineral ist in natürlicher Größe abgebildet, –1/2: das Mineral ist in der Abbildung auf die Hälfte verkleinert, in Wirklichkeit also doppelt so groß. Bei +1/2 ist das Mineral um die Hälfte vergrößert. +2 bedeutet dann, daß das Mineral in der Abbildung auf das Doppelte, +3 auf das Dreifache usw. vergrößert, in der Natur also entsprechend kleiner ist.

Abkürzungen

A.	– Aggregate	Mgl.	– Metallglanz
a.	– andere	Nr.	– Nummer(n)
Dgl.	– Diamantglanz	o.	– oder
Dr.	– Drusen	perlmutt.	– perlmutterartig
ds.	– durchsichtig	Pgl.	– Perlmutterglanz
dsch.	– durchscheinend	phys.	– physikalisch
Eruptivgest.	– Eruptivgestein(e)	Quarzg.	– Quarzgänge
Erzg.	– Erzgänge	s.	– siehe
Erzlagerst.	– Erzlagerstätten	seiden.	– seidenartig
Fgl.	– Fettglanz	Sgl.	– Seidenglanz
ged.	– gediegen	u.	– und
Gest.	– Gestein	u. a.	– und andere
Ggl.	– Glasglanz	uds.	– undurchsichtig
Kr.	– Kristall(e)	verzwill.	– verzwillingt(e)
krist.	– kristallin(er)	Wgl.	– Wachsglanz
Merkm.	– Merkmal(e)	z. T.	– zum Teil

Minerale

Tabellen und Tafeln

Nr.	Farbe / Strich	Glanz / Transparenz	Härte / Dichte	Spaltbarkeit / Bruch u. a. phys. Merkm.	Ausbildung, Aggregate / Kristallsystem	Vorkommen / Begleitminerale / ähnliche Minerale	Name und chemische Formel / Fundort
9	silberweiß bis stahlgrau / silberweiß	metallisch / opak	4 bis 4,5 / 14 bis 19	– / hakig, geschmeidig, hämmerbar	Körner, Klumpen, Blättchen / kubisch	auf Seifen / Chromit, Magnetit, Ilmenit / ged. Eisen	**ged. Platin** Pt / Nishnij Tagil, Mittlerer Ural
10	zinnweiß / grauschwarz	metallisch / opak	5 bis 5,5 / 7,4	deutlich, gut / spröde	derb, körnig, knollig, faserig, kurzsäulig, nadelig / rhombisch	auf Erzg. / Arsenopyrit / Arsenopyrit	**Löllingit** $FeAs_2$ / Złoty Stok (Reichenstein), Schlesien
11	zinnweiß / grauschwarz	metallisch / opak	5 bis 5,5 / 7,1 bis 7,4	gut / spröde	nadelige, faserige Kr.; derbe Knollen / rhombisch	auf Erzg. / Arsenopyrit / Arsenopyrit	Löllingit-Varietät **Leukopyrit** (Löllingit mit vermindertem Arsengehalt) / Złoty Stok, (Reichenstein), Schlesien
12	silberweiß, stahlgrau / grauschwarz	metallisch / opak	5 / 6,7	gut / spröde, uneben	derb, körnig / kubisch	auf Erzg. / Gersdorffit, Calcit, Siderit / Gersdorffit, Smaltin, Galenit	**Ullmannit** NiSbS / Monte Narba, Sardinien
13	silberweiß, stahlgrau / grauschwarz	metallisch / opak	5 bis 5,5 / 5,6 bis 6,2	sehr gut / spröde	körnig, derb, spätig / kubisch	auf Erzg. / Ullmannit, Chalkopyrit, Siderit, Calcit / Ullmannit	**Gersdorffit** NiAsS (Graunickelkies, Arsennickelglanz) / Harzgerode, Harz
14	zinnweiß bis lichtstahlgrau / grauschwarz	metallisch / opak	5,5 bis 6 / 6,4 bis 6,9	– / spröde, uneben; Absonderung durch Zonenbau	derb, nierig, dicht, feinkörnig / kubisch	auf Silber-Kobalt-Nickelerzg. / Silber, Safflorit, Nickelin / Safflorit, Gersdorffit s. Nr. 390	**Chloanthit** $NiAs_3$ (Weißnickelkies, Nickelskutterudit) / Schneeberg, Erzgebirge
15	zinnweiß bis grau / schwarz	metallisch / opak	5,5 bis 6 / 5,9 bis 6,2	deutlich, gut / spröde	kurzsäulige, tafelige Kr.; derb, körnig, strahlig, faserig / monoklin, pseudorhombisch	auf Erzg. / Galenit, Silber / Löllingit, Chloanthit, Skutterudit s. Nr. 389	**Arsenopyrit** FeAsS (Arsenkies, Mispickel) / Freiberg, Erzgebirge
16	zinnweiß bis grau / grauschwarz	metallisch / opak	5,5 bis 6 / 6,8	deutlich / spröde, uneben	würfelige, oktaedrische Kr.; oft gekrümmt, derb, nierig, dicht, feinkörnig / kubisch	auf Silber-Kobalt-Nickelerzg. / Silber, Safflorit, Nickelin u. a. / Safflorit, Löllingit, Arsenopyrit s. Nr. 391	**Skutterudit** $CoAs_3$ (Smaltin, Speiskobalt) / Bou Azzer, Marokko

9	10
1	−1/3
11	12
−1/3	+2
13	14
−1/2	+1/2
15	16
−1/3	−1/3

Nr.	Farbe Strich	Glanz Transparenz	Härte Dichte	Spaltbarkeit Bruch u. a. phys. Merkm.	Ausbildung, Aggregate Kristallsystem	Vorkommen Begleitminerale ähnliche Minerale	Name und chemische Formel Fundort
17	farblos, weiß, gelblich weiß	fettig ds., dsch.	1 bis 2 1,5	schlecht muschelig, mild, wasserlöslich	skelettartige Kr., krustig, traubig, erdig, faserig, derb kubisch	auf brennenden Kohlenhalden, an Vulkanen – –	**Salmiak** NH_4Cl Vesuv, Italien
18	weiß, gelblich-weiß weiß	mattschimmernd dsch.	1 bis 2 1,7	– leicht zerreiblich, erdig	knollig, derb, erdig, schuppig monoklin	in Tonen, Mergeln, Sandstein, Gips, Kreide – Alunit	**Aluminit** $Al_2[(OH)_4\vert SO_4$ $7H_2O$ Chuchle, Böhmen
19	weiß, grauweiß, gelblich, bräunlich, grünlich, rosa weiß	matt makroskopisch uds.	1 bis 2 2 bis 3	– mild, zerreiblich, in Wasser quellend	derbe, dichte, erdige, zerreibliche Massen monoklin	in Tonen, in vulkanischen Tuffen – –	**Montmorillon** $(Al,Mg)[(OH)_2\vert Si_4O_{10}] . (Na,Ca)_x . . 4H_2O$ Kuzmice, Slowakei
20	weiß, grau, grün, gelblich, bräunlich weiß	Pgl., Fgl., matt dsch., uds.	1 bis 1,5 2,6 bis 2,8	vollkommen sehr mild, unelastisch, biegsam, fettig	blättrige Kr., schuppig, dicht, derb monoklin	Umwandlungsprodukt von Serpentin, in krist. Schiefern Chlorit, Serpentin, Magnetit, Pyrit, Dolomit u. a. Pyrophyllit, Kaolinit	**Talk** $Mg_3[(OH)_2\vert Si_4O_{10}]$ (Speckstein, Steatit) Providence, Rhode Island, USA
21	weiß, gelblich, grünlich, bläulich, rötlich weiß	Pgl., matt uds.	1 bis 2 2,5 bis 2,6	sehr gut mild, erdig	dünne Plättchen, feinschuppig, dicht, locker, erdig monoklin	Verwitterungsprodukt des Feldspats, in Tonen, auf manchen Erzg. als späte Bildung Quarz, Glimmer Montmorillonit, Pyrophyllit	**Kaolinit** $Al_4[(OH)_8\vert Si_4O_{10}]$ Podbořany, Böhmen
22	weiß, gelblich, graugrün, rötlich weiß	Fgl. uds.	1 bis 2 2,2 bis 2,3	– fettig	schuppig, locker, erdig, dicht, derb monoklin	in Serpentin u. verschiedenen Gesteinen als späte Bildung – Talk, Pyrophyllit	**Saponit** $Mg_3[(OH)_2\vert AlSi_3O_{10}] . nH_2O$ (Seifenstein) Färöer Inseln, Nólsoy, Dänemark
23	weiß, grau, grünlich, gelblich weiß	Pgl., matt dsch.	1 – 2 2,6 bis 2,9	vollkommen mild, fettig	tafelige Kr., rosettenförmig, blättrig, schuppig, dicht monoklin	auf Quarzg. u. Erzg., in Schiefertonen – Talk, Kaolinit	**Pyrophyllit** $Al_2[(OH)_2\vert Si_4O_{10}]$ Badin, North Carolina, USA
24	weiß, weißgrau, gelblich, blaugrün weiß	matt uds.	1,5 bis 2 2,3	– mild, schwimmt auf Wasser	knollige Massen, derb, dicht, porös, erdig rhombisch	Verwitterungsprodukt des Serpentins Opal, Chalcedon, Magnesit, Chlorit –	**Sepiolith** $Mg_4[(OH)_2\vert Si_6O_{15}] . 2H_2O + 4H_2O$ (Meerschaum) Eskischehir Türkei

17	18
1	−1/2
19	20
−1/2	−1/2
21	22
−1/2	+2
23	24
−1/2	−1/2

Nr.	Farbe Strich	Glanz Trans-parenz	Härte Dich-te	Spalt-barkeit Bruch u. a. phys. Merkm.	Ausbildung, Aggregate Kristallsystem	Vorkommen Begleitminerale ähnliche Minerale	Name und che-mische Forme Fundort
25	farblos, weiß, gelblich, bräunlich weiß	Ggl. bis matt ds., dsch.	1,5 bis 2 2,2 bis 2,3	sehr gut mild, spröde, wasser-löslich	körnig, derb, skelettartige Kr. trigonal	selbständige Lager-stätten Halit, Mirabilit, Epsomit, Gips, Ton –	**Nitronatrit** $NaNO_3$ (Chilesalpeter, Natronsalpeter) Antofagasta, Chile
26	weiß weiß	matt uds.	1 bis 2 2,6	– erdig, porös	poröse, erdige Massen, locker trigonal	als Gestein organogen-sedimentär Tone, Flintstein Kaolinit, Mont-morillonit, s. Nr. 51 bis 54, 170, 319	Calcit-Varietät **Kreide** $CaCO_3$ Helgoland
27	weiß, gelblich weiß	Sgl., Ggl., Pgl. dsch.	1,5 1,7	sehr gut mild, wasser-löslich	haarige, nadelige Kr.; nierige, faserige, schuppige, körnige A.; Krusten triklin	auf Erzg., auf Kohlenhalden, in Tonen Pyrit, Melanterit Alunit	**Alunogen** $Al_2[SO_4]_3 \cdot 18H_2O$ (Keramohalit) Bolzano (Bozen), Italien
28	weiß, gelblich, rosa, grünlich weiß	Sgl. dsch.	1,5 1,6 bis 1,7	gut wasser-löslich	faserige, nadelige, haarförmige Kr. u. A. monoklin	als Verwitterungs-produkt der Sulfide in Gesteinen – Alunogen	**Apjohnit** $MnAl_2[SO_4]_4 \cdot 22H_2O$ (Manganalaun) Alum Cave, Tennessee,USA
29	farblos, weißlich weiß	Ggl. ds., dsch.	1 bis 2 1,6	– spröde, muschе-lig, wasser-löslich	faserige, stengelige A.; Krusten; plattig kubisch	auf Kohlenhalden, in Gips, Ton, an Vulkanen – –	**Tschermigit** $NH_4Al(SO_4)_2 \cdot 12H_2O$ (Ammonalaun) Čermíky bei Kadaň (Kaaden), Böhmen
30	farblos, weiß weiß	Ggl. bis matt ds., dsch.	1,5 bis 2 1,4 bis 1,5	gut musche-lig, wasser-löslich	tafelige Kr., Krusten, faserig, erdig, körnig, derbe Massen monoklin	als Bodenausblühun-gen, auf Salzlagerst. Gips, Halit, Ton, Mergel Glauberit, Glaserit	**Mirabilit** $Na_2[SO_4] \cdot 10H_2O$ (Glaubersalz) Hallstatt, Salzkammergut
31 32	farblos, weiß, gelb, grau, rot, braun weiß	Ggl., Sgl., Pgl. ds., dsch.	1,5 bis 2 2,3 bis 2,4	sehr gut mild, un-elastisch, biegsam	säulige, tafelige, nadelige, oft ver-zwill. Kr.; lose Kr. u. in Dr.; grobspätig bis feinkörnig, faserig, schuppig, dicht, derb, erdig monoklin	als Gestein in Salz-lagerst., als Ver-witterungsprodukt der Sulfide in Sedi-mentgesteinen, auf Erzlagerst. Anhydrit, Aragonit, Schwefel Anhydrit, Glimmer, Talk, Kaolinit s. Nr. 132	31: **Gips** $CaSO_4 \cdot 2H_2O$ Duchcov (Dux), Böhmen 32: **Gips** $CaSO_4 \cdot 2H_2O$ Prešov, Slowakei

25	26
1	−1/3
27	**28**
−1/2	−1/2
29	**30**
−1/2	−1/2
31	**32**
−1/2	−3/4

Nr.	Farbe / Strich	Glanz / Transparenz	Härte / Dichte	Spaltbarkeit / Bruch u. a. phys. Merkm.	Ausbildung, Aggregate / Kristallsystem	Vorkommen / Begleitminerale / ähnliche Minerale	Name und chemische Formel / Fundort
33	farblos, weiß, gelb, blau, violett, rötlich, orange	Ggl. / ds., dsch.	2 / 2,1 bis 2,2	vollkommen, Würfel / mild bis spröde, wasserlöslich	würfelige Kr.; grob- bis feinkörnig, derb, faserig, dicht / kubisch	selbständige Lagerst., Ausblühungen in Wüsten, an Vulkanen / Anhydrit, Gips, Sylvin, Dolomit u. a. / Sylvin, Anhydrit s. Nr. 224	**Steinsalz** NaCl (Halit) / Wieliczka bei Kraków (Krakau), Polen
34	weiß						**Steinsalz** NaCl (Halit) / Dognecea, Rumänien
35	farblos, weiß, gelblich, grau / weiß	Ggl., Fgl. / ds., dsch.	2 / 1,9 bis 2	sehr gut, Würfel / mild bis spröde, wasserlöslich	würfelige, oktaedrische Kr.; grob- bis feinkörnig, dicht / kubisch	sedimentäre Lagerst., an Vulkanen als Ausblühungen / Halit, Anhydrit, Carnallit, Kainit u. a. / Steinsalz	**Sylvin** KCl / Staßfurt, Sachsen
36	farblos, weiß, grünlich, gelblich, grau, rot, braun / weiß	Ggl., Fgl. / ds., dsch.	2 / 1,6	– / muschelig, spröde, zerfließlich, wasserlöslich	dicktafelige Kr., grobkörnige Massen, faserig, derb / rhombisch	in Steinsalz / Anhydrit, Kainit, Kieserit u. a. / Kainit	**Carnallit** $KMgCl_3 . 6H_2O$ / Staßfurt, Sachsen
37	farblos, weiß / weiß	Ggl. bis matt / dsch.	2 / 1,8	deutlich / spröde, uneben, verwittert	tafelige Kr. mit rhombischem Habitus / monoklin	in Borlagerst. / Colemanit u. a. Borminerale / –	**Inyoit** $Ca[B_3O_3(OH)_5] . 4H_2O$ / Mount Blanco am Furnace Creek, Kalifornien, USA
38	farblos, weiß, gelblich / weiß	matt / dsch.	2 / 3,7	deutlich / –	sehr kleine oktaedrische Kr.; als Ausblühungen, mehlig, haarig, radialfaserig / kubisch	als Umwandlungsprodukt von Arsenmineralen / – / –	**Arsenolith** As_2O_3 (Arsenblüte) / Jáchymov (Joachimsthal), Böhmen
39	farblos, grau, gelblich, braun, rötlich, schwarz / weiß, grau	Dgl., fettig / ds., dsch.	1,5 bis 3 / 5,5 bis 5,6	– / schneidbar, biegsam, geschmeidig	würfelige, oktaedrische Kr.; derb, hornartig, Krusten, als Impregnation / kubisch	in Silbererzg. / Silber, Cerussit, Calcit, Baryt, Limonit / Bromargyrit	**Kerargyrit** AgCl (Chlorargyrit, Hornsilber) / Zacatecas, Mexiko
40	farblos, weiß, rötlich, braun / weiß	Ggl., Pgl., fettig / ds., dsch.	2,5 bis 3 / 2,9	gut / spröde, teilbar	pseudowürfelige, kurzsäulige Kr.; derb, körnig, spätig, dicht / monoklin	in Pegmatiten / Quarz, Siderit, Galenit, Pyrit u. a. / Anhydrit, Baryt	**Kryolith** $Na_3[AlF_6]$ / Ivigtut, Grönland

33	34
−1/2	−1/2
35	36
−1/2	1
37	38
−1/2	−2/3
39	40
+1/2	+1/2

Farblose und weiße, nichtmetallisch glänzende Minerale

Nr.	Farbe / Strich	Glanz / Transparenz	Härte / Dichte	Spaltbarkeit / Bruch u. a. phys. Merkm.	Ausbilduug, Aggregate / Kristallsystem	Vorkommen / Begleitminerale / ähnliche Minerale	Name und chemische Formel / Fundort
41	weiß, grau, gelblich / weiß	Sgl., matt / dsch.	2 bis 2,5 / 3,2 bis 3,8	sehr gut / etwas spröde	kryptokristallin, derb, nierig, dicht, schalig, erdig, Krusten / monoklin	als Verwitterungsprodukt auf Zinkerzlagerst. / Smithsonit, Sphalerit / Smithsonit	**Hydrozinkit** $Zn[(OH)_3\|CO_3]_2$ (Zinkblüte) / San Giovanni Grube, Laorca, Sardinien
42	farblos, weiß, gelblich, grau / weiß	Ggl., matt / ds., dsch.	2 bis 3 / 1,9	sehr gut / muschelig, spröde, wasserlöslich	säulige, tafelige Kr., Flächen rauh, uneben / monoklin	als Ausscheidung aus Natronseen, in Tonen / — / —	**Gaylussit** $Na_2Ca(CO_3)_2 . 5H_2O$ (Natrocalcit) / Sangerhausen, Harz
43	farblos, weiß, grau, gelblich / weiß	Ggl., Fgl., matt / ds., dsch.	2 bis 2,5 / 1,7 bis 1,8	deutlich / mild, muschelig, wasserlöslich	säulige, flachtafelige Kr. mit trüber Rinde; derb, erdig, mehlig / monoklin	im Uferschlamm von Boraxseen / Halit, Soda, Mirabilit / Kernit	**Tinkal** $Na_2[B_4O_5(OH)_4] . 8H_2O$ (Borax) / Tibet
44	farblos, weiß, grau, gelblich, rot / weiß	Ggl., Fgl. / ds., dsch.	2,5 bis 3 / 2,7 bis 2,8	sehr gut / spröde, muschelig	tafelige, säulige Kr.; in Dr., grobspätig, derb, nierig, erdig / monoklin	in Steinsalzlagerst. / Kalisalze, Anhydrit, Gips / Mirabilit	**Glauberit** $CaNa_2[SO_4]_2$ / Villa Rubia de los Ojos, Spanien
45	farblos, weiß, gelblich, rötlich / weiß	Ggl., Sgl. / ds., dsch.	2 bis 2,5 / 1,6	sehr gut / nicht hygroskopisch, wasserlöslich	nadelige, haarige Kr.; faserige A.; erdige Ausblühungen / rhombisch	als Verwitterungsprodukt auf Erzlagerst., Ausblühungen in Steppen, Umwandlungsprodukt von Kieserit / — / Kieserit	**Epsomit** $Mg[SO_4] . 7H_2O$ (Bittersalz) / Kremnice (Kremnitz), Slowakei
46	farblos, weiß, gelblich, rot, violett / weiß	Ggl. / ds., dsch.	2,5 bis 3 / 2,1	vollkommen / nicht zerfließlich, wasserlöslich	dicktafelige pseudorhombische Kr.; meist feinkörnige, derbe Massen / monoklin	auf Salzlagerst. / Halit, Carnallit, Kieserit, Anhydrit / Carnallit	**Kainit** $KMg[Cl\|SO_4] . 3H_2O$ / Staßfurt, Sachsen
47	weiß, graurot, rötlichbraun, gelblich / weiß	Ggl., Pgl. / ds., dsch.	2,5 bis 3 / 3	sehr gut / uneben	kleine tafel- u. säulenförmige Kr.; derbe, traubige Massen / rhombisch	auf Zinkerzlagerst. / Hemimorphit, Vanadinit / —	**Hopeit** $Zn_3(PO_4)_2 . 4H_2O$ / Altenberg bei Aachen
48	farblos, weiß, gelblich, rötlich / weiß	Ggl., Sgl., matt / dsch.	2 bis 2,5 / 2,6	sehr gut / mild	feinnadelige, haarförmige Kr.; pulverige Anflüge, Ausblühungen; warzig, traubig, nierig, erdig, mehlig / monoklin	Ausblühungen auf Arsenerzen / Nickelin, Chloantit, Erythrin, Annabergit / —	**Pharmakolith** $CaH[AsO_4] . 2H_2O$ / Jáchymov (Joachimsthal), Böhmen

41	42
1	1
43	44
1	1
45	46
1	1
47	48
+2	+2

Nr.	Farbe Strich	Glanz Transparenz	Härte Dichte	Spaltbarkeit Bruch u. a. phys. Merkm.	Ausbildung, Aggregate Kristallsystem	Vorkommen Begleitminerale ähnliche Minerale	Name und chemische Formel Fundort
49	weiß, grau, rosa, bräunlich weiß	Dgl., auf Spaltflächen Pgl. dsch.	2,5 5,6 bis 5,8	sehr gut spröde	nadelförmige, tafelige, schuppige Kr.; derb, faserig, strahlig, körnig rhombisch	als Verwitterungsprodukt von Antimonerzen Antimonit, Galenit u. a. Cerussit	**Valentinit** Sb_2O_3 (Antimonblüte, Weißspießglanz) Cetinje, Jugoslawien
50	farblos weiß	Ggl., Pgl. ds.	2,5 2,2	gut muschelig	säulige, tafelige Kr.; oft herzförmig verzwill. monoklin	in Steinkohlenflözen, selten auf Erzlagerst. — Calcit	**Whewellit** $Ca[C_2O_4] . H_2O$ Kladno, Böhmen

Härte 3 – 3,5

Nr.	Farbe Strich	Glanz Transparenz	Härte Dichte	Spaltbarkeit Bruch u. a. phys. Merkm.	Ausbildung, Aggregate Kristallsystem	Vorkommen Begleitminerale ähnliche Minerale	Name und chemische Formel Fundort
51	farblos, weiß, gelb, rot, bräunlich weiß	Ggl., Pgl. ds., dsch.	3 2,6 bis 2,7	sehr gut, Rhomboeder spröde	säulige, tafelige, nadelige, rhomboedrische, skalenoedrische Kr.; sehr flächenreich; in Dr.; grob- bis feinkörnig, spätig, tropfsteinförmig, nierig, derb, dicht trigonal	sehr verbreitet, als Kr. in Gesteinsklüften, auf Erzg., als Ablagerung aus Quellwasser, als Sinterbildung, als Sedimentgestein — Dolomit, Magnesit, Ankerit, Aragonit, Chabasit, Baryt s. Nr. 26, 170, 319	**Calcit** $CaCO_3$ (Kalkspat) Helgustadir, Reyđarfjörđur, Island
52							**Calcit** $CaCO_3$ (Kalkspat) Cumberland, England
53							**Calcit** $CaCO_3$ (Kalkspat) Egremont, Cumberland, England
54							**Calcit** $CaCO_3$ (Kalkspat) St. Adreasberg, Harz
55	farblos, weiß, gelblich weiß	Ggl., Pgl. ds., dsch.	3 2,7 bis 2,8	sehr gut spröde	rhomboedrische Kr.; feinkörnige Massen, derb trigonal	Mischkr. von Calcit u. Cerussit, auf Bleierzlagerst. — Calcit	**Plumbocalcit** $(Pb,Ca)CO_3$ Bleiberg, Kärnten, Österreich
56	weiß, gelblich, grau weiß	Ggl. bis matt ds., dsch.	3 bis 3,5 4,2	gut spröde	säulige, tafelige Kr.; derb, traubig, körnig; strahlige, blättrige, kugelige A. u. Massen rhombisch, pseudohexagonal	auf Bleierzg. Galenit, Alstonit, Baryt Cerussit, Quarz	**Witherit** $BaCO_3$ Alston Moor, Westmoreland, England

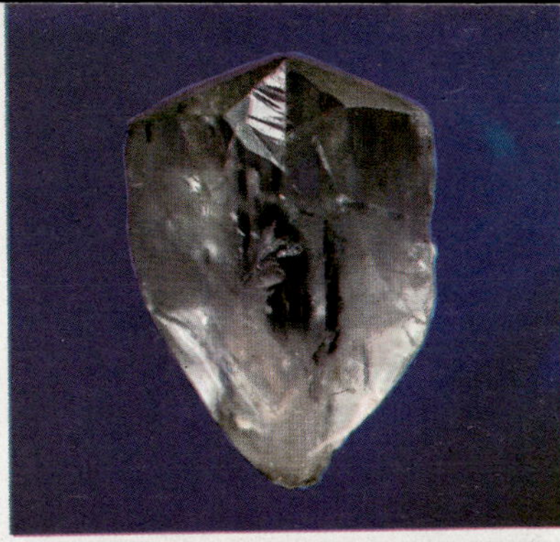

49	50
−1/2	1
51	52
1	+1/3
53	54
1	−1/2
55	56
−1/2	−1/2

Nr.	Farbe Strich	Glanz Transparenz	Härte Dichte	Spaltbarkeit Bruch u. a. phys. Merkm.	Ausbildung, Aggregate Kristallsystem	Vorkommen Begleitminerale ähnliche Minerale	Name und chemische Formel Fundort
57	farblos, weiß, grau, rot, gelb, blau, braun weiß	Ggl., Pgl., Fgl. ds., dsch.	3 bis 3,5 4,4	sehr gut leicht spröde, muschelig	dünn- bis dicktafelig, säulig, nadelig, pyramidenförmig; blättrige, bündelförmige, fächerartige, strahlige, nierige, körnige A.; dicht, nierig, schalig rhombisch	auf Erzg. sehr verbreitet, in Sedimentgesteinsklüften, Knollen in Ton u. Mergel — Aragonit, Calcit, Anhydrit, Feldspäte s. Nr. 144, 145, 234	**Baryt** $Ba[SO_4]$ (Schwerspat) Baia Sprie, (Felsöbånya), Rumänien
58	farblos, weiß, grau, bläulich, violett, rötlich weiß	Ggl., Pgl. ds., dsch.	3 bis 3,5 2,8 bis 3	sehr gut deutliche Spaltrisse, spröde	tafelige, kurzsäulige, würfelähnliche Kr.; spätig, faserig, derb, traubig, körnig, dicht rhombisch	auf Salzlagerst., aus Gips durch Gebirgsdruck entstanden, bildet „Schlangenalabaster" auf Erzg., als Exhalationsprodukt auf Lava Halit, Gips, Dolomit Kryolith, Gips, Baryt, Calcit s. Nr. 190	**Anhydrit** $Ca[SO_4]$ Bochnia bei Kraków (Krakau), Polen
59	farblos, weiß, grau, gelb, rötlich, braun weiß	Ggl., Pgl. ds., dsch.	3,5 bis 4 3	sehr gut, Rhomboeder spröde, leicht zerreiblich	rhomboedrische, krummflächige, sattelförmige Kr.; grob- bis feinkörnig, spätig, dicht, derb trigonal	verbreitet auf Erzg., als Sedimentgestein, metasomatisch aus Kalken — Calcit, Magnesit, Chabasit, s. Nr. 151	**Dolomit** $CaMg(CO_3)_2$ Banská Štiavnica (Schemnitz), Slowakei
60	weiß, grau, gelblich, bräunlich weiß	Ggl., Pgl. —	3,5 bis 4 3 bis 3,1	sehr gut, Rhomboeder spröde	rhomboedrische oft gekrümmte Kr., wie bei Dolomit; derb, körnig trigonal	auf Sideritlagerst. u. Erzlagerst. Siderit, Galenit, Sphalerit, Quarz Siderit, Breunnerit	**Ankerit** $CaFe[CO_3]_2$ Mlýnky, Slowakei
61	farblos, weiß, gelb, grau, rötlich, violett, blau, grün, braun weiß	Ggl., fettig ds., dsch.	3,5 bis 4 2,9 bis 3	undeutlich muschelig, spröde	prismatische, säulige Kr., oft verzwill.; stengelig-strahlige, spießige A. rhombisch	in Gesteinsklüften, auf Erzlagerst., eingewachsen in Schwefel, als Sinterbildung — Calcit, Baryt, Coelestin, Strontianit, Natrolith, Topas	**Aragonit** $CaCO_3$ Hořenec, Böhmen
62	weiß, gelblich weiß	Fgl. uds.	3,5 bis 4 2,9 bis 3	— schalige Absonderung	rundkörnige Sphärolithe rhombisch	als Ablagerung warmer Quellen — —	**Aragonit** $CaCO_3$ (Erbsenstein) Karlovy Vary (Karlsbad), Böhmen
63	weiß weiß	matt dsch.	3,5 bis 4 2,9 bis 3	— spröde	bäumchenförmige, astförmige A. rhombisch	auf Lagerst. von Siderit Limonit s. Nr. 320, 485	**Aragonit** $CaCO_3$ (Eisenblüte) Eisenerz, Steiermark
64	weiß, grau, gelb, grün, rosa weiß	Ggl., fettig ds., dsch.	3,5 bis 4 3,7	deutlich spröde	spitzige, spießige, nadelige Kr.; faserig, derb, strahlig rhombisch	auf Erzg., in Mergel Calcit Aragonit, Calcit, Baryt, Coelestin, Natrolith	**Strontianit** $SrCO_3$ Sendenhorst, Münsterland

57	58
−1/2	−1/2
59	60
−1/2	−1/2
61	62
−1/2	−1/2
63	64
−1/2	−1/2

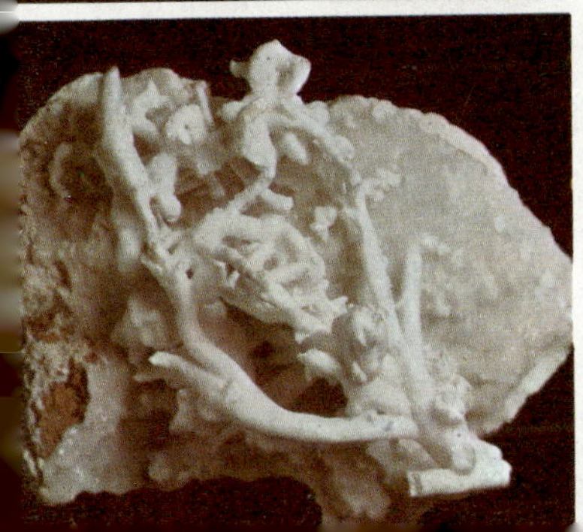

Nr.	Farbe Strich	Glanz Transparenz	Härte Dichte	Spaltbarkeit Bruch u. a. phys. Merkm.	Ausbildung, Aggregate Kristallsystem	Vorkommen Begleitminerale ähnliche Minerale	Name und chemische Formel Fundort
65	weiß weiß	matt uds.	3,5 2,2	— fettig	warzige, knollige, radialfaserige A.; krustig, pulverig monoklin	als Verwitterungsprodukt des Serpentins, eingebettet in vulkanische Tuffe — —	**Hydromagnesi[t]** $Mg_5[OH|(CO_3)_2]_2 \cdot 4H_2O$ Vesuv, Italien
66	farblos, weiß, grau weiß	Ggl. ds., dsch.	3,5 bis 4 2,4	sehr gut —	kurz- bis langsäulige, tafelige Kr.; derb, körnig, blättrig, dicht monoklin	in Ton u. Gips als Knollen, Linsen, sedimentär in Boraxlagerst. — Ulexit, Pandermit, Datolith	**Colemanit** $Ca[B_3O_4(OH)_3] \cdot H_2O$ Death Valley, Kalifornien, USA
67	farblos, weiß, grau, gelblich, rötlich weiß	Ggl. dsch.	3,5 bis 4 2,7 bis 2,8	gut spröde	rhomboedrische, tafelige Kr.; stengelig, faserig, körnig, derb, knollig, erdig trigonal	als selbständiges Gestein, Knollen in Sedimentgestein, in zersetzten Gesteinen sulfidische Erze Aluminit	**Alunit** $KAl_3[(OH)_6|(SO_4)_2]$ (Alaunstein) La Tolfa bei Civitavecchia, Italien
68	weiß, gelb, grün, braun, bläulich weiß	Ggl., Sgl. dsch.	3,5 bis 4 2,3 bis 2,4	gut spröde	feinfaserige, radialstrahlige Büschel; halbkugelige, warzenförmige, nierige A. rhombisch	in Sandsteinklüften, auf Kieselschiefer, Grauwacke, Quarzit Limonit, Haematit Natrolith, Prehnit s. Nr. 272	**Wavellit** $Al_3[(OH)_3|(PO_4)_2] \cdot 5H_2O$ Cerhovice, Böhmen
69	farblos, weiß, gelblich, bläulich, braun weiß	Pgl., Fgl. bis matt uds.	3,5 bis 4 1,9	schalige Absonderung sehr spröde, muschelig	schalen-, kugel- u. nierenförmige, traubige Gebilde amorph	in Hohlräumen von Limonitlagerst. — Chalcedon, einige Opale	**Evansit** $Al_3[(OH)_6|PO_4] \cdot 6H_2O$ Železník, Slowakei
70	weiß, gelblich, grau, rötlich weiß	Ggl., Pgl., matt, trüb dsch.	3,5 bis 4 2,2 bis 2,3	sehr gut wenig spröde, an der Luft matt u. bröckelig	langsäulige, nadelige Kr.; stengelig, derb, faserig, erdig monoklin	auf Erzg., in Hohlräumen u. Klüften von Ergußgest. andere Zeolithe, Calcit, Chlorit Feldspäte	**Laumontit** $Ca[AlSi_2O_6]_2 \cdot 4H_2O$ (Faserzeolith) Peter's Point, Neuschottland, Kanada
71	farblos, weiß, grau, rot, braun weiß	Ggl., Pgl. ds., dsch.	3,5 bis 4 2,2	sehr gut spröde	tafelige, blättrige, kurzsäulige Kr.; schuppig, spätig, derb, fächerförmig monoklin	in Hohlräumen u. Klüften vulkanischer Gesteine, auf Erzlagerst., in krist. Schiefern andere Zeolithe Desmin, Feldspäte s. Nr. 194	**Heulandit** $Ca[Al_2Si_7O_{18}] \cdot 6H_2O$ (Stilbit, Blätterzeolith) Teigarhorn, Berufjördur, Island
72	weiß, rötlich, gelblich, bräunlich weiß	Ggl., Pgl., Sgl. ds., dsch.	3,5 bis 4 2,1 bis 2,2	sehr gut spröde	tafelige, säulige, spanförmige Kr.; garbenförmige Büschel; strahlige A. monoklin	in Blasenräumen u. Dr. von Ergußgest., Dr. in Granit, in alpinen Klüften, auf Erzlagerst. andere Zeolithe, Calcit, Quarz andere Zeolithe	**Desmin** $Ca[Al_2Si_7O_{18}] \cdot 7H_2O$ (Stilbit, Bündelzeolith) Teigarhorn, Berufjördur, Island

65	66
−1/2	−1/2
67	68
−1/2	−1/2
69	70
1	−1/2
71	72
−1/2	−1/2

Nr.	Farbe Strich	Glanz Transparenz	Härte Dichte	Spaltbarkeit Bruch u. a. phys. Merkm.	Ausbildung, Aggregate Kristallsystem	Vorkommen Begleitminerale ähnliche Minerale	Name und chemische Forme[l] Fundort
73	farblos, gelb, grün, violett, blau, rosa weiß	Ggl. ds., dsch.	4 3 bis 3,2	vollkommen, Oktaeder muschelig, spröde, beim Erwärmen leuchtend	würfelige, oktaedrische Kr.; grob- bis feinkörnig, spätig, dicht, derb, radialstrahlig, gebändert kubisch	häufig in Gesteinsklüften u. auf Erzg., selbständige Massen, metasomatisch in Kalkstein, Bindemittel in Sandstein — Baryt, Apatit, Amethyst s. Nr. 212, 233	**Fluorit** CaF_2 (Flußspat) Rabenstein im Sarntal, Italien
74	weiß, graugelb weiß	Ggl., fettig dsch.	4 bis 4,5 3,6 bis 3,7	gut —	spitzpyramidale, kurzsäulige Kr.; faserig, körnig, derb rhombisch	auf Bleierzlagerst. Witherit, Barytocalcit, Galenit —	**Alstonit** $CaCO_3 + BaCO$[…] (Bariumaragonit) Alston Moor, England
75	farblos, weiß, rötlich, gelblich weiß	Ggl. ds., dsch.	4 bis 4,5 2,1 bis 2,2	gut spröde, Flächen in den Kerben gerieft	kurznadelige, dicktafelige Kr.; pseudorhombische bis pseudokubische polysynthetische Zwillinge monoklin	in Hohlräumen von vulkanischen Gest., in Tiefseesedimenten Analcim, Chabasit Harmotom	**Phillipsit** $KCa[Al_3Si_5O_{16}]$ $\cdot 6H_2O$ (Würfelzeolith, Kreuzstein) Vinařická hora, Böhmen
76	farblos, weiß, grau, rötlich, gelblich weiß	Ggl. ds., dsch.	4,5 2,4 bis 2,5	gut spröde, Flächen in den Kerben glatt	dicktafelige, dicksäulige Kr.; Durchwachsungszwillinge wie bei Phillipsit monoklin	in Hohlräumen basischer Ergußgest., auf Erzg. Baryt, Calcit, Galenit, Quarz Phillipsit	**Harmotom** $Ba[Al_2Si_6O_{16}]$. $\cdot 6H_2O$ (Würfelzeolith, Kreuzstein) Strontian, Argyll, England
77	farblos, weiß, gelb, rötlich weiß	Ggl. ds., dsch.	4 bis 5 2 bis 2,1	undeutlich spröde	würfelähnliche, rhomboedrische Kr.; Durchwachsungszwillinge, nur in Dr.; keine A. trigonal	in Hohlräumen von Eruptivgest., auf alpinen Klüften u. Erzg. andere Zeolithe, Quarz, Feldspat Calcit, Dolomit	**Chabasit** (Ca,Na_2) $[Al_2Si_4O_{12}]$. $\cdot 6H_2O$ (Würfelzeolith) Řepčice, Böhmen
78	farblos, weiß, gelblich, rötlich, grünlich weiß	Ggl. ds., dsch.	4 2,1	schlecht, undeutlich spröde, muschelig	dicktafelige Kr.; Durchwachsungszwillinge rhombisch	in Hohlräumen von basaltischen Gest. — Chabasit	**Levyn** $Ca[Al_2Si_4O_{12}]$. $\cdot 6H_2O$ (Zeolith) Benyevenagh, Irland
79	farblos, weiß, bläulich, grünlich, gelblich, grau, braun weiß	Ggl., perlmutt., Sgl. ds., dsch.	4,5 bis 5 3,3 bis 3,5	sehr gut muschelig, faserig, spröde	tafelige bis nadelige, spanförmige Kr.; warzenförmige, nierige A.; Krusten, dicht rhombisch	in Kalkstein u. Dolomit Galenit, Sphalerit, Smithsonit, Wulfenit, Calcit, Limonit Prehnit, Smithsonit, Chalcedon, Opal, Phosphorit	**Hemimorphit** Zn_4 $[(OH)_2 \vert Si_2O_7]$. $\cdot H_2O$ (Kieselzinkerz, Kieselgalmei, Calamin) Nertschinsk, Transbaikalien
80	farblos, weiß, gelblich, grau weiß	Ggl., Sgl. dsch.	4,5 bis 5 2,8	sehr gut spröde	dicktafelig, nadelig, haarig, derb, spätig, stengelig bis faserig, blättrig monoklin	in kontaktmetamorphem Kalkstein in krist. Schiefern Quarz, Granat, Vesuvian, Pyroxen Pektolith, Tremolit	**Wollastonit** $Ca_3[Si_3O_9]$ (Tafelspat) Mirsk (Friedeberg), Schlesien

73	74
−1/2	1
75	76
+2	1
77	78
1	1
79	80
+1/2	−1/2

Nr.	Farbe Strich	Glanz Transparenz	Härte Dichte	Spaltbarkeit Bruch u. a. phys. Merkm.	Ausbildung, Aggregate Kristallsystem	Vorkommen Begleitminerale ähnliche Minerale	Name und chemische Formel Fundort
81	farblos, weiß, gelblich, rötlichbraun weiß	Ggl., Fgl. dsch.	5 2,9 bis 3	undeutlich spröde	dicktafelige, säulige Kr.; radialstrahlige A. rhombisch	in der Verwitterungszone von Bleierzlagerst. — Aragonit	**Tarnowitzit** $(Pb,Ca)CO_3$ (Blei-Aragonit) Tsumeb, Südwestafrika
82	weiß, weißlichgrau weiß	Fgl., matt uds.	5 3,1	undeutlich muschelig, spröde	säulig gewachsene hexagonale Kr.; grobkörnige Massen hexagonal	große Kr. aus den Apatitgängen in Phosphat-Pegmatiten — s. Nr. 158, 214, 281	**Apatit**, hier **Hydroxylapatit** $Ca_5[OH\mid(PO_4)_3]$ Snarum, Norwegen
83	weiß, gräulich weiß	Ggl., Sgl., Pgl. dsch.	5 2,8	sehr gut sehr spröde	nadelige, langsäulige Kr.; faserige A.; derb, dicht, nierenförmig, strahlig triklin	in Klüften von Eruptivgest. Zeolithe, Calcit Tremolith, Wollastonit	**Pektolith** $Ca_2NaH[Si_3O_9]$ Bergen Hill (Tunnel), New Jersey, USA
84	farblos, weiß, gräulich, gelblich weiß	Ggl., Sgl. dsch.	5 2,2 bis 2,4	gut spröde	nadelige, haarige Kr.; strahlige, feinfaserige, halbkugelige A.; derb, dicht, erdig monoklin	in Klüften u. Hohlräumen basischer Eruptivgest. andere Zeolithe, Calcit Natrolith, Thomsonit	**Mesolith** $Na_2Ca_2[Al_2Si_3O_{10}] \cdot 8H_2O$ (Zeolith) Hauenštejn, Böhmen
85	farblos, weiß, gelb, grau, rötlich weiß	Fgl., Ggl. ds., dsch.	5 bis 5,5 3 bis 3,1	— muschelig	kurzsäulige Kr. mit Längsstreifung, meist derb monoklin	hydrothermalen Bildung in Quarzadern, in Laven des Vesuvs Quarz, Magnesit, Siderit, Baryt, Apatit —	**Wagnerit** $Mg_2[F\mid PO_4]$ Werfen, Salzburg
86	farblos, weiß, gräulich, gelblich weiß	Ggl., fettig ds., dsch.	5 bis 5,5 2,9 bis 3	undeutlich muschelig	dicktafelige, kurzsäulige Kr.; derb, körnig, nierig, dicht, krustig monoklin	in Dr. u. Klüften basischer Eruptivgest., auf granitischen Gängen, auf Erzlagerst. — Danburit, Colemanit, Zeolithe	**Datolith** $CaB[OH\mid SiO_4]$ Seiser Alm, Südtirol
87	farblos, weiß, trüb, grüngrau, grau, blau weiß	Ggl., Pgl. ds., dsch.	5 bis 6 2,7	gut bis deutlich muschelig, spröde	kurzprismatische, dicksäulige, stengelige Kr.; körnig, faserig, strahlig, dicht tetragonal	in metamorphem Gest., als vulkanische Auswürflinge Granat, Epidot, Vesuvian, Pyroxen Feldspäte, Spodumen s. Nr. 421	Skapolith-Varietät **Mejonit** $Ca_8[(Cl_2,SO_4,CO_3)_2\mid(Al_2Si_2O_8)_6]$ Vesuv, Italien
88	farblos, weiß, gelblich, rötlich, rosa, rot weiß	Ggl., seiden. ds., dsch.	5 bis 5,5 2,2 bis 2,4	sehr gut spröde	säulige, nadelige, haarförmige Kr.; radialstrahlig, kugelig, nierig, konzentrisch, schalig, faserig, derb, dicht, mehlig rhombisch	in Hohlräumen von Eruptivgest., in Klüften in Graniten u. krist. Schiefern andere Zeolithe, Calcit Aragonit, Skolezit, Thomsonit, Mesolith, Wavellit, s. Nr. 199	**Natrolith** $Na_2Al_2Si_3O_{10} \cdot 2H_2O$ (Faserzeolith) Česká Lípa (Böhmisch Leipa), Böhmen

81	82
1	−1/2
83	84
−1/2	−1/2
85	86
1	1
87	88
1	−1/2

Nr.	Farbe Strich	Glanz Transparenz	Härte Dichte	Spaltbarkeit Bruch u. a. phys. Merkm.	Ausbildung, Aggregate Kristallsystem	Vorkommen Begleitminerale ähnliche Minerale	Name und chemische Formel Fundort
89	farblos, weiß, gelblich, rötlich, grau weiß	Ggl., trüb ds., dsch.	5 bis 5,5 2,1 bis 2,3	— muschelig, uneben	einzelne aufgewachsene Kr.; Dr.; auch derb, körnig, dicht, erdig kubisch	in Blasenräumen u. Klüften basischer Eruptivgest.; auf Erzg. Zeolithe, Calcit Leucit, Sodalith, Granat	**Analcim** $Na[AlSi_2O_6] . H_2O$ Seiser Alm, Südtirol
90	weiß, gelblich, rötlich, grünlich, braun weiß	Ggl. ds., dsch.	5 bis 5,5 2,2 bis 2,4	gut spröde	nadelige, kurzsäulige, dicktafelige Kr.; nierige, kugelige, knollige A.; strahlige, stengelige Büschel; derb rhombisch	in Blasenräumen basischer Eruptivgest., in Vesuvlaven andere Zeolithe, Analcim, Calcit Natrolith, Prehnit	**Thomsonit** $NaCa_2 [Al_2(Al,Si) Si_2O_{10}]_2 . 6H_2O$ (Comptonit, Faserzeolith) Doubice, Böhmen
91	farblos, weiß, gelblich, bräunlich weiß	Ggl., seidig ds., dsch.	5 bis 5,5 2,1 bis 2,4	sehr gut spröde, muschelig	säulige, nadelige bis haarige Kr.; büschelige, radialstrahlige, faserige A.; auch derb monoklin	in Hohlräumen u. Klüften vulkanischer Gest., in Klüften in Granit u. Syenit, in krist. Schiefern, in alpinen Klüften andere Zeolithe, Calcit Thomsonit, Aragonit	**Skolezit** $Ca[Al_2Si_3O_{10}] . 3H_2O$ (Faserzeolith) Teigarhorn, Berufjördur, Island
92	farblos, weiß, grau weiß	Ggl., fettartig bis matt dsch., meist trüb, uds.	5,5 bis 6 2,5	— muschelig	isometrische, gerundete, eingewachsene Kr.; selten aufgewachsen, körnige A. tetragonal bis pseudokubisch	Gemengteil vulkanischer Gest., in Laven u. Tuffen des Vesuvs — Analcim, Sodalith, Granat	**Leucit** $K[AlSi_2O_6]$ Ariccia, Italien
93	farblos, weiß, blau, grau, grünlich weiß	Ggl., Fgl. ds., dsch.	5,5 bis 6 2,3 bis 2,5	gut muschelig	selten isometrische Kr.; meist derbe, körnige A. kubisch	Gemengteil verschiedener Eruptivgest., in vulkanischen Auswürflingen — Leucit, Analcim, Haüyn, Nosean, Lasurit, s. Nr. 237	**Sodalith** $Na_8 [Cl_2|(AlSiO_4)_6]$ Vesuv, Italien
94	farblos, weiß, grau, gelb, dunkelgrün weiß	Ggl. ds., dsch.	6 3,7 bis 3,9	sehr gut —	oktaedrische, würfelige, auf- u. eingewachsene Kr.; derb, körnig kubisch	in metamorphem Kalkstein und Dolomit, in vulkanischen Auswürflingen — —	**Periklas** MgO Monte Somma, Vesuv, Italien
95	farblos, wasserhell, weiß weiß	Ggl. ds., wasserklar	5,5 bis 6 2,1	— muschelig	traubig, nierig, zapfig, plattig, dicht, krustig amorph	in Klüften u. Hohlräumen vulkanischer Gest., auf Erzg., Ablagerung heißer Quellen — —	**Hyalit** $SiO_2 . nH_2O$ (Glasopal) Valeč, Böhmen
96	weiß, emailleartig weiß	matt uds.	5,5 bis 6 1,9 bis 2	— muschelig	nierig, traubig, dicht, porzellanartig amorph	in Blasenräumen u. Hohlräumen basaltischer Gest. — —	Opal-Varietät **Kascholong** $SiO_2 . nH_2O$ Hüttenberg, Kärnten

89	90
1	1
91	92
−3/4	1
93	94
+1/2	1
95	96
−1/2	−1/2

Nr.	Farbe Strich	Glanz Transparenz	Härte Dichte	Spaltbarkeit Bruch u. a. phys. Merkm.	Ausbildung, Aggregate Kristallsystem	Vorkommen Begleitminerale ähnliche Minerale	Name und chemische Formel Fundort
97	milchweiß, gelblichweiß weiß	matt trüb	5 – 6 (auch weicher) 2,1 bis 2,3	– muschelig	Adern, Knollen, opalartig amorph	verunreinigter Opal mit Aluminiumgehalt, auf Hornstein oder Jaspis – –	**Alumocalcit** $SiO_2 . n\,H_2O + Al_2O_3$ Eibenstock, Erzgebirge
98	farblos, grünlich, gelblich weiß	Ggl. ds.	6 2,6	– muschelig, spröde	säulige, hexagonale, aufgewachsene Kr. hexagonal	in Pegmatiten, in Granitklüften Rauchquarz, Adular, Apatit, Titanit Aquamarin	**Milarit** $KCa_2[(Be,Al)Si_4O_{10}]_3$ Val Giuv, Graubünden, Schweiz
99	farblos, weiß weiß	Ggl., Pgl. ds., dsch.	6 2,5	sehr gut –	tafelige Kr., oft mit Zwillingsstreifung monoklin	in Klüften in Syeniten Zeolithe Zeolithe, Feldspäte	**Eudidymit** $NaBe[OH\|Si_3O_7]$ Langesundsfjord, Norwegen
100	weiß, rötlich, gelblich weiß	Ggl., Pgl. dsch.	6 2,6	sehr gut spröde, uneben	dicktafelige, säulige, nadelige Kr., oft mit Zwillingsstreifung; derb, körnig, strahlig, spätig monoklin	als Gesteinsgemengteil in Graniten, Syeniten, Pegmatiten, krist. Schiefern, in Klüften in Gneis, auf Erzg. – Baryt	**Albit** $Na[AlSi_3O_8]$ (Feldspatgruppe) Intschitobel bei Amsteg, Schweiz
101	farblos, weiß, grünlich weiß	Ggl., Pgl. ds., dsch.	6 2,5	sehr gut spröde	nur aufgewachsene dicktafelige Kr., oft mit grünem Chloritstaub bedeckt monoklin	in alpinen Klüften in Dr., auf Erzg. Quarz, Albit, Periklin, Titanit, Chlorit –	**Adular** $K[AlSi_3O_8]$ (Feldspatgruppe) Grimsel, Schweiz
102	farblos, weiß, grauweiß, rötlich weiß	Ggl., Pgl. ds., dsch., trüb	6 2,7	sehr gut spröde	tafelige, kurzsäulige, auf- u. eingewachsene Kr.; dicht, körnig triklin	Gesteinsgemengteil in metamorphem Kalkstein u. Dolomit, auf Erzlagerst., in vulkanischen Auswürflingen – s. Nr. 204	**Anorthit** $Ca[Al_2Si_2O_8]$ (Feldspatgruppe) Monte Somma, Vesuv, Italien
103	farblos, weiß, grünlich, rötlich, gelblich weiß	Ggl., Pgl. ds., dsch., uds.	6 2,6 bis 2,7	sehr gut spröde	tafelige Kr.; dichte, körnige A.; derb, körnig, dicht triklin	Gesteinsgemengteil in Dioriten, Andesiten, Syeniten, in Cordieritgneis – –	**Andesin** Gemenge von $Na[AlSi_3O_8]$ u. $Ca[Al_2Si_2O_8]$ (Albit + Anorthit) (Feldspatgruppe) Esterel, Frankreich
104	farblos, weiß, grün weiß	Ggl., Pgl. ds., dsch.	6 2,6	sehr gut spröde	aufgewachsene, verzwill. Plagioklase; säulige, dicktafelige Kr.; keine A. triklin	in Dr. in alpinen Klüften Quarz, Adular, Titanit, Rutil, Anatas, Chlorit –	**Periklin** $Na[AlSi_3O_8] \pm K,Ca$ (Feldspatgruppe) Rothenkopf, Zillertal, Tirol

97	98
−1/2	+2
99	100
+1/2	−1/2
101	102
−1/2	−1/2
103	104
−1/2	−1/3

Nr.	Farbe / Strich	Glanz / Transparenz	Härte / Dichte	Spaltbarkeit / Bruch u. a. phys. Merkm.	Ausbildung, Aggregate / Kristallsystem	Vorkommen / Begleitminerale / ähnliche Minerale	Name und chemische Formel / Fundort
105	farblos, weißlich, bläulich / weiß	Pgl., Ggl. mit mildem bläulichem Schein / dsch.	6 / 2,5 bis 2,6	sehr gut / spröde	dicktafelige, breitsäulige Kr.; spätig / monoklin	durch Entmischung leicht milchig getrübter Adular oder Sanidin / – / –	**Mondstein** $K[(Si,Al)_4O_8]$ (Feldspatgruppe) / Kandy, Ceylon
106	weiß, gelb, braun / weißlich	Ggl. / dsch.	6 bis 6,5 / 3,1 bis 3,2	undeutlich / –	kleine, kurzsäulige, flächenreiche Kr.; derb, körnige A. / rhombisch	auf kontaktmetamorphen Lagerst., in vulkanischen Auswürflingen, auf Erzlagerst. / – / Cancrinit	**Humit** $Mg_7[(OH,F)_2|(SiO_4)_3]$ / Monte Somma, Vesuv, Italien
107	farblos, weiß, gelblich, rötlich, viollet, grau / weiß	Ggl., Pgl. / ds., dsch.	6,5 bis 7 / 3,3 bis 3,5	sehr gut, blättrig / muschelig, sehr spröde	tafelige, breitsäulige, blättrige, nadelige Kr.; derb, blättrig, strahlig, stengelig, schuppig / rhombisch	als Gemengteil in Bauxit, in krist. Schiefern / Disthen, Korund, Magnetit, Calcit, Serpentin / Gips	**Diaspor** α-AlOOH / Banská Štiavnica (Schemnitz), Slowakei
108	farblos, gelblichweiß, grünlich, grau / weiß	Ggl. / ds., dsch.	6,5 bis 7 / 3,1 bis 3,2	sehr gut / spröde	breitstengelig, säulig, dicktafelig, spätig / monoklin	in Pegmatiten / Lepidolith, Quarz, Albit, Turmalin, Beryll / Feldspäte, Skapolith	**Spodumen** $LiAl[Si_2O_6]$ / Chesterfield, South Carolina, USA
109	farblos / weiß	Ggl., Fgl. / ds.	7 / 2,6	– / muschelig	säulige bis nadelige, aufgewachsene Kr. in Dr. / trigonal	in Dr. u. Klüften in magmatischen Gest. u. krist. Schiefern, auf Erzg. / Albit, Titanit, Rutil u. a. / Phenakit, Topas, Beryll	**Quarz** SiO_2 (Bergkristall) / Bourg d'Oisans, Dauphiné, Frankreich
110	milchigweiß, auch verschieden gefärbt / weiß	Ggl., Fgl. / ds. dsch.	7 / 2,6	– / muschelig	säulige, ein- u. aufgewachsene Kr.; meist horizontal gestreift; grob- bis feinkörnig / trigonal	sehr verbreitetes Gemengteil vieler Gest., auf Erzg. / – / –	**Quarz** SiO_2 (Milchquarz) / Ratibořice, Böhmen
111	weiß, gelblich, rötlich, grau, bräunlich / weiß	Ggl. / dsch., uds.	7 / 2,6	– / muschelig	radialstengelige A. / trigonal	Abart von Quarz mit morphologischen Eigentümlichkeiten, in Blasenräumen in Melaphyren / – / –	**Sternquarz** SiO_2 / Peřimov, Böhmen
112	weiß, grau, gelb, rot, braun, grünlich, schwärzlich / weiß	Fgl., Wgl. / dsch., uds.	5,5 bis 6,5 / 1,9 bis 2,5	– / muschelig, spröde	Adern, Knollen, Konkretionen, Hohlraumausfüllungen, eingesprengt, derb, traubig, knollig, nierig / amorph	Zersetzungsprodukt vieler Gest., auf Erzg., als Ablagerung heißer Quellen / – / –	**Opal** $SiO_2 . nH_2O$ / Madeira

105	106
1	+1/2
107	108
−1/2	−1/2
109	110
−2/3	−2/3
111	112
−2/3	−2/3

Nr.	Farbe / Strich	Glanz / Transparenz	Härte / Dichte	Spaltbarkeit / Bruch u. a. phys. Merkm.	Ausbildung, Aggregate / Kristallsystem	Vorkommen / Begleitminerale / ähnliche Minerale	Name und chemische Formel / Fundort
113	farblos, weiß, gelblich, grau / weiß	Ggl., Pgl., auch matt / ds., dsch.	7 / 2,2	undeutlich / spröde	dünntafelige Kr., fächerförmige Zwillinge u. Drillinge / rhombisch	in Hohlräumen in Trachyt, Andesit, Porphyrit / – / –	**Tridymit** SiO_2 / Colli Euganei, Italien
114	farblos, grau, gelblich, grünlich, bläulich / weiß	Ggl., Fgl. oder Dgl. / ds., dsch.	7 / 2,9 bis 3	– / muschelig	würfelähnliche, eingewachsene Kr.; derb, dicht, faserige Knollen / rhombisch, pseudotetragonal	in Kalisalzlagern / eingewachsen in Gips, Anhydrit, Carnallit / –	**Boracit** $Mg_3[Cl\|B_7O_{13}]$ (Staßfurtit) / Lüneburg, Niedersachsen
115	farblos, grauweiß, gelblich / weiß	Ggl. / ds., dsch.	7,5 / 2,3	sehr gut / spröde	dicktafelige, vertikal gestreifte, flächenreiche Kr. / rhombisch	in Syeniten u. Pegmatiten Norwegens u. Madagaskars / – / –	**Hambergit** $Be_2[(OH,F)\|BO_3]$ / Imalo, Madagaskar
116	farblos, weiß, gelb, rosa, braun / weiß	Ggl. / ds., dsch.	7,5 bis 8 / 3	wenig deutlich bis gut / spröde, muschelig	hexagonale, quarzähnliche, kurzsäulige, aufgewachsene Kr. / trigonal	in Beryllium-Pegmatiten, in Klüften in Granit u. Glimmerschiefern, auf Zinnerzlagerst. / Beryll, Apatit, Topas, Turmalin, Quarz / Quarz, Topas	**Phenakit** $Be_2[SiO_4]$ / San Miguel di Piracicaba, Minas Gerais, Brasilien
117	farblos, gelb, blau, grün, rot, rötlich / weiß	Ggl. / ds., dsch.	8 / 3,5 bis 3,6	sehr gut / uneben, muschelig	kurz- bis langsäulige Kr. mit rhombischem Umriß, als Imprägnation; derb, dicht, feldspatähnlich / rhombisch	pneumatolytische Bildung, in Pegmatiten, Graniten, auf Zinnerzg., auf Edelsteinseifen / – / Phenakit, Quarz, Korund, Beryll, Aragonit, s. Nr. 168, 523	**Topas** $Al_2[F_2\|SiO_4]$ / Tonokamiyama, Japan
118	farblos, gelb, grün, blau, rot, schwarz, grau / weiß	Dgl., Fgl., auch matt / ds., dsch., uds.	10 / 3,5	sehr gut / muschelig, spröde	oktaedrische, würfelige, dodekaedrische Kr.; Flächen oft gewölbt u. gestreift; körnige, radialfaserige, kugelige A. / kubisch	eingewachsen in ultrabasischen Gesteinen, in Konglomeraten, lose Kr. auf Seifen, in Flußsanden / – / s. Nr. 513	**Diamant** C / Kimberley, Südafrikanische Union, Afrika

Gelbe, metallisch glänzende Minerale *Härte 2,5–3*

Nr.	Farbe / Strich	Glanz / Transparenz	Härte / Dichte	Spaltbarkeit / Bruch u. a. phys. Merkm.	Ausbildung, Aggregate / Kristallsystem	Vorkommen / Begleitminerale / ähnliche Minerale	Name und chemische Formel / Fundort
119 120	goldgelb, hellgelb, bräunlich, senfgelb / gelb, golden, glänzend	metallisch / opak	2,5 bis 3 / 14,5 bis 19,3	– / geschmeidig, hämmerbar, biegsam, hakig	derb, Bleche, Platten, Körner, dendritische Skelette; selten oktaedrische, würfelige, dodekaedrische Kr.; fieder-, baum-, draht-, haar-, blechförmige A., moosartig / kubisch	auf hydrothermalen Gängen in vulkanischen Gest., auf Seifen in Plättchen, Körnern, Klumpen / Quarz, Pyrit, Galenit, Arsenopyrit, Antimonit, Gold-Telluride / Pyrit, Chalkopyrit, Markasit	119: **ged. Gold** Au / Roşia Montană, Rumänien 120: **ged. Gold** Au / Jílové, Böhmen

113	114
+2	1
115	116
−1/2	−1/2
117	118
−1/2	+3
119	120
1	1

Nr.	Farbe / Strich	Glanz / Transparenz	Härte / Dichte	Spaltbarkeit / Bruch u. a. phys. Merkm.	Ausbildung, Aggregate / Kristallsystem	Vorkommen / Begleitminerale / ähnliche Minerale	Name und chemische Formel / Fundort
121 122	goldgelb, hellgelb, senfgelb, bräunlich / gelb, golden, glänzend	metallisch / opak	2,5 bis 3 / 14,5 bis 19,3	— / geschmeidig, hämmerbar, biegsam, hakig	Bleche, Platten, Körner, derb, dendritische Skelette; selten oktaedrische, würfelige, dodekaedrische Kr.; fieder-, baum-, draht-, haar-, blechförmige A.; moosartig / kubisch	auf hydrothermalen Gängen in vulkanischen Gest., auf Seifen in Plättchen, Körnern, Klumpen / Quarz, Pyrit, Galenit, Arsenopyrit, Antimonit, Gold-Telluride / Pyrit, Chalkopyrit, Markasit	121: **ged. Gold** Au / Křepice, Böhmen 122: **ged. Gold** Au / Roşia Montană, Rumänien
123	speisgelb, messinggelb, bräunlich / gräulichschwarz	metallisch / opak	3 bis 3,5 / 5,5	sehr gut / spröde	nadelige, haarige Kr. in Büscheln; radialstrahlige, faserige A.; körnig, derb / trigonal	auf Erzg., in Klüften in Kohlenflözen / Siderit, Chalkopyrit, Baryt, Fluorit, Calcit / —	**Millerit** NiS (Haarkies, Gelbnickelkies) / Kladno, Böhmen
124	messinggelb, oft buntanlaufend / grünlichschwarz bis schwarz	metallisch / opak	3,5 bis 4 / 4,1 bis 4,3	undeutlich / mäßig, spröde, uneben	isometrische Kr.; oktaeder- u. tetraederähnlich; oft gestreift; derb, nierig, feinkörnig, dicht / tetragonal, pseudokubisch	sehr verbreitet auf verschiedenen Erzlagerst. / Pyrit, Galenit, Sphalerit, Carbonate, Quarz / Pyrit, Gold, Markasit	**Chalkopyrit** $CuFeS_2$ (Kupferkies) / Freiberg, Erzgebirge

Härte 4 – 6,

Nr.	Farbe / Strich	Glanz / Transparenz	Härte / Dichte	Spaltbarkeit / Bruch u. a. phys. Merkm.	Ausbildung, Aggregate / Kristallsystem	Vorkommen / Begleitminerale / ähnliche Minerale	Name und chemische Formel / Fundort
125 126	speisgelb, goldgelb, messinggelb, gelegentlich bunt angelaufen / grünlichschwarz	metallisch / opak	6 bis 6,5 / 4,8 bis 5	undeutlich / muschelig, spröde	gut ausgebildete ein- u. aufgewachsene, oktaedrische, würfelige, pentagondodekaedrische Kr.; Würfelflächen oft gestreift; derb, körnig, nierig, knollig, dichtfaserig, radialstrahlig, dicht / kubisch	sehr verbreitet auf sulfidischen Erzlagerst., in Sedimentgest., als Gemengteil in magmatischen Gest., krist. Schiefern, in Kohlen, als Versteinerungsmittel in sedimentären Gest. / — / Markasit, Chalkopyrit, Gold, Pyrrhotin	125: **Pyrit** FeS_2 (Schwefelkies, Eisenkies) / Rio Marina, Elba 126: **Pyrit** FeS_2 (Schwefelkies, Eisenkies) / Tavistock, Devon, England
127	messinggelb, speisgelb, ins Grünliche gehend / grünlichschwarz	metallisch / opak	6 bis 6,5 / 4,8 bis 4,9	undeutlich / spröde, an feuchter Luft leicht verwitternd	tafelige, kurzsäulige, nadelige, spanförmige Kr.; kammartige, faserige A.; dicht, derb, nierig, knollig, radialstrahlig, kugelig, lagenförmig / rhombisch	mit Pyrit auf Erzlagerst., in Braunkohlen, Mergeln, Tonen, nicht in Eruptivgest., weniger häufig als Pyrit / — / Pyrit, Chalkopyrit, Pyrrhotin, Gold	**Markasit** FeS_2 (Speerkies) / Komořany, Böhmen
128	gelbbraun, tombakbraun, dunkelbraun, gelegentlich mit Anlauffarben / grauschwarz	metallisch / opak	4 / 4,6	deutlich (teilbar) / spröde, uneben	dicktafelige bis kurzsäulige Kr.; rosettenförmige A.; eingesprengt, derb, körnig, dicht in Massen / hexagonal	in basischem Eruptivgest., metamorphem Gest., krist. Schiefern, in Pegmatiten, auf Erzg. / Pyrit, Magnetit, Chalkopyrit u. a. / Pyrit, Chalkopyrit, Markasit s. Nr. 308	**Pyrrhotin** FeS (Magnetkies, Magnetopyrit) / Herja (Chiuzbaia, Kisbánya), Rumänien

121	122
+1/3	+1/2
123	124
1	−1/2
125	126
1	1
127	128
−1/2	−1/2

Nr.	Farbe Strich	Glanz Transparenz	Härte Dichte	Spaltbarkeit Bruch u. a. phys. Merkm.	Ausbildung, Aggregate Kristallsystem	Vorkommen Begleitminerale ähnliche Minerale	Name und chemische Formel Fundort
129 130	gelb, gelb-orange, gelbbraun, bräunlich strohgelb	Dgl., Fgl. ds., dsch.	1 bis 2,5 2	undeutlich sehr spröde, muschelig, leicht entflammbar, brennt mit blauer Flamme	pyramidale, tafelige, flächenreiche Kr.; derb, plattenförmig, dicht, körnig, nierig, erdig, pulverig rhombisch	in sedimentärem Kalk- u. Mergelgest., als Sublimat an Vulkanen u. Thermen, auf Kohlenhalden Calcit, Aragonit, Gips, Anhydrit, Steinsalz –	129: **ged. Schwefel** S Cianciana, Sizilien, Italien 130: **ged. Schwefel** S Agrigento, Sizilien, Italien
131	gelb, zitronengelb zitronengelb	Dgl., Fgl., Ggl., perlmutt. ds., dsch.	1,5 bis 2 3,4 bis 3,5	sehr gut schneidbar, mild, biegsam	blättrige, säulige, tafelige, kurzprismatische Kr.; derb, plattig, stengelig, radialstrahlig, nierig, knollenartig monoklin	auf Erzg., eingesprengt in Tonen, Mergeln, an Vulkanen, in heißen Quellen Realgar, Antimonit, Sphalerit, Pyrit –	**Auripigment** As_2S_3 (Rauschgelb) Allchar (Alšar) bei Mrežíčko, Makedonien, Jugoslawien
132	gelb, bräunlich weiß	Sgl., Pgl. dsch.	1,5 bis 2 2,3 bis 2,4	sehr gut mild	grob- bis feinfaserige, parallele A. monoklin	in Spalten in sedimentären Gest., auf Salzlagerst. – s. Nr. 31, 32	**Selenit** $Ca[SO_4]\,.\,2H_2O$ (Fasergips) Swerdlowsk, Mittlerer Ural
133	schwefelgelb, zitronengelb, orangegelb gelb	matt, Sgl. dsch.	1 bis 3 2,5	gut –	haarförmige, feinnadelige, blättrige, tafelige Kr.; derb, feinfaserig, schuppig, pulverig, erdig; fächerförmige Anflüge, Ausblühungen monoklin	als Zersetzungsprodukt von Uranmineralen neben anderen Uranglimmern – Uranotil	**Zippeit** $[6UO_2\|3(OH)_2\|3SO_4]\,.\,12H_2O + 3H_2O$ (Uranblüte, Uranocker) Jáchymov (Joachimsthal), Böhmen
134	gelblichweiß, strohgelb gelblich, strohgelb	matt, Sgl. dsch.	2 4 bis 4,5	deutlich –	Ausblühungen, Anflüge, faserig, erdig, strahlig, eingesprengt rhombisch	Verwitterungsprodukt von Molybdänit u. anderer Molybdänminerale – verschiedene Ocker	**Molybdit** MoO_3 bzw. $Fe_2(MoO_4)_3\,.\,7H_2O$ (Molybdänocker) Buena Vista, Colorado, USA
135	rötlich, gelb, orange, gelblichbraun, strohgelb	matt uds.	2,5 bis 3 3,9 bis 4,5	– muschelig	dicht, derb, nierig, eingesprengt, gummiartig, locker, erdig amorph	Verwitterungsprodukt von Uraninit – –	**Gummit** $(Pb,Ca,Ba)U_3[O_8\|SiO_4]\,.\,5H_2O$ (Uranocker) Flat Rock Mine, Carolina, USA
136	gelblichgrün, schmutziggelb, zeisiggrün, hellgelblich blaßgelb	Pgl. ds., dsch.	2 bis 3 3,5	sehr gut –	dünntafelige, nadelige, schuppige Kr.; dünnblättrige, radialstrahlige, büschelige A.; krustig tetragonal	in Pegmatiten, auf Quarzgängen Uranminerale Autunit s. Nr. 138, 260	**Uranocircit** $Ba[UO_2\|PO_4]_2\,.\,8H_2O$ (Uranglimmer) Falkenstein, Vogtland

129	130
−1/2	−1/2
131	132
−1/2	−1/2
133	134
−1/2	−1/2
135	136
−1/2	+4

Nr.	Farbe Strich	Glanz Transparenz	Härte Dichte	Spaltbarkeit Bruch u. a. phys. Merkm.	Ausbildung, Aggregate Kristallsystem	Vorkommen Begleitminerale ähnliche Minerale	Name und chemische Formel Fundort
137	hellgelb, grünlichgelb blaßgelb, grünlichgelb	Ggl., Pgl. dsch.	2,5 2,5	sehr gut —	dünne, tafelige, glimmerartige Kr.; feinschuppige A.; erdig, Anflüge triklin, pseudohexagonal	Verwitterungsprodukt von Uranmineralen — —	**Schröckingerit** $NaCa_3[UO_2 \vert F \vert SO_4 \vert (CO_3)_3] \cdot 10H_2O$ (Dakeit, Uranglimmer) Jáchymov, Böhmen
138	schwefelgelb, zitronengelb, gelblichgrün, grüngelb, gelblich, grünlich	Pgl., Ggl. dsch.	2 bis 2,5 3 bis 3,2	sehr gut mild	dünn- bis dicktafelige, aufgewachsene Kr.; schuppenartige Gruppen, blättrige A.; dicht, erdig tetragonal	als sekundäres Uranmineral in Graniten u. Pegmatiten, in Klüften, auf Uranerzg. Quarz, Fluorit andere Uranglimmer s. Nr. 260	**Autunit** $Ca[UO_2 \vert PO_4]_2 \cdot 10H_2O$ (Kalkuranglimmer) Sabugal, Portugal
139	farblos, weiß, gelb, grünlich, braun, apfelgrün weiß	Sgl. dsch.	2,5 1,8 bis 2	— wasserlöslich	haarförmige, faserige, feinnadelige Kr. monoklin	als Verwitterungsprodukt von Pyrit auf Erzlagerst., auf Braunkohlen — Apjohnit	**Halotrichit** $FeAl_2[SO_4]_4 \cdot 22H_2O$ (Eisenalaun, Haarsalz) Dubník, Slowakei
140	honiggelb, orange, bräunlich, gelblichweiß weißlich	Fgl. ds., dsch., trüb	2 bis 2,5 1 bis 1,1	— muschelig, spröde, beim Reiben elektrisch	Gerölle, abgerollte Körner, Platten, schichtig, tropfenförmig, eingesprengt amorph	fossiles Harz in Sedimentgest. (Bernsteinerden) an der Ost- u. Nordseeküste — s. Nr. 552	**Bernstein** $C_{12}H_{20}O$ (Succinit) Klajpeda, Sowjetunion
141	strohgelb, orangegelb, bräunlich weißlich	Fgl. dsch., uds.	2 bis 2,5 1	— spröde, muschelig	eingesprengt, dicht, schichtig, knollig, lagenförmig amorph	bernsteinähnliches fossiles Harz aus Braunkohle, Lignit — —	**Walchowit** $(C_{15}H_{26}O)_4$ Valchov, Mähren
142	farblos, gelb, rot, braun, grün, grau, schwarz weiß, gelb, braun	Dgl., Fgl., fast Mgl. ds. bis uds.	3,5 bis 4 3,9 bis 4,2	sehr gut, nach Rhombendodekaeder spröde	tetraedrische, dodekaedrische, würfelige, oft verzwillingte Kr.; grob- bis feinkörnig, dicht, derb, faserig, schalig-nierige Massen kubisch	auf Erzg., hydrothermal, pneumatolytisch, auch sedimentär Galenit, Chalkopyrit, Quarz u. a. Tetraedrit, Cassiterit, Granat, Vesuvian s. Nr. 191, 315, 445	**Sphalerit** ZnS (Zinkblende) Banská Štiavnica (Schemnitz), Slowakei
143	gelb, orange, braun gelb	Dgl. (nur Kr.), matt dsch.	3 bis 3,5 4,9 bis 5	gut spröde	selten kurzsäulige Kr., meistens als pulveriger Beschlag; dicht, erdig hexagonal	in der Verwitterungszone von Zinkerzlagerst. Sphalerit, Galenit, Smithsonit Zippeit, Bismutit	**Greenockit** CdS Bishoptown bei Paisley, Schottland
144	farblos, weiß, gelb, grau, rot, blau, braun weiß	Ggl., Fgl., Pgl. ds., dsch.	3 bis 3,5 4,4	sehr gut wenig spröde, muschelig	dünn- bis dicktafelig, säulig, nadelig, pyramidal; blättrige, strahlige, nierige, körnige A.; dicht, rhombisch	auf Erzg. sehr verbreitet, in Klüften in Sedimentgest. — Aragonit, Calcit u. a. s. Nr. 57, 145, 234	**Baryt** $Ba[SO_4]$ (Schwerspat) Baia Sprie, (Felsöbánya), Rumänien

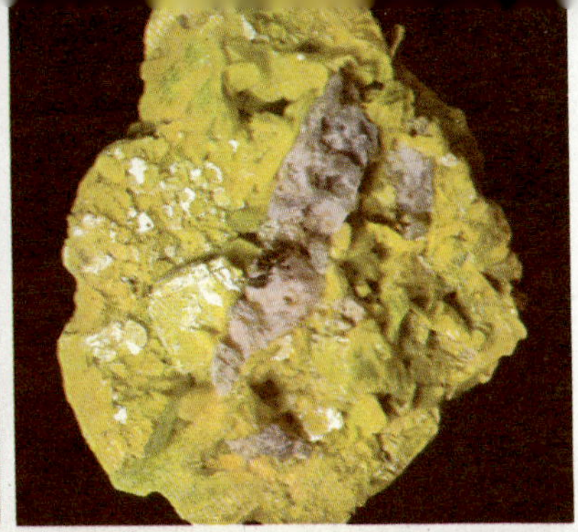

137	138
–1/2	–1/2
139	140
1	–1/2
141	142
–1/2	–1/2
143	144
–1/2	–1/2

Nr.	Farbe / Strich	Glanz / Transparenz	Härte / Dichte	Spaltbarkeit / Bruch u. a. phys. Merkm.	Ausbildung, Aggregate / Kristallsystem	Vorkommen / Begleitminerale / ähnliche Minerale	Name und chemische Formel / Fundort
145	farblos, weiß, gelb, rot, grau, blau, braun / weiß	Ggl., Pgl., Fgl. / ds., dsch.	3 bis 3,5 / 4,4	sehr gut / wenig spröde, muschelig	tafelige, säulige, blättrige Kr.; auch dicht, körnig / rhombisch	auf Erzg. sehr verbreitet / – / – s. Nr. 57, 144, 234	**Baryt** $Ba[SO_4]$ (Schwerspat) / Příbram, Böhmen
146	weiß, gelb, orange, braun, grünlich, grau / weiß	Dgl., fettig / dsch.	3,5 / 7,1	gut / spröde, muschelig	säulig, dicktafelig, faßförmig, nadelig; traubige, nierige A.; erdig, krustig / hexagonal	auf Blei- u. Manganerzlagerst. / Arsenerze, Limonit, Wad, Psilomelan, Quarz / Pyromorphit s. Nr. 174	**Mimetesit** $Pb_5[Cl\|(AsO_4)_3]$ (Mimetit) / Johanngeorgenstadt, Erzgebirge
147	gelb, orangegelb, bräunlich / weiß	Dgl., fettig / dsch.	3,5 bis 4 / 7 bis 7,2	– / spröde	traubige, nierige Überzüge; derb; kugelige A. / hexagonal	arsenhaltiger Pyromorphit von Nussière / – / –	Pyromorphit-Varietät **Nussierit** $Pb_5Cl(PO_4)_3 \pm$ $\pm As$ / Beaujeu, Dep. Rhône Frankreich
148	gelb, ockergelb, braun / strohgelb	Sgl., Wgl. / dsch.	3–4 / 2,3 bis 2,8	– / spröde	feinnadelige, haarige Kr.; faserige, radialstrahlige A.; nierig, kugelig, derb, erdig / hexagonal	auf Eisenerzg. / Haematit, Siderit, Limonit / verschiedene Ocker	**Kakoxen** $Fe_4[(OH)\|$ $\|PO_4]_3 . 12H_2O$ / Hrbek, Böhmen
149	gelb, grüngelb / hellgelb	matt / dsch., uds.	4 / 4,4 bis 4,5	sehr gut / –	tafelige, blättrige Kr.; fächerförmige A.; pulverig, erdig, nierig, traubig, Überzüge / monoklin	in Sand- u. Kalkstein als Imprägnation, sekundäres Uranmineral / – / Autunit	**Carnotit** $(K,Na,Ca,Pb)_2$ $[(UO_2)_2\|$ $V_2O_8] . 3H_2O$ / Sabugal, Portugal
150	gelb, grünlichgelb bis braun / hellgelb	Ggl., Pgl., matt / dsch.	3 bis 4 / 4,6	sehr gut / –	kleine pyramidale Kr.; meist derb, erdig, krustig / rhombisch	als sekundäres Uranmineral / Curit u. Torbernit / –	**Soddyit** $(UO_2)_{15}[(OH)_{20}\|$ $\|Si_6O_{17}] . 8H_2O$ / Shinkolobwe, Katanga, Kongo
151	weiß, gelb, rötlich, braun / weiß	Ggl., Pgl. / ds., dsch.	3,5 bis 4 / 3	sehr gut / spröde, leicht zerreiblich	rhomboedrische Kr.; grob- bis feinkörnig, spätig, dicht / trigonal	auf Erzg., metasomatisch aus Kalkstein / – / – s. Nr. 59	**Dolomit** $CaMg[CO_3]_2$ / Banská Štiavnica (Schemnitz), Slowakei
152	weiß, gelb, hellbraun, braun / weiß	Ggl., Pgl. / dsch.	4 / 3,4	gut / spröde	flache, linsenförmige, rhomboedrische Kr.; auch dicht, spätig, körnig / trigonal	Mischkr. zwischen Magnesit u. Siderit, auf Sideritlagerst. / – / Siderit, Magnesit, Ankerit	**Mesitinspat** $(Fe,Mg)CO_3$ Ferromagnesit) / Traversella, Piemont, Italien

145	146
−1/2	+1/2
147	148
−1/2	1
149	150
−1/2	−2/3
151	152
−2/3	−2/3

Nr.	Farbe / Strich	Glanz / Transparenz	Härte / Dichte	Spaltbarkeit / Bruch u. a. phys. Merkm.	Ausbildung, Aggregate / Kristallsystem	Vorkommen / Begleitminerale / ähnliche Minerale	Name und chemische Formel / Fundort
153	weiß, gelb, grau, grünlich / weiß	Ggl. / ds., dsch.	4 / 3,7	sehr gut / spröde	kleine, prismatische Kr. in Dr.; körnige, stengelige A.; spätig, dicht / monoklin	auf Erzg. / Baryt, Galenit, Fluorit, Quarz / –	**Barytocalcit** $BaCa[CO_3]_2$ / Alston Moor, Westmoreland, England
154	weißlich, gelb, gelbbraun, braunrot / gelblich, bräunlich	matt / uds.	5,5 bis 6 / 4,1 bis 5,8	– / –	erdige Krusten, pulverig, derbe Massen, Überzüge, Anflüge / kubisch	Verwitterungsprodukt von Antimonit u. a. Antimonerzen / – / andere Ocker	**Romeit** $(Ca,NaH)Sb_2O_6(O,OH,F)$ (Antimonocker) / St. Marcel, Piemont, Italien
155	honiggelb, ockergelb / weiß	Fgl., Wgl. / dsch., uds.	5,5 bis 6 / 1,9 bis 2,5	– / muschelig, spröde	feste Massen, Adern, knollig / amorph	Opal mit jahresringähnlicher Zeichnung	**Holzopal** $SiO_2 . n\,H_2O$ / Clover Creek, Lincoln Co., Idaho, USA
156	gelb, rotorange, braungelb / orangegelb	Dgl., matt / dsch.	4 bis 5 / 7,2	gut / –	säulige, nadelige Kr.; meist derb, dicht, körnig, feinnadelig, massig / rhombisch	als Umwandlungsprodukt von Uranerzen u. a. Uranmineralen / – / –	**Curit** $3PbO . 8UO_3 . 4H_2O$ / Shinkolobwe, Katanga, Kongo
157	weiß, gelb, braun, grünlich, rötlich / weiß	Dgl., Fgl. / ds., dsch.	4,5 bis 5 / 5,9 bis 6,1	deutlich / spröde, muschelig	pseudooktaedrische, pyramidale, tafelige, auf- u. eingewachsene Kr.; derb, körnig, krustig, als Imprägnation / tetragonal	auf Pegmatiten, Zinnerzlagerst., in metasomatischem Kalk u. Dolomit, auf Bleierzg. / Wolframit, Molybdänit, Quarz u. a. / Anglesit, Cerussit	**Scheelit** $Ca[WO]_4$ (Tungstein) / Obří důl (Riesengebirge), Böhmen
158	farblos, weiß, gelb, grünlich, violett, rot / weiß	Ggl., fettig / ds., dsch.	5 / 3,1	deutlich / muschelig, spröde	sechseckige, tafelige, kurz- bis langsäulige, flächenreiche Kr.; derb, nierig, traubig, knollig, kugelig, dicht, strahlig, körnig / hexagonal	als Gemengteil in magmatischen Gest., in Klüften, in krist. Schiefern, in pegmatitisch-pneumatolytischen Gängen, in sedimentären Lagerst / – / Beryll, Quarz, Nephelin, Feldspäte s. Nr. 82, 214, 281	**Apatit** $Ca_5[F\|(PO_4)_3]$ / Durango, Mexiko
159	weißlich, gelblich, grünlich / weiß	Fgl. / dsch.	4 bis 4,5 / 2,8 bis 3,1	– / muschelig	radialstrahlige, faserige, knollige, kugelige, traubige A.; Überzüge, krustig, erdig / hexagonal	in Klüften von verwittertem basaltischem Gest. / – / Chalcedon	**Staffelit** $Ca_5[F\|(PO_4, CO_3OH)_3]$ (Francolith. Carbonatapatit) / Staffel/Lahn
160	weiß, gelblich, grünlich, gräulich / weiß	matt / uds.	4,5 / 2,5	– / spröde	halbkugelige A.; nierige Krusten / rhombisch	in Klüften u. Hohlräumen sedimentärer Gest. u. sedimentärer Eisenerze / Wavellit / –	**Barrandit** $(Al,Fe)PO_4 . 2H_2O$ (aluminiumhaltiger Strengit) / Zbirov, Böhmen

153	154
−1/2	−1/2
155	156
−1/2	−1/2
157	158
1	1
159	160
−1/2	−2/3

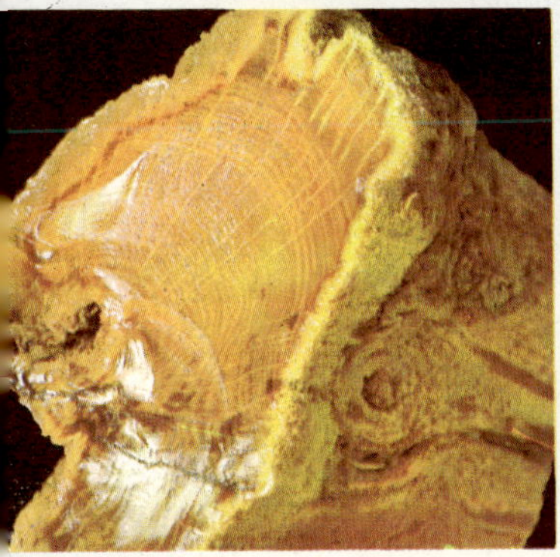

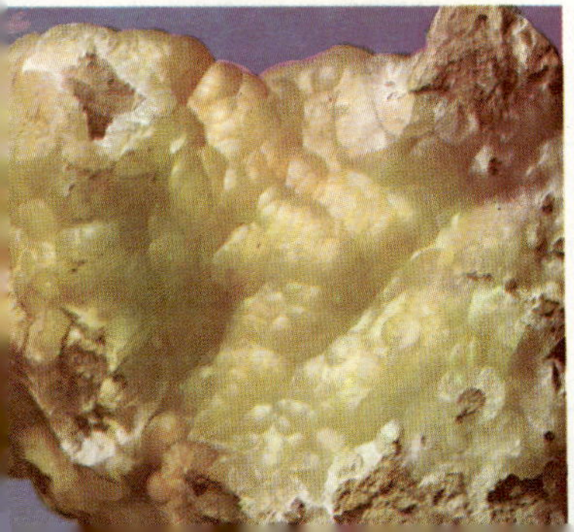

Nr.	Farbe / Strich	Glanz / Transparenz	Härte / Dichte	Spaltbarkeit / Bruch u. a. phys. Merkm.	Ausbildung, Aggregate / Kristallsystem	Vorkommen / Begleitminerale / ähnliche Minerale	Name und chemische Formel / Fundort
161	farblos, weiß, gelb, bräunlich / weiß	Ggl. / ds., dsch.	5,5 bis 7 / 2,2	– / muschelig, spröde	glasartig, amorph, zusammengeschmolzene Sandkörner, massig / amorph	natürliches Kieselglas, geschmolzen in Vulkanen u. Blitzröhren (Fulgurite), an Meteoritenkratern / – / –	**Lechatelierit** SiO_2 / Libysche Wüste
162	weiß, gelb, braun, rötlich, grünlich, schwarz / weiß	Ggl., Fgl., diamantartig / ds., dsch.	5 bis 5,5 / 3,4 bis 3,6	deutlich / muschelig, spröde	säulige, keilförmige, tafelige, nadelige Kr.; selten derb, körnig / monoklin	in alpinen Klüften, in krist. Schiefern, auf Magnetitlagerst., eingewachsen in Syenit u. Phonolith, als Bestandteil magmatischer Gest. / – / Axinit s. Nr. 339, 463	**Titanit** $CaTi[O\vert SiO_4]$ (Sphen) / Tavetsch, Bündner Oberland, Schweiz
163	strohgelb, gelbgrün, gelbbraun / weiß	Sgl. / dsch.	5 bis 5,5 / 2,9	gut, deutlich / spröde	feinfaserig, haarförmig, Faserbüschel, verfilzte A.; derb, strahlig / rhombisch	in Dr. in Zinnerzlagerst., in krist. Schiefern, in Quarzknauern / – / –	**Karpholith** $MnAl_2[(OH)_4\vert Si_2O_6]$ (Strohstein) / Slavkov (Schlaggenwald), Böhmen
164	gelblich, grau, weißlich / weiß	Ggl., Pgl. / dsch., uds.	4,5 bis 7 / 3,5 bis 3,7	sehr gut / spröde	stengelige, nadelige, blättrige A. / triklin	Cyanit in farblosen bis gelblichen, wirrstrahligen A. / – / Sillimanit	Cyanit-Varietät **Rhätizit** $Al_2[O\vert SiO_4]$ (Disthen) / Alto Adige, Italien
165	gelb, weiß, grau, grün / weiß	Ggl., Fgl. / ds., dsch., trüb	6 bis 7 / 3,2 bis 3,3	gut, deutlich / muschelig	prismatische, dicktafelige, kurzsäulige Kr.; dicht, körnig, knollig / rhombisch	Gemengteil in basischen Gest., in vulkanischen Auswürflingen, in metamorphen Kalken / – / –	**Forsterit** $Mg_2[SiO_4]$ / Monte Somma, Vesuv, Italien
166	honiggelb, braun, grün / weiß	Fgl., Ggl. / dsch., uds., trüb	6 bis 6,5 / 3,1 bis 3,2	schlecht, undeutlich / muschelig	tetraedrische, ein- u. aufgewachsene Kr.; kugelige A. / kubisch	auf Erzlagerst., in Syenit-Pegmatiten / Nephelin, Sodalith, Granat, Epidot / Vesuvian, Hessonit	**Helvin** $(Mn,Fe,Zn)_8[S_2\vert(BeSiO_4)_6]$ / Schwarzenberg, Erzgebirge
							Härte 7 – 8
167	gelblich, gelb / weiß	Ggl., Fgl. / ds.	7 / 2,6	– / muschelig	säulige, aufgewachsene Kr. in Dr. / trigonal	Farbvarietät von Quarz / – / – s. Nr. 109	**Citrin** SiO_2 / Rio Grande do Sul, Brasilien
168	strohgelb, gelblich, grünlich / weiß	Ggl. / dsch.	8 / 3,5	sehr gut / muschelig	parallel-strahlige, stengelige A. / rhombisch	stengeliger Topas auf Zinnerzlagerst. / Wolframit, Zinnwaldit, Quarz, Cassiterit u. a. / Aragonit s. Nr. 117	Topas-Varietät **Pyknit** $Al_2[F_2\vert SiO_4]$ / Altenberg, Erzgebirge

161	162
−1/2	1
163	164
−1/2	−1/2
165	166
+2	+2
167	168
−2/3	−2/3

Nr.	Farbe / Strich	Glanz / Transparenz	Härte / Dichte	Spaltbarkeit / Bruch u. a. phys. Merkm.	Ausbildung, Aggregate / Kristallsystem	Vorkommen / Begleitminerale / ähnliche Minerale	Name und chemische Formel / Fundort
169	orange, hellbraun, bräunlich-schwarz / gelb	Fgl. / uds.	2,5 / 1,8 bis 2	– / muschelig	kugelförmige, nierige Knollen u. Massen / amorph	in Verwitterungszonen von Eisenerzlagerst. / – / Diadochit	**Delvauxit** $Fe_2[(OH)_3 \mid PO_4]\ 3{,}5\ H_2O$ / Nučice, Böhmen
170	orange, bräunlich / weiß	matt / dsch.	3 / 2,6 bis 2,7	gut / spröde	traubenförmige, stalaktitische A. / trigonal	in Klüften u. Hohlräumen in sedimentärem Kalkgest. / – / –	**Calcit** $CaCO_3$ (Kalkspat) / Mořina, Böhmen
171	gelblich, orange, rot, grau, braun, grün / weiß	Dgl., Fgl. / dsch.	3 / 7,9 bis 8,3	undeutlich / spröde bis mild, muschelig	spitzpyramidale, kurzsäulige Kr.; garbenförmige, kugelige, aufgewachsene Körnchen / tetragonal	auf Zinnlagerst. / Cassiterit, Scheelit, Wolframit, Quarz u. a. / Scheelit s. Nr. 323	**Stolzit** $Pb[WO_4]$ / Cínovec (Zinnwald), Böhmen
172	orange, gelb, rot, grau, grünlich / weiß, hellgrau	Dgl., Fgl. / ds., dsch.	3 / 6,5 bis 6,9	deutlich / spröde bis mild, muschelig	tafelige, kurzsäulige, würfelähnliche, pyramidale, aufgewachsene Kr.; derb, körnig, krustig / tetragonal	in der Oxidationszone von Bleierzlagerst. / Sphalerit, Siderit, Hydrozinkit, Smithsonit, Galenit, Anglesit, Calcit, Dolomit / tafelige, gelbe Baryte	**Wulfenit** $Pb[MoO_4]$ (Gelbbleierz) / Mežice (Mieß), Jugoslawien
173							**Wulfenit** $Pb[MoO_4]$ (Gelbbleierz) / Los Lamentos, Mexiko
174	orange, gelb, braun, weißlich, grau, grünlich / weiß	Dgl., fettig / dsch.	3,5 bis 4 / 7,1	gut / spröde, uneben	säulige, bauchige, tonnenförmige, nadelige, dicktafelige Kr.; traubig, nierig, erdig, krustig, Anflüge, Überzüge / hexagonal	auf Bleierzlagerst. / Arsenerze, Galenit, Cerussit, Mimetesit, Baryt, Limonit, Descloizit u. a. / Pyromorphit, Vanadinit s. Nr. 146	**Mimetesit** $Pb_5[Cl \mid (AsO_4)_3]$ (Mimetit) / Dry-Gill, Cumberland, England
175	orange, gelb, braun, grün / gelb	Dgl., Fgl. / dsch.	3,5 / 7,2	gut / spröde, muschelig	tonnenförmige, bauchige, dicktafelige, aufgewachsene Kr.; in halbkugeligen A. / hexagonal	auf Bleierzlagerst. s. Nr. 327 / – / –	Mimetesit-Varietät **Kampylit** $Pb_5[Cl \mid (As,P)O_4]_3$ (Phosphor-Mimetesit) / Příbram, Böhmen

Härte 7 – 8

Nr.	Farbe / Strich	Glanz / Transparenz	Härte / Dichte	Spaltbarkeit / Bruch u. a. phys. Merkm.	Ausbildung, Aggregate / Kristallsystem	Vorkommen / Begleitminerale / ähnliche Minerale	Name und chemische Formel / Fundort
176	orange, gelblich, rot, bräunlich / weiß	Ggl. bis Fgl. / ds., dsch.	7 bis 7,5 / 4,2	– / spröde, muschelig bis splittrig	ikositetraedrische, fast kugelförmige Kr.; derb, dicht, massig / kubisch	in Graniten, Pegmatiten, in krist. Schiefern / – / andere Granate, Sphalerit, Zirkon	**Spessartin** $Mn_3Al_2[SiO_4]_3$ (Granatgruppe) / Takowaja (Fluß), Mittlerer Ural

169	170
−2/3	−2/3
171	172
1	−1/2
173	174
−1/2	−1/2
175	176
+2	+2

Nr.	Farbe / Strich	Glanz / Transparenz	Härte / Dichte	Spaltbarkeit / Bruch u. a. phys. Merkm.	Ausbildung, Aggregate / Kristallsystem	Vorkommen / Begleitminerale / ähnliche Minerale	Name und chemische Formel / Fundort
177	kupferrot, braune bis schwarze Verwitterungsrinde	metallisch / opak	2,5 bis 3 / 8,5 bis 9	— / sehr geschmeidig, hämmerbar, schneidbar, biegsam, hakig	würfelähnliche, oktaedrische, stengelige, tafelige Kr., stark verzerrt; dendritisch, blech-, draht-, moosförmig, baumförmig, ästig, derb, in Klumpen, Blechen, Platten, als Anflüge / kubisch	in Melaphyr- u. Porphyrgest., aus Kalkspatgängen / Cuprit, Chalkosin, Malachit, Azurit, Calcit, Analcim, Limonit, Quarz u. a. / —	**ged. Kupfer** Cu / Houghton Co., Michigan, USA
178	kupferrot						**ged. Kupfer** Cu / Moldova, Banat, Rumänien
179	rötlich, rötlichweiß, silbergrau / schwarz	metallisch / opak	5 / 8	— / spröde	kleine, dünntafelige Kr.; meist derb, stengelig, feinkörnig, faserig / tetragonal	auf Silber-Nickel-Kobalterzg. / Nickelin, Chloanthit, Bornit, Chalkosin / Nickelin, Rammelsbergit	**Maucherit** Ni_3As_2 / Eisleben, Harz
180	rötlich, lichtkupferrot, grau, bräunlich / braunschwarz	metallisch / opak	5,5 / 7,7 bis 7,8	— / spröde, muschelig	meist derb, eingesprengt, traubig, nierig, körnig, dicht, gestrickt / hexagonal	auf Silber-Nickel-Kobalterzg. / Chloanthit, Wismut, Silber, Arsen, Rammelsbergit, Safflorit, Annabergit, Baryt u. a. / Maucherit	**Nickelin** $NiAs$ (Rotnickelkies, Niccolit) / Schladming, Steiermark

Rote, nichtmetallisch glänzende Minerale *Härte 1 – 2,5*

Nr.	Farbe / Strich	Glanz / Transparenz	Härte / Dichte	Spaltbarkeit / Bruch u. a. phys. Merkm.	Ausbildung, Aggregate / Kristallsystem	Vorkommen / Begleitminerale / ähnliche Minerale	Name und chemische Formel / Fundort
181	rot, rötlich-orange / gelb-orange	Dgl., Fgl. / ds., dsch.	1,5 bis 2 / 3,5 bis 3,6	gut / mild bis spröde, schneidbar, zerfällt an Licht	kurz- bis langsäulige, nadelige Kr. in Dr.; derb, körnig, dicht, eingesprengt, als Anflüge / monoklin	auf Erzg., in Tonen, Kalkstein, Dolomit, an Vulkanen u. in heißen Quellen / Auripigment, Arsen- u. Bleierze, Antimonit / Cinnabarit, Krokoit	**Realgar** As_4S_4 (Rauschrot) / Baia Sprie, (Felsöbånya), Rumänien
182	kirschrot, purpurrot / kirschrot, braunrot	Dgl. / dsch.	1 bis 1,5 / 4,6	sehr gut / biegsam	haarige, nadelige Kr.; strahlige, büschelförmige, radialfaserige A.; eingesprengt / triklin	auf Erzg. / Antimonit, Berthierit, Valentinit, Quarz / —	**Kermesit** Sb_2S_2O (Rotspießglanz, Pyrantimonit) / Bränsdorf, Sachsen
183	tiefrot / orange, hellgelb	Ggl. / ds., dsch.	1,5 bis 2 / 2 bis 2,1	sehr gut / spröde	kurzsäulige Kr.; körnig, derb, traubenförmig; garbenförmige A. / monoklin	auf Erzg. in Verwitterungszonen / — / Realgar, Cinnabarit	**Botryogen** $MgFe[OH\|(SO_4)_2] \cdot 7H_2O$ / Redington Mine, Kalifornien, USA
184	scharlachrot, grau bis schwarz / scharlachrot	Dgl. bis matt / ds., dsch., uds.	2 bis 2,5 / 8,1	gut / splittrig, uneben	dünn- bis dicktafelige, würfelähnliche, kurzsäulige, formenreiche Kr.; derb, körnig, dicht, faserig, erdig, eingesprengt / trigonal	in hydrothermalen Gängen, als Imprägnationen in sedimentärem Gest., in Thermen / Quecksilber, Chalkopyrit, Pyrit, Galenit, Carbonate, Opal / Realgar, Rutil, Krokoit, Proustit, Botryogen	**Cinnabarit** HgS (Zinnober) / Tržić, Slowenien, Jugoslawien

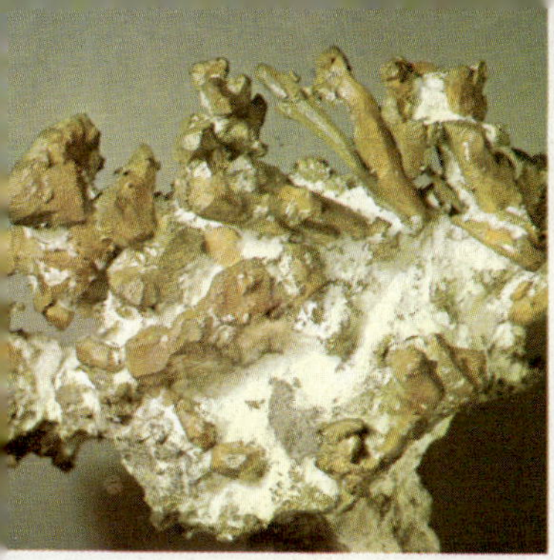

177	178
−3/4	−3/4
179	180
−1/2	−1/2
181	182
+3	−1/2
183	184
−2/3	−2/3

Rote, nichtmetallisch glänzende Minerale

Härte 2 – 3

Nr.	Farbe Strich	Glanz Transparenz	Härte Dichte	Spaltbarkeit Bruch u. a. phys. Merkm.	Ausbildung, Aggregate Kristallsystem	Vorkommen Begleitminerale ähnliche Minerale	Name und chemische Formel Fundort
185	zinnoberrot, bleigrau ziegelrot, gelblichrot	Dgl. ds., dsch.	2,5 5,5	gut splittrig, muschelig	prismatische, spießige, säulige, rhomboedrische Kr.; derb, dicht, dendritisch, als Überzüge, Anflüge trigonal	auf Silber-Bleierzg. Silber, Argentit, Pyrargyrit, Arsen, Chloantit, Galenit, Pyrit, Baryt, Fluorit, Quarz Pyrargyrit, Cinnabarit	**Proustit** Ag_3AsS_3 (Lichtes Rotgültigerz) Jáchymov (Joachimsthal), Böhmen
186	dunkelrot, rötlich-bleigrau, schwarz dunkelrot, braunrot	Dgl., metallartig, matt dsch.	2,5 bis 3 5,8	sehr gut splittrig, muschelig	prismatische, dicktafelige, spießige, nadelige bis haarige Kr.; derb, körnig, eingesprengt, trigonal	auf Silber-Bleierzg. Proustit Proustit, Cuprit, Cinnabarit	**Pyrargyrit** Ag_3SbS_3 (Dunkles Rotgültigerz) St. Andreasberg, Harz
187	ziegelrot orangegelb	fettig, matt uds.	2 bis 3 8,9 bis 9,2	– erdig, uneben	nur derb, faserig, feinkörnig, erdig, eingesprengt, Anflüge tetragonal	als Verwitterungsprodukt von Galenit, Cerussit u. a. Bleimineralen – Cinnabarit, Realgar	**Minium** Pb_3O_4 (Mennige) Niedermendig, Eifel
188	rot, gelblich, rotorange gelb, orangegelb	Dgl., fettartig ds., dsch.	2,5 bis 3 5,9 bis 6	gut mild, uneben	langsäulige bis nadelige Kr., manchmal hohl u. längsgestreift; in Dr.; auch derb, eingesprengt; Anflüge monoklin	in der Oxidationszone von Erzg. Galenit, Limonit, Quarz Realgar, Cinnabarit	**Krokoit** $Pb[CrO_4]$ (Rotbleierz) Dundas, Tasmanien
189	rot, rotbraun weißlich	Ggl., Pgl. ds., uds.	2,5 2,8 bis 3,2	sehr gut mild bis spröde	pseudohexagonale, dünn- bis dicktafelige, eingewachsene Kr. monoklin	Zersetzungsprodukt von Biotit, als Einsprenglinge in basaltischen Gest. u. Tuffen – –	Biotit-Varietät **Rubellan** $K(Mg,Fe,Mn)_3[(OH,F)_2|AlSi_3O_{10}]$ Laacher See, Eifel

Härte 3 – 4

Nr.	Farbe Strich	Glanz Transparenz	Härte Dichte	Spaltbarkeit Bruch u. a. phys. Merkm.	Ausbildung, Aggregate Kristallsystem	Vorkommen Begleitminerale ähnliche Minerale	Name und chemische Formel Fundort
190	rötlich, violett, bläulich, weiß, grau, farblos weiß	Ggl., Pgl. ds., dsch.	3 bis 3,5 2,8 bis 3	sehr gut spröde, deutliche Spaltrisse	tafelige, kurzsäulige, würfelähnliche Kr.; spätig, faserig, derb, traubig, körnig, dicht rhombisch	auf Erzg., auf Salzlagerst. Halit, Gips, Dolomit Kryolith, Gips, Baryt, Calcit s. Nr. 58	**Anhydrit** $Ca[SO_4]$ Hallein bei Salzburg
191	rot, gelb, braun, grau, grün, schwarz, farblos weiß, gelb, braun	Dgl., Fgl., fast metallisch ds. bis uds.	3,5 bis 4 3,9 bis 4,2	sehr gut, nach Rhombendodekaeder spröde	tetraedrische, dodekaedrische, würfelige Kr.; grob- bis feinkörnig, dicht, derb, faserig kubisch	auf Erzg. Galenit, Chalkopyrit u. a. – s. Nr. 142, 315, 445	**Sphalerit** ZnS (Zinkblende) Cumberland, England
192	rosarot, himbeerrot, grau bis braun weiß	Ggl. dsch.	3,5 bis 4 3,3 bis 3,6	sehr gut, nach Rhomboeder spröde	linsenförmige, rhomboedrische Kr.; oft gekrümmte, sattelförmige A.; derb, körnig, spätig, dicht, traubig trigonal	auf Erzg., auf Eisenerzlagerst., in Kalkstein u. Tonschiefern Haematit, Limonit Rhodonit, Quarz u. a.	**Rhodochrosit** $MnCO_3$ (Manganspat, Himbeerspat) Săcărâmb, Rumänien

185	186
1	1
187	188
−1/2	+2
189	190
−1/2	−1/2
191	192
1	−1/2

Nr.	Farbe / Strich	Glanz / Transparenz	Härte / Dichte	Spaltbarkeit / Bruch u. a. phys. Merkm.	Ausbildung, Aggregate / Kristallsystem	Vorkommen / Begleitminerale / ähnliche Minerale	Name und chemische Formel / Fundort
193	rosenrot, rosa, rötlich, gelblich, weiß / weiß	Ggl., Pgl. / dsch.	3,5 bis 4 / 2,7	gut / spröde	rhomboedrische, linsenförmige, gekrümmte Kr.; kugelige, traubige A.; derb / trigonal	manganhaltige Mischkr. der Calcit-Reihe, auf Erzg. / — / —	**Mangan-Calcit** $CaCO_3 \pm \pm MnCO_3$ / Banská Štiavnica (Schemnitz), Slowakei
194	ziegelrot, hellrosa / weiß	Pgl., Ggl., matt / dsch.	3,5 bis 4 / 2,1 bis 2,2	sehr gut / spröde	tafelige Kr. in Dr., rosettenartige A. / monoklin	in Blasenräumen u. Klüften basaltischer Gest., auf Erzlagerst. / Calcit, Quarz, andere Zeolithe / s. Nr. 71	**Heulandit** $Ca[Al_2Si_7O_{18}] \cdot 6H_2O$ (Stellerit, Zeolithgruppe) / Kilpatrick bei Dumbarton, Schottland
195	rötlich-bleigrau, braunrot, karminrot / bräunlich-rot	Dgl., halbmetallisch / uds.	4 / 6,1	deutlich / spröde, uneben	oktaedrische, würfelige, dodekaedrische Kr.; derb, dicht, körnig, erdig, eingesprengt / kubisch	als Oxidationsprodukt von Kupfererzen / Kupfer, Malachit, Azurit, Limonit / Cinnabarit, Proustit, Haematit	**Cuprit** Cu_2O (Rotkupfererz) / Bisbee, Arizona, USA
196	leuchtend-rot, karminrot / bräunlich-rot	Dgl. / dsch.	4 / 6,1	gut / —	faserige, haarige, feinnadelige Kr.; büschelig verfilzt / kubisch	nadelig ausgebildeter Cuprit / — / —	Cuprit-Varietät **Chalkotrichit** Cu_2O (Kupferblüte) / Huel Basset, Cornwall, England

Härte 4,5 – 6,

Nr.	Farbe / Strich	Glanz / Transparenz	Härte / Dichte	Spaltbarkeit / Bruch u. a. phys. Merkm.	Ausbildung, Aggregate / Kristallsystem	Vorkommen / Begleitminerale / ähnliche Minerale	Name und chemische Formel / Fundort
197	dunkelrot, rötlich-gelb, braunrot / orange-gelb, bräunlich-gelb	Dgl., halbmetallisch / dsch., uds.	4,5 bis 5 / 5,4 bis 5,7	sehr gut / spröde	meist körnig, derb, spätig, blättrig / hexagonal	in metamorphem Kalkgest. / Franklinit, Calcit, Willemit, Rhodonit, Granat / Rutil, Cinnabarit	**Zinkit** ZnO (Rotzinkerz) / Franklin, New Jersey, USA
198	gelb, rotbraun, braun bis schwarz / gelb, bräunlich-gelb	metallähnlich, Dgl. bis matt / ds., dsch.	5,5 bis 6 / 3,9 bis 4,2	schlecht / halbmuschelig	flache, dünntafelige, pyramidale, nur aufgewachsene Kr. / rhombisch	in alpinen Klüften / Quarz, Anatas, Adular, Titanit u. a. / Rutil, Ilmenit	**Brookit** TiO_2 / Snowdon bei Tremadoc, North Wales, England
199	rot, rosa, weiß, gelblich / weiß	Ggl. / ds., dsch.	5 bis 5,5 / 2,2 bis 2,4	sehr gut / spröde	kurzsäulige, nadelige, haarförmige Kr. in Dr. / rhombisch	in Hohlräumen von Eruptivgest. / andere Zeolithe, Calcit, Apophyllit u. a. / s. Nr. 88	**Natrolith** $Na_2[Al_2Si_3O_{10}] \cdot 2H_2O$ (Zeolithgruppe) / Ústí (Außig), Böhmen
200	fleischrot, rosarot, himbeerrot, rötlich-braun / weißlich	Ggl., Pgl. / dsch.	5,5 bis 6,5 / 3,4 bis 3,6	gut / uneben	säulige, dicktafelige bis nadelige Kr.; derb, körnig, grobspätig, dicht, oft schwarzfleckig / triklin	auf Manganerzlagerst., auf Blei-Zinkerzg. / Magnetit, Hausmannit u. a. / Dialogit	**Rhodonit** $CaMn_4[Si_5O_{15}]$ (Fowlerit) / Franklin, New Jersey, USA

193	194
1	1
195	196
−1/2	1
197	198
1	−3/4
199	200
−1/2	−1/2

Nr.	Farbe / Strich	Glanz / Transparenz	Härte / Dichte	Spaltbarkeit / Bruch u. a. phys. Merkm.	Ausbildung, Aggregate / Kristallsystem	Vorkommen / Begleitminerale / ähnliche Minerale	Name und chemische Formel / Fundort
201	rotbraun, grau, schwarz / blutrot, rotbraun	halbmetallisch, matt / opak	5 bis 6,5 / 5,2 bis 5,3	– / schuppige Ablösung, faserig	derb, dicht, faserig; nierige, stalaktitische Formen, glaskopfartig, mit faserigem Bruch / trigonal	auf Erzg. in verschiedenen Gest. / Cinnabarit, Proustit, Cuprit / s. Nr. 435 – 437	Haematit-Varietät **Roter Glaskop[f]** Fe_2O_3 (Roteisenerz) / Blatno, Böhmen
202	ziegelrot / weiß	Ggl. / ds., dsch.	6 / 2,1	– / muschelig	Adern, Knollen, Hohlraumausfüllungen, derb, traubig, nierig / amorph	in Spalten u. Klüften in porphyrartigem Trachyt / – / –	Opal-Varietät **Feueropal** $SiO_2 . n\ H_2O$ / Zimapan, Mexiko
203	gelb, rot, braunrot, bräunlichschwarz / gelblichbraun, braunrot	Dgl., halbmetallisch, Fgl. / dsch., uds.	6 bis 6,5 / 4,2 bis 4,3	gut / uneben, muschelig	dicksäulige, nadelige Kr.; oft herz- u. knieförmige Zwillinge; längsgestreift, derb, körnig, stengelig, eingesprengt; abgerollte Körner / tetragonal	in Pegmatiten, in alpinen Klüften / Titanit, Anatas, Brookit, Feldspat, Apatit, Quarz / Ilmenit, Zinkit, Cassiterit, Zirkon, Turmalin	**Rutil** TiO_2 / Alto Adige, Italien
204	rötlich, grauweiß, weiß, farblos / weiß	Ggl., Pgl. / ds., dsch.	6 / 2,7	sehr gut / spröde	tafelige, kurzsäulige auf- u. eingewachsene Kr.; dicht, körnig / triklin	Gesteinsgemengteil in verschiedenen Gest., auf Erzlagern, in vulkanischen Auswürflingen / – / andere Feldspäte s. Nr. 102	**Anorthit** $Ca[Al_2Si_2O_8]$ (Feldspatgruppe) / Toal della Foja, Italien
205	rötlich, bräunlich, grau, weiß, gelblich, farblos / weiß	Ggl., Pgl. / dsch., ds.	6 bis 6,5 / 2,5	sehr gut / spröde, uneben	kurzsäulige, leistenförmige, dickplattige ein- u. aufgewachsene Kr.; oft verzwill., spätige Massen, feinkörnig, dicht / monoklin	Hauptgemengteil vieler Gest., in Granit-Dr., in Pegmatiten, in alpinen Klüften u. krist. Schiefern, auf Erzg. / andere Feldspäte, Spodumen / s. Nr. 346	**Orthoklas** $K[AlSi_3O_8]$ (Feldspatgruppe) / Strzegom (Striegau), Schlesien

Härte 6 – 7,5

Nr.	Farbe / Strich	Glanz / Transparenz	Härte / Dichte	Spaltbarkeit / Bruch u. a. phys. Merkm.	Ausbildung, Aggregate / Kristallsystem	Vorkommen / Begleitminerale / ähnliche Minerale	Name und chemische Formel / Fundort
206	rötlich, braun, grau, weiß, grün / weiß	Ggl., Sgl. / dsch.	6 bis 7 / 3,2	sehr gut / spröde	säulige, nadelige Kr.; feinfaserige, filzige A.; strahlig, stengelig, derb / rhombisch	in krist. Schiefern, Granuliten, Eklogiten, in kontaktmetamorphem Gest. / – / Cyanit	**Sillimanit** $Al_2[O\|SiO_4]$ (Faserkiesel, Fibrolith) / Goyamin Pool, Australien
207	rot, rötlichbraun / weiß, rötlich	Ggl. / uds.	7 / 2,6	– / spröde, muschelig	säulige, aufgewachsene Kr. mit drusenartigem Haematit-Überzug / trigonal	durch Eisen-Oxide gefärbter Quarz / –	Quarz-Varietät **Eisenkiesel** SiO_2 / Cínovec, Böhmen
208	rot, rosa, violett / weiß	Ggl., Fgl. / ds., dsch.	7 bis 7,5 / 3 bis 3,2	– / uneben	säulige bis nadelige Kr.; radialstrahlige A.; stengelig, derb / trigonal	in Pegmatiten, Graniten / Lepidolith, Indigolith, Quarz u. a. / s. Nr. 220	**Rubellit** $Na,Li,Mg_3Al_6[(OH)_3\|(BO_3)_3\|Si_6O_{18}]$ (Turmalingruppe) / Rožná, Mähren

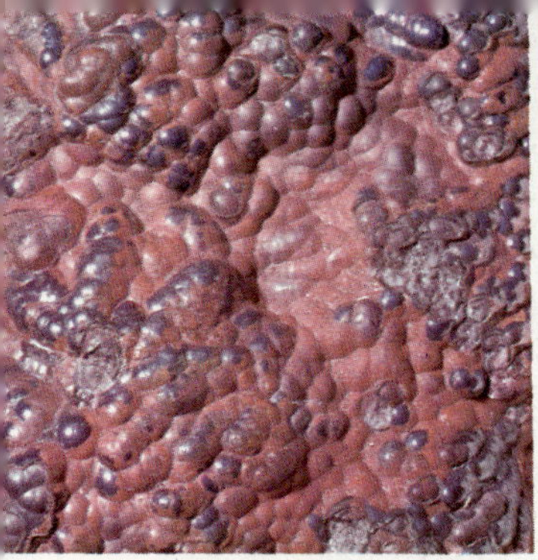

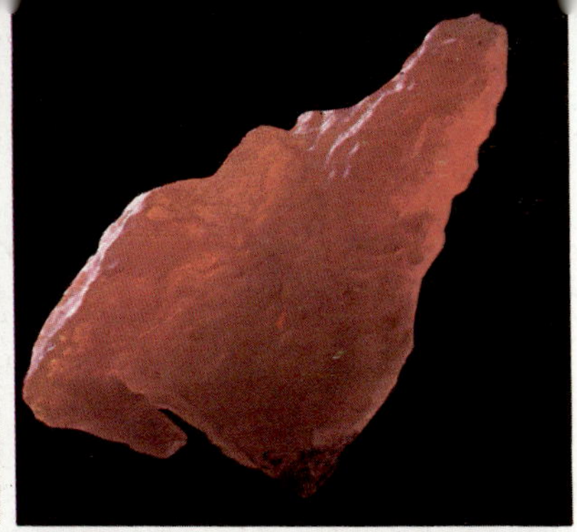

201	202
1	1
203	204
+1/2	1
205	206
−1/2	1
207	208
−1/2	−1/2

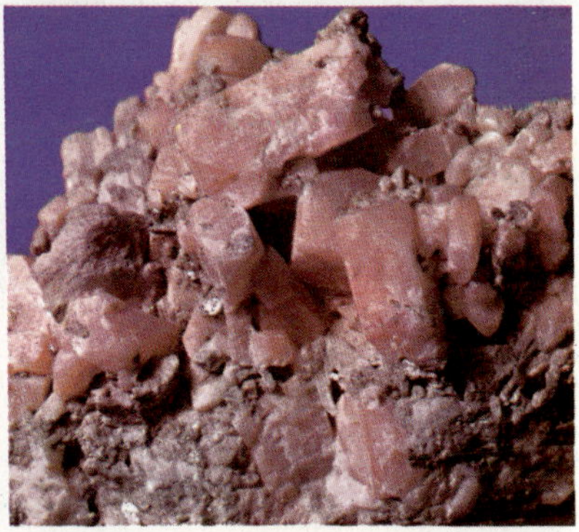

Nr.	Farbe Strich	Glanz Transparenz	Härte Dichte	Spaltbarkeit Bruch u. a. phys. Merkm.	Ausbildung, Aggregate Kristallsystem	Vorkommen Begleitminerale ähnliche Minerale	Name und chemische Form[el] Fundort
209	blau, violett, grünlich, schwarz zunächst farblos, färbt sich sofort blau	Ggl., Pgl., halbmetallisch, matt dsch., uds.	1,5 bis 2 2,6 bis 2,7	sehr gut mild, dünne Blättchen biegsam	langsäulige, nadelige, tafelige, spanförmige Kr.; derb, nierig, kugelig, strahlig, erdig, pulverig monoklin	in Tonen, Torfen, in fossilen Muscheln Limonit Lazulith	**Vivianit** $Fe_3[PO_4]_2 \cdot 8H_2O$ (Blaueisenerz) Bodenmais, Bayerischer Wald
210	rötlichrosa, violett, grau rötlich, rosarot	Dgl., Pgl. dsch.	1,5 bis 2,5 3,0	sehr gut mild	nadelige, schuppige, blättrige Kr., in büscheligen, sternförmigen Gruppen; erdig, Anflüge monoklin	Zersetzungsprodukt von Kobalterzen Pharmakolith u. a. –	**Erythrin** $Co_3(AsO_4)_2 \cdot 8H_2O$ (Kobaltblüte) Schneeberg, Erzgebirge
							Härte 2,5 –
211	violett, blaßrot, rötlichgrau, grünlich, weiß weißlich, hellrosa	Pgl. ds., dsch.	2,5 bis 4 2,8 bis 2,9	sehr gut mild, Blättchen elastisch biegsam	blättrige, pseudohexagonale Kr.; schuppig, derb, feinkörnig monoklin	auf Pegmatiten u. Graniten, auf Zinnerzlagerst. Rubellit, Topas, Beryll, Spodumen Zinnwaldit	**Lepidolith** $KLi_2Al[(OH,F)_2\vert Si_4O_{10}]$ (Lithionglimmer) Maharitra, Madagaskar
212	violett, gelb, grün, blau, rosa, farblos weiß	Ggl. ds., dsch.	4 3,0 bis 3,2	vollkommen muschelig, spröde	würfelige, oktaedrische Kr.; grob- bis feinkörnig, spätig, dicht, derb, gebändert kubisch	auf Erzg., in Gesteinsklüften – Apatit, Amethyst s. Nr. 73, 233	**Fluorit** CaF_2 (Flußspat) Alston Moor, Westmoreland, England
							Härte 4 – 7
213	farblos, weiß, rötlich, violett, grünlich weiß	Ggl., Pgl. ds., dsch.	4 bis 5 2,3 bis 2,4	sehr gut spröde, uneben	kurzsäulige, tafelige, pyramidale Kr.; derb, körnig, blättrig, dicht tetragonal	in Dr. u. Hohlräumen basaltischer Gest., auf Erzg., in Magnetitlagerst. Analcim, Natrolith, Calcit –	**Apophyllit** $KCa_4[F\vert (Si_4O_{10})_2] \cdot 8H_2O$ St. Andreasberg, Harz
214	farblos, weiß, gelb, violett, grün weiß	Ggl., fettig ds., dsch.	5 3,1	deutlich spröde, muschelig	hexagonale, kurz- bis langsäulige Kr.; derb, dicht, körnig hexagonal	als Gemengteil in magmatischen Gest., auf Erzg. – s. Nr. 158, 281	**Apatit** $Ca_5[F\vert (PO_4)_3]$ Slavkov (Schlaggenwald), Böhmen
215	dunkelviolett, blauviolett weiß, grau	Ggl., fettig dsch., uds.	5 bis 6 3,2	gut –	blättrige, körnigstrahlige, feinfaserige Massen monoklin	violette oder blaue, manganhaltige Abart des Diopsids – –	Diopsid-Varietät **Violan** $CaMg[Si_2O_6] \pm Mn,Fe$ St. Marcel, Piemont, Italien
216	rotviolett, blau, grünlich weiß	seiden. dsch.	7 3,4	deutlich –	in derben Stücken, dünnsäulig, nadelig, parallelfaserig rhombisch	auf Pegmatitgängen, in Gneisen, in Granuliten Cyanit, Cordierit Cyanit	**Dumortierit** $(Al,Fe)_7[O_3\vert BO_3(SiO_4)_3]$ uma, Arizona, USA

209	210
−1/3	1
211	212
−1/3	−1/2
213	214
−3/4	1
215	216
−2/3	1

Nr.	Farbe Strich	Glanz Transparenz	Härte Dichte	Spaltbarkeit Bruch u. a. phys. Merkm.	Ausbildung, Aggregate Kristallsystem	Vorkommen Begleitminerale ähnliche Minerale	Name und chemische Formel Fundort
217 218	violett weiß	Ggl., Fgl. ds., dsch.	7 2,6	– spröde, muschelig	sechseckige, säulige, aufgewachsene Kr. in Dr. trigonal	Farbvarietät von Quarz, in Drusenräumen vulkanischer Ergußgest., auf Erzg. – Apatit, Fluorit	**Amethyst** SiO_2 Matto Perro, Uruguay **Amethyst** SiO_2 Banská Štiavnica (Schemnitz), Slowakei
219	rot, braun, violett bis schwarz weiß	Ggl., fettig ds., uds.	7 4,1 bis 4,3	– spröde, splittrig, uneben	rhombendodekaedrische Kr.; derb, körnig, dicht, eingesprengt kubisch	Einsprenglinge in Gneisen u. Glimmerschiefern, auf Seifen – s. Nr. 526	**Almandin** $Fe_3Al_2[SiO_4]_3$ (Granatgruppe) Bodö, Nordland, Norwegen
220	violett, rot, rosa weiß	Ggl., Fgl. ds., dsch.	7 bis 7,5 3 bis 3,2	– uneben	säulige bis nadelige Kr., stengelige, radialstrahlige A. trigonal	in Pegmatiten u. Graniten – – s. Nr. 208	**Rubellit** $Na,Li,Mg_3Al_6[(OH)_3 \vert (BO_3)_3 \vert Si_6O_{18}]$ (Turmalingruppe) Pala Chief, Kalifornien, USA

Blaue, metallisch glänzende Minerale *Härte 1,5–*

Nr.	Farbe Strich	Glanz Transparenz	Härte Dichte	Spaltbarkeit Bruch u. a. phys. Merkm.	Ausbildung, Aggregate Kristallsystem	Vorkommen Begleitminerale ähnliche Minerale	Name und chemische Formel Fundort
221	blau, bläulichschwarz bläulichschwarz	metallisch, fettig opak	1,5 bis 2 4,6	sehr gut mild, biegsam	dünntafelige, blättrige Kr.; meist derb, feinblättrig, dicht, knollig, plattig, pulverig hexagonal	Verwitterungsprodukt auf Kupfererzg., als vulkanisches Sublimationsprodukt Chalkopyrit, Chalkosin Bornit	**Covellin** CuS (Kupferindig) Alghero, Sardinien
222	grau, blau u. bunt anlaufend bräunlichschwarz	metallisch opak	2–3 3,9 bis 4,3	gut spröde	nadelige, faserige, haarige Kr.; faserige, stengelige, dichte A. rhombisch	auf Silbererzg. Antimonit, Arsenopyrit, Quarz Antimonit	**Berthierit** $FeS \cdot Sb_2S_3$ Herja (Chiuzbaia, Kisbánya), Rumänien

Blaue, nichtmetallisch glänzende Minerale *Härte 1–2*

Nr.	Farbe Strich	Glanz Transparenz	Härte Dichte	Spaltbarkeit Bruch u. a. phys. Merkm.	Ausbildung, Aggregate Kristallsystem	Vorkommen Begleitminerale ähnliche Minerale	Name und chemische Formel Fundort
223	himmelblau, azurblau blau	Sgl., samtartig dsch.	1 2,7	gut –	feinfaserige, haarige Kr.; büschelige, kugelige A.; samtartige Krusten rhombisch	als Verwitterungsprodukt auf Erzg. Malachit, Azurit, Limonit u. a. Aurichalcit	**Cyanotrichit** $Cu_4Al_2[(OH)_{12} \vert SO_4] \cdot 2H_2O$ (Lettsomit, Kupfersamterz) Moldova, Banat, Rumänien
224	farblos, gelb, rot, blau, violett weiß	Ggl. ds., dsch.	2 2,1 bis 2,2	vollkommen, Würfel mild bis spröde, wasserlöslich	würfelige Kr.; grob- bis feinkörnig, derb, spätig, faserig, dicht kubisch	selbständige Lagerst. Anhydrit, Gips u. a. – s. Nr. 33	**Steinsalz** $NaCl$ (Halit) Hallstatt, Salzkammergut

217	218
−1/2	−1/2
219	220
1	−3/4
221	222
1	−1/2
223	224
−1/2	−1/2

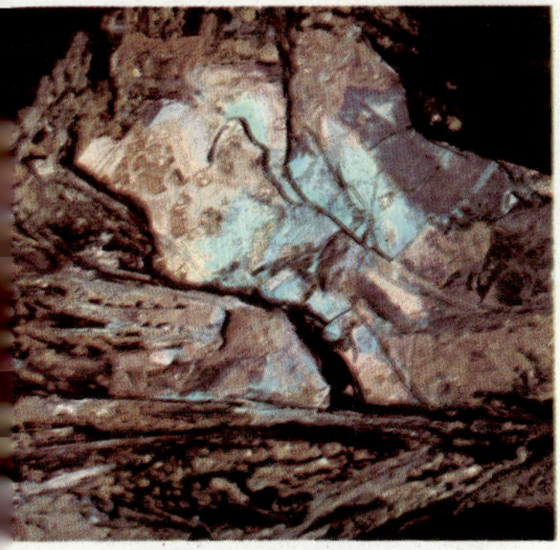

Nr.	Farbe / Strich	Glanz / Transparenz	Härte / Dichte	Spaltbarkeit / Bruch u. a. phys. Merkm.	Ausbildung, Aggregate / Kristallsystem	Vorkommen / Begleitminerale / ähnliche Minerale	Name und chemische Formel / Fundort
225	hellblau, grünlichblau / bläulich, grünlich	Pgl., Sgl. / dsch.	2 / 3,6	sehr gut / mild	feinnadelige, feinblättrige Kr.; faserig, schuppig, körnig, derb, dicht, als Ausblühungen / rhombisch	in der Oxidationszone von Kupfer-Zinkerzg. / Limonit, Malachit, Smithsonit / Chrysokoll, Cyanotrichit	**Aurichalcit** $(Zn,Cu)_5[(OH)_3\|CO_3]_2$ (Messingblüte) / Zimapan, Mexiko
226	lasurblau / hellblau	Dgl., Ggl. / dsch.	2,5 / 5,3 bis 5,5	sehr gut / spröde bis mild	kurznadelige, tafelige, aufgewachsene Kr.; strahlig, faserig, eingesprengt, krustig, als Anflüge / monoklin	in der Oxidationszone von Erzg. / Chalkopyrit, Galenit, Malachit, Cerussit, Baryt, Quarz u. a. / Azurit, Lasurit	**Linarit** $PbCu[(OH)_2\|SO_4]$ (Bleilasur) / Red Gill bei Kesswik, Cumberland, England
227	blau / weiß	Ggl. / dsch.	2,5 / 2,2 bis 2,3	undeutlich / spröde, muschelig, wasserlöslich	tafelige, kurzsäulige Kr.; krustig, nierig, faserig, körnig, schuppig, dicht, als Ausblühungen / triklin	Verwitterungsprodukt in der Oxidationszone von Kupfererzen / — / Lirokonit, Kröhnkit	**Chalkanthit** $Cu[SO_4].5H_2O$ (Kupfervitriol) / Rio Tinto, Spanien
228	blaugrün, blaugrau / bläulichgrün	Ggl., fettig / dsch.	2 bis 2,5 / 2,9 bis 3	undeutlich / spröde bis mild	flache, linsenförmige, kurzsäulige Kr., in Dr.; derb, eingesprengt / monoklin	als Verwitterungsprodukt auf Erzg. / Malachit, Limonit, Quarz u. a. / Chalkanthit	**Lirokonit** $Cu_2Al[(OH)_4\|AsO_4].4H_2O$ (Linsenerz) / Redruth, Cornwall, England
229	blau, grünlichblau / weiß	Ggl. / ds., dsch.	2,5 bis 3 / 2,0	sehr gut / wasserlöslich	tafelige, langsäulige, oktaederähnliche Kr.; körnig, faserig, plattig, Krusten, faserige A. / monoklin	Verwitterungsprodukt in der Oxidationszone von Kupfererzen / — / Chalkanthit	**Kröhnkit** $Na_2[CuSO_4]_2.2H_2O$ / Chuquicamata, Chile
230	lasurblau, schwärzlichblau / blau	Ggl. bis matt / dsch., uds.	3,5 / 3,7 bis 3,8	gut / spröde, uneben	kurzsäulige, dicktafelige, nadelige Kr.; derb, nierig, strahlig, dicht, erdig, traubig, als Anflüge, Überzüge / monoklin	in der Oxidationszone von Kupfererzen, Imprägnationen in sedimentären Gest. / Malachit, Limonit, Cuprit, Chalkopyrit u. a. / Linarit, Lasurit	**Azurit** $Cu_3[OH\|CO_3]_2$ (Kupferlasur) / Tsumeb, Südwestafrika
231							**Azurit** $Cu_3[OH\|CO_3]_2$ (Kupferlasur) / Chessy bei Lyon, Frankreich
232	farblos, weiß, blau, rötlich, gelblich / weiß	Ggl., Pgl. / ds., dsch.	3 bis 3,5 / 3,9 bis 4	gut / spröde, uneben, faserig	dicktafelige, kurzsäulige Kr.; körnig, spätig, dicht, stengelig, faserig, knollig, derb / rhombisch	in Klüften, in Steinsalzlagerst., auf Erzg., als Exhalationsprodukt, in Klüften in Kalkspat u. Dolomit / Aragonit, Calcit, Schwefel, Gips / Baryt, Kryolith, Gips, Calcit	**Coelestin** $Sr[SO_4]$ / Špania Dolina (Herrengrund), Slowakei

225	226
1	1
227	228
1	−1/2
229	230
1	−1/2
231	232
−1/2	1

Nr.	Farbe Strich	Glanz Transparenz	Härte Dichte	Spaltbarkeit Bruch u. a. phys. Merkm.	Ausbildung, Aggregate Kristallsystem	Vorkommen Begleitminerale ähnliche Minerale	Name und chemische Formel Fundort
233	farblos, blau, rosa, gelb, grün, violett weiß	Ggl. ds., dsch.	4 3,0 bis 3,2	vollkommen, Oktaeder spröde, muschelig	würfelige, oktaedrische Kr.; körnig, spätig, dicht, derb kubisch	auf Erzg., in Gesteinsklüften — Baryt, Apatit, Amethyst s. Nr. 73, 212	**Fluorit** CaF_2 (Flußspat) Weißeck, Salzburg
234	farblos, weiß, gelb, blau, grau, rot, braun weiß	Ggl., Pgl., Fgl. dsch., ds.	3 bis 3,5 4,4	sehr gut wenig spröde, muschelig	dünn- bis dicktafelige, säulige, blättrige Kr.; dicht, nierig, körnig rhombisch	auf Erzg., in Klüften in Sedimentgest. — Aragonit, Calcit, Coelestin, Anhydrit s. Nr. 57, 144, 145	**Baryt** $Ba[SO_4]$ (Schwerspat) Dědova Hora, Böhmen
235	dunkelblau bis blauschwarz, gelb, rot weiß, gelblich	Dgl., fettig, metallisch dsch., uds.	5,5 bis 6 3,8 bis 3,9	sehr gut spröde	spitzpyramidale, säulige, dicktafelige, nur aufgewachsene Kr. tetragonal	in alpinen Klüften, in Klüften in krist. Schiefern Rutil, Titanit, Albit, Quarz, Chlorit, Epidot —	**Anatas** TiO_2 Sonnblick, Salzburg
236	farblos, weiß, blau, grau, grünlichgrau, gelblich weiß	Ggl., Pgl. ds., dsch.	in der Längsricht. 4 quer dazu 6 – 7 3,6 bis 3,7	sehr gut spröde	breitstengelige, blattförmige, flachtafelige Kr., quergestreift; derbe, strahlig-blättrige bis nadelige Massen triklin	in krist. Schiefern, Granuliten, in Pegmatiten Staurolith, Andalusit, Almandin, Korund — s. Nr. 492	**Cyanit** $Al_2[O\|SiO_4]$ (Disthen) Pizzo Forno, Tessin, Schweiz
237	farblos, weiß, blau, grau, grünlich weiß	Ggl., Fgl. ds., dsch.	5 bis 6 2,3 bis 2,5	gut muschelig	selten isometrische Kr., meist derb, körnig kubisch	Gemengteil in Eruptivgest. — Leucit, Analcim, Haüyn, Nosean, Lasurit s. Nr. 93	**Sodalith** $Na_8[Cl_2\|(AlSiO_4)_6]$ Timmins, Ontario, Kanada
238	blau, grünblau, grün, rot, gelb, grau, weiß weiß, bläulich	Ggl., fettig ds., dsch.	5,5 bis 6 2,4 bis 2,5	sehr gut muschelig	isometrische, würfelige Kr.; derb; körnige A. kubisch	eingewachsen in basaltischem Gest., in vulkanischen Auswürflingen Leucit, Nephelin u. a. Sodalith, Nosean, Lasurit	**Haüyn** $(Na,Ca)_{8-4}[(SO_4)_2\|(AlSiO_4)_6]$ Niedermendig, Eifel
239	blau, bläulichgrün, weiß weiß	Ggl. dsch., uds.	6 3,1 bis 3,2	— splittrig, uneben	kurzsäulige, tafelige, pyramidale Kr.; meist derb, dicht; körnige Massen monoklin	in Carbonat-Quarzg., in Tonschiefern, Einsprenglinge in Quarziten, in Zinnerz-Pegmatitgängen Quarz, Muskovit u. a. Lasurit, Türkis	**Lazulith** $(Mg,Fe)Al_2[OH\|PO_4]_2$ (Blauspat) Werfen, Salzburg
240							**Lazulith** $(Mg,Fe)Al_2[OH\ PO_4]_2$ (Mollit, Blauspat) Sticklberg, Österreich

233	234
−3/4	1
235	236
+2	−1/2
237	238
1	1
239	240
1	1

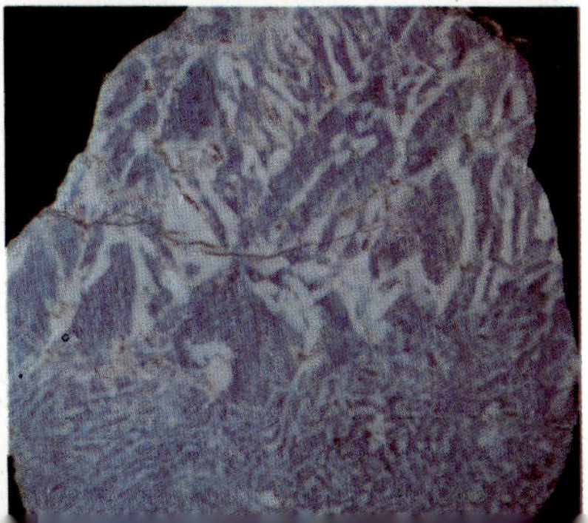

Nr.	Farbe Strich	Glanz Transparenz	Härte Dichte	Spaltbarkeit Bruch u. a. phys. Merkm.	Ausbildung, Aggregate Kristallsystem	Vorkommen Begleitminerale ähnliche Minerale	Name und chemische Formel Fundort
241	blau, blaugrau weiß	Ggl. uds., trüb	6,5 3,6	– muschelig	idiomorphe, pyramidale, eingewachsene Kr., keine A. trigonal	eingewachsen in körnigem Natrolith Neptunit, Anatas –	**Benitoit** $BaTi[Si_3O_9]$ (Himmelsstein) San Benito County, Kalifornien, USA
242	blau weiß	Ggl., Fgl. dsch.	6,5 3,2 bis 3,4	– splittrig, uneben	kurzsäulige, pseudowürfelige, dipyramidale Kr.; kleinkörnig bis dicht, derb tetragonal	blauer, etwas kupferhaltiger Vesuvian, in metamorphem Gest. Thulit –	Vesuvian-Varietät **Cyprin** $Ca_{10}(Mg,Fe)_2$ $Al_4[(OH,F)_4|(SiO_4)_5|(Si_2O_7)_2] \pm Cu$ Souland, Norwegen
243	lasurblau, dunkelblau hellblau, grünlich	Pgl. dsch.	3,5 4,8 bis 5,1	sehr gut –	würfelähnliche, pseudokubische Kr. tetragonal	als Zersetzungsprodukt auf Kupfererzlagerst. Malachit, Azurit, Cuprit, Atacamit –	**Boleit** $(26PbCl_2 . .3AgCl) . 24Cu(OH)_2 . 6AgCl . 3H_2O$ Boleo, Mexiko
244	blau, grünlichblau, grau, violett weiß	Ggl., Fgl. ds., dsch.	7 bis 7,5 2,6	gut muschelig, stark pleochroisch	kurzsäulige, plattige Kr.; meist derb, körnig, eingewachsen rhombisch	in Pegmatiten, in metamorphem Gest. – Nephelin, Quarz	**Cordierit** $Mg_2[Al_4Si_5O_{18}]$ (Dichroit) Dolní Bory, Mähren
245	blau weiß	Ggl., Fgl., matt uds., dsch.	7 bis 7,5 3 bis 3,2	– teilbar, uneben, splittrig	langsäulige bis nadelige Kr.; längsgestreift; stengelige bis faserige A.; dicht trigonal	in Pegmatiten, in Graniten Lepidolith, Rubellit –	Turmalin-Varietät **Indigolith** $(Na,Ca)(Mg,Al,Li)_3(Al,Fe,Mg)_6[(OH)_3|(BO_3)_3|Si_6O_{18}]$ Rožná, Mähren
246	blau, rot, gelb, braun, schwarz weiß	Ggl. ds., dsch.	8 3,5 bis 4,1	undeutlich muschelig	oktaedrische, eingewachsene Kr.; körnig kubisch	in metamorphem Kalkstein u. Dolomit, in Basalten – Korund, Zirkon, Granat s. Nr. 360	**Spinell** Al_2MgO_4 Åker, Södermanland, Schweden

Grüne, nichtmetallisch glänzende Minerale *Härte 1 – 2*

Nr.	Farbe Strich	Glanz Transparenz	Härte Dichte	Spaltbarkeit Bruch u. a. phys. Merkm.	Ausbildung, Aggregate Kristallsystem	Vorkommen Begleitminerale ähnliche Minerale	Name und chemische Formel Fundort
247	grün, bräunlichgrün, schwarzgrün grün, blaugrün	matt uds.	1 bis 2 2,8 bis 2,9	– –	dicht, derb, erdig, pulverig, locker monoklin	in Blasenräumen von Melaphyren u. Basalt-Tuffen, in sedimentärem Gest., in Tonen, Kalkstein Calcit, Zeolithe Glaukonit	**Seladonit** $K(Fe,Mg)[(OH)_2|AlSi_3O_{10}]$ (Grünerde) Kadaň, Böhmen
248	schwärzlichgrün, bläulichgrün weiß	Ggl., fettig, Pgl. dsch., uds.	2 2,5 bis 2,7	sehr gut mild, unelastisch, biegsam	dicktafelige, säulige, flächenreiche Kr., oft gekrümmt; schuppige, blättrige A.; als Bestäubung, erdig, pulverig monoklin	Gemengteil in krist. Schiefern, in alpinen Klüften, als Verwitterungsprodukt – grüne Glimmer	**Klinochlor** $(Mg,Al)_3[(OH)_2|AlSi_3O_{10}]Mg_3(OH)_6$ (Chloritgruppe) Zillertal, Tirol

241	242
1	1
243	244
1	−1/2
245	246
−1/2	+1/2
247	248
−1/2	1

Nr.	Farbe Strich	Glanz Transparenz	Härte Dichte	Spaltbarkeit Bruch u. a. phys. Merkm.	Ausbildung, Aggregate Kristallsystem	Vorkommen Begleitminerale ähnliche Minerale	Name und chemische Formel Fundort
249	grün, grünlich-weiß blaßgrün	matt dsch., uds.	1 bis 2,5 3 bis 3,1	gut mild	nadelige, haarige, blättrige Kr.; meist erdig, pulverig, nierig, schuppig, als Anflüge u. Überzüge, Ausblühungen monoklin	als Verwitterungsprodukt auf Nickel-Kobalterzen Erythrin u. a. —	**Annabergit** $Ni_3(AsO_4)_2 \cdot 8H_2O$ (Nickelblüte) Jáchymov (Joachimsthal), Böhmen
250	grün, hellblau bläulich-grün	Pgl., Ggl. ds., dsch.	1,5 bis 2 3,2	sehr gut mild, elastisch, biegsam	blättrige Kr.; meist strahlige, fächerförmige, schuppige A.; derb, nierig, schaumartig rhombisch	Verwitterungsprodukt von Kupfererzen Malachit, Azurit —	**Tirolit** $Ca_2Cu_9[(OH)_{10} \vert (AsO_4)_4] \cdot 10H_2O$ (Kupferschaum) Schwaz, Tirol
251	grün grüngelb	Pgl., matt dsch.	1 bis 2 3,5	gut —	nadelige, dünnblättrige Kr.; radialstrahlige A.; krustig, erdig, pulverig, als Überzüge monoklin	Zersetzungsprodukt von Uranerzen andere, sekundäre Uranminerale —	**Cuprosklodowskit** $CuH_2[UO_2 \vert SiO_4]_2 \cdot 5H_2O$ (Jachimovit) Jáchymov, Böhmen
252	grün, gelblich weiß	Ggl. ds., dsch.	2 1,9	sehr gut muschelig, spröde, wasserlöslich	säulige, tafelige, nadelige Kr.; plattenförmige, stalaktitische A., Krusten, Ausblühungen monoklin	Zersetzungsprodukt von Pyrit, Pyrrhotin, in Kohlenflözen, Alaunschiefern, Tonen — Gosslarit	**Melanterit** $Fe[SO_4] \cdot 7H_2O$ (Eisenvitriol) Kaznějov, Böhmen
253	smaragdgrün hellgrün	Pgl., Ggl. ds., dsch.	2 2,4 bis 2,6	sehr gut spröde	dünntafelige Kr. in Dr., auch blättrige A., dicht trigonal	als Verwitterungsprodukt auf Erzg. Malachit, Azurit, Chalkopyrit, Cuprit, Limonit —	**Chalkophyllit** $(Cu,Al)_3[(OH)_4 \vert (AsO_4,SO_4)] \cdot 6H_2O$ (Kupferglimmer) Redruth, Cornwall, England
254	grün blaßgrün	Ggl., Pgl., matt ds., dsch.	1 bis 2 2,9 bis 3,1	sehr gut mild	dünntafelige, plattenförmige Kr.; meist feinkörnig, derb, als Überzüge, Anflüge, radialfaserige A., eingesprengt monoklin	als Verwitterungsprodukt auf Erzg., in dolomitischem Kalkstein Adamin —	Annabergit-Varietät **Cabrerit** $(Ni,Mg)_3[AsO_4]_2 \cdot 8H_2O$ Laurion, Griechenland
255 256	grün, bräunlich, braungelb, grünlich-weiß weiß	Sgl. dsch.	2 2,9 bis 3	gut faserige Absonderung, mild	kurz- bis langparallelfaserige, haarige A. monoklin	Kluft- u. Adernfüllung in Serpentiniten, aus hydrothermal zersetztem Olivin, Pyroxen, Amphibol u. a. Chromit, Garnierit, Pyrop, Magnesit, Talk, Opal —	255: Chrysotil-Varietät **Asbest** $Mg_6[(OH)_8 \vert Si_4O_{10}]$ (Faserserpentin) Thetford Mines, Kanada 256: Chrysotil-Varietät **Pikrosmin** $Mg_6[(OH)_8 \vert Si_4O_{10}]$ Alto Adige, Italien

249	250
1	−1/2
251	252
−1/2	1
253	254
1	1
255	256
−2/3	−3/4

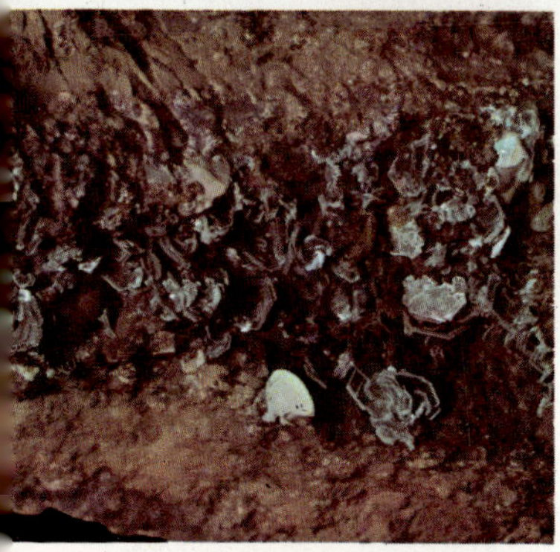

Nr.	Farbe Strich	Glanz Transparenz	Härte Dichte	Spaltbarkeit Bruch u. a. phys. Merkm.	Ausbildung, Aggregate Kristallsystem	Vorkommen Begleitminerale ähnliche Minerale	Name und chemische Formel Fundort
257	dunkelgrün hellgrün	Ggl., Pgl. ds., dsch.	2,5 3,1	sehr gut muschelig, spröde	dünne, blättrige o. nadelige Kr.; fächerförmige, rosettenartige A. monoklin	als Zersetzungsprodukt von Kupfererzen Gips, Malachit, Azurit –	**Devillin** $CaCu_4[(OH)_3\|(SO_4)]_2 \cdot 3H_2O$ (Herrengrundit) Špania Dolina (Herrengrund), Slowakei
258	smaragdgrün, grasgrün apfelgrün	Pgl., Ggl. ds., dsch.	2 bis 2,5 3,4 bis 3,6	vollkommen mild bis spröde	dünntafelige, blättrige, glimmerähnliche Kr.; schuppige Bündel tetragonal	als Verwitterungsprodukt von Uranerzen teils Autunit, teils Torbernit –	**Chalkolith** $(Cu,Ca)[UO_2\|PO_4]_2 \cdot (8\text{-}10)H_2O$ (Kupferuranglimmer) Redruth, Cornwall, England
259	grün, gelblichgrün, zeisiggrün gelblichgrün	Pgl. ds., dsch.	2 bis 3 3,5	sehr gut –	dünntafelige, nadelige Kr.; büschelige, radialstrahlige A.; krustig tetragonal	in Pegmatiten, auf Quarzgängen Uranminerale andere Uranglimmer s. Nr. 136	**Uranocircit** $Ba[UO_2\|PO_4]_2 \cdot 10H_2O$ (Uranglimmer) Falkenstein, Vogtland
260	grüngelb, gelblichgrün, schwefelgelb gelblich, grünlich	Pgl., Ggl. dsch.	2 bis 2,5 3 bis 3,2	sehr gut mild	dünn- bis dicktafelige Kr.; blättrige A.; dicht tetragonal	sekundäres Uranmineral, in Pegmatiten, auf Uranerzg. – andere Uranglimmer s. Nr. 138	**Autunit** $Ca[UO_2\|PO_4]_2 \cdot 10H_2O$ (Kalkuranglimmer) Tinh-Tuc, Tonkin, Vietnam
261	smaragdgrün, grasgrün apfelgrün, hellgrün	Pgl. dsch.	2 bis 2,5 3,4 bis 3,6	sehr gut etwas spröde	dünntafelige, schuppige Kr., in fächer- oder rosettenartigen Bündeln; auch erdig tetragonal	auf Erzg. als sekundäres Uranmineral, in granitischen Gest. in Klüften u. als Imprägnation – Autunit, Zeunerit	**Torbernit** $Cu[UO_2\|PO_4]_2 \cdot (8\text{-}12)H_2O$ (Kupferuranglimmer) Smrkovec (Schönficht), Böhmen
262	spangrün, bläulichgrün grünlich, weiß	Ggl., fettig ds., dsch.	2,5 bis 3 6,4	gut spröde	kleine, säulige o. nadelige Kr.; büschelige A. rhombisch	als Verwitterungsprodukt in der Oxidationszone von Kupfer-Bleierzg. Malachit, Anglesit, Cerussit –	**Caledonit** $Pb_5Cu_2[(OH)_6\|CO_3\|(SO_4)_3]$ Leadhills, Schottland
263	grünlichblau bis blau blaugrün	Ggl. dsch.	2,5 bis 3 3,5	gut spröde	kurzprismatische, tafelige Kr.; blättrige, faserige A.; krustenartige Überzüge rhombisch	als Verwitterungsprodukt auf Kupfererzg. – –	**Langit** $Cu_4[(OH)_6\|SO_4] \cdot H_2O$ Špania Dolina, (Herrengrund), Slowakei
264	grün, blaugrün hellgrün	matt uds.	2–4 2,2 bis 2,7	– uneben	dichte, kryptokrist. Massen, Krusten; derb, traubig, nierig, erdig, oft mit achatartiger Bänderung monoklin	als Verwitterungsprodukt von Olivingest., in Serpentiniten Opal, Chrysopras, Magnesit, Limonit Pimelit	**Garnierit** $(Ni,Mg)_6[(OH)_6\|Si_4O_{11}] \cdot H_2O$ (Noumeait, Nickelchrysotil) Nouméa, Neu Kaledonien

257	258
+2	1
259	260
+3	−1/2
261	262
−1/2	−1/2
263	264
−1/2	−1/2

Nr.	Farbe / Strich	Glanz / Transparenz	Härte / Dichte	Spaltbarkeit / Bruch u. a. phys. Merkm.	Ausbildung, Aggregate / Kristallsystem	Vorkommen / Begleitminerale / ähnliche Minerale	Name und chemische Formel / Fundort
265	grün, grünlichblau, braun / blaßgrün, grünlichblau	matt, fettig / dsch., uds.	2 bis 4 / 2 bis 2,3	— / muschelig, spröde bis mild	kryptokrist., derb, nierig, traubig, dicht, erdig, als Krusten oder Anflüge / monoklin	in der Oxidationszone von Kupfererzlagerst. / Malachit, Dioptas, Cuprit, Cerussit, Limonit, Azurit / Aurichalcit	**Chrysokoll** $Cu_4H_4[(OH)_8\|Si_4O_{10}]$ (Kieselkupfererz) / Coquimbo, Chile
266	dunkelgrün, smaragdgrün, schwärzlichgrün / apfelgrün	Dgl., Ggl. / ds., dsch.	3 / 3,7	sehr gut / spröde	säulige, nadelige, haarförmige, dicktafelige Kr.; derb, dicht, körnig, erdig, als Anflüge / rhombisch	in der Oxidationszone von Kupfererzlagerst., selten an Vulkanen / Malachit, Dioptas, Cuprit, Haematit, Limonit / Malachit, Olivenit	**Atakamit** $Cu(OH)Cl \cdot Cu(OH)_2$ (Atacamit, Salzkupfererz) / Bura-Bura, Australien
267	dunkelgrün, olivgrün, gelbbraun, braun / grün, gelb, braun	Ggl., Fgl., seidig / dsch.	3 / 4,3	schlecht / muschelig, spröde	säulige, nadelige, tafelige Kr. in Dr., faserig, nierig, traubig, derb, erdig / rhombisch	in der Oxidationszone von Kupfererzlagerst. / Chalkopyrit, Arsenopyrit / Libethenit	**Olivenit** $Cu_2[OH\|AsO_4]$ / St. Day, Cornwall, England
268	smaragdgrün / grünlich	Ggl., Fgl. / ds., dsch.	3,5 / 2,6	— / muschelig, spröde	kleine, prismatische Kr.; meist dicht, erdig, kugelig, stalaktitisch, Krusten, Beschläge, Überzüge / kubisch	als Zersetzungsprodukt von Nickelerzen, auf Chromit / Brucit, Klinochlor, Chrysolith, Serpentin / —	**Zaratit** $Ni_3[(OH)_4\|CO_3] \cdot 4H_2O$ (Texasit, Nickelsmaragd) / Texas, Pennsylvania, USA
269	dunkelgrün, braun, schwarz / grüngelb, gelb	Dgl., Ggl., fettig / ds., dsch.	3,5 bis 4,5 / 4 bis 4,3	gut / spröde	würfelähnliche, pseudokubische, rhomboedrische Kr. / trigonal	in der Oxidationszone von Eisenerzlagerst. / Limonit / —	**Beudantit** $PbFe_3[(OH)_6\|SO_4AsO_4]$ (Dernbachit) / Dernbach, Westerwald
270	grün, gelb, braun, weißgrau, gelbrot / weiß, gelblich, grau	Dgl., fettig / dsch.	3,5 bis 4 / 6,7 bis 7	— / uneben, spröde	dicktafelige, säulige, tonnenförmige, bauchige, nadelige Kr.; derb, dicht, nierig, traubig, Krusten, Anflüge, Überzüge, auch faserig / hexagonal	in der Verwitterungszone von Bleierzlagerst. / Galenit, Cerussit, Mimetesit, Descloizit, Baryt, Limonit, Quarz / Mimetesit, Vanadinit, Kampylit s. Nr. 325	**Pyromorphit** $Pb_5[Cl\|(PO_4)_3]$ (Grünbleierz, Buntbleierz) / Hofsgrund, Schwarzwald
271	smaragdgrün, lauchgrün / spangrün, bläulichgrün	Ggl. / dsch.	3,5 / 3,4	undeutlich / uneben, spröde	kurzsäulige, dicktafelige, vertikal gestreifte Kr.; Krusten, Dr. / rhombisch	in der Oxidationszone von Kupfererzlagerst., in Glimmerschiefern / Olivenit, Malachit, Azurit, Kakoxen / Dioptas	**Euchroit** $Cu_2[OH\|AsO_4] \cdot 3H_2O$ / Lubětová (Libethen), Slowakei
272	weiß, gelb, grün, braun, bläulich / weiß	Ggl., Sgl. / dsch.	3,5 bis 4 / 2,3 bis 2,4	gut / spröde	feinfaserige, radialstrahlige Büschel; halbkugelige A. / rhombisch	in Klüften von Sandstein, Kieselschiefer, Quarzit / — / Prehnit s. Nr. 68	**Wavellit** $Al_3[(OH)_3\|(PO_4)_2] \cdot 5H_2O$ / Montgomery Co., Arkansas, USA

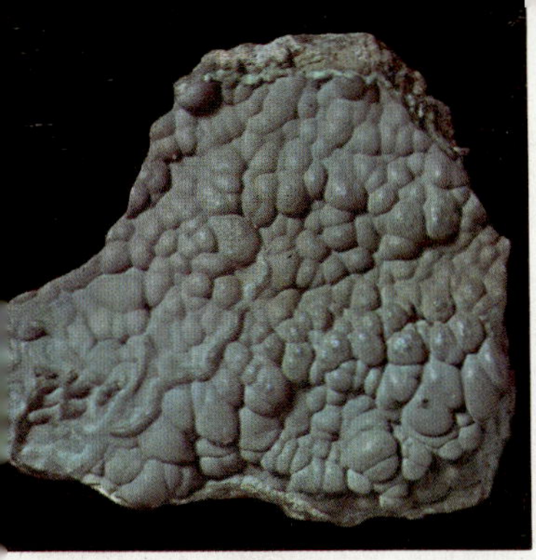

265	266
−2/3	+2
267	268
+2	−3/4
269	270
−1/2	+2
271	272
1	−1/2

Nr.	Farbe / Strich	Glanz / Transparenz	Härte / Dichte	Spaltbarkeit / Bruch u. a. phys. Merkm.	Ausbildung, Aggregate / Kristallsystem	Vorkommen / Begleitminerale / ähnliche Minerale	Name und chemische Formel / Fundort
273	smaragdgrün, dunkelgrün, grünlichschwarz / hellgrün	Ggl., Sgl., matt / dsch., uds.	4 / 4,0	gut / faserige Absonderung, spröde	faserige, nadelige, haarförmige Kr.; büschelige A.; derb, nierig, traubig, knollig, stalaktitisch, glaskopfartig, achatähnlich gebändert, dicht, erdig, eingesprengt, Imprägnationen, Anflüge, Überzüge / monoklin	in der Verwitterungszone von Kupfererzlagerst., Imprägnationen in Sandstein / Chalkopyrit, Bornit, Tetraedrit, Chalkosin, Cuprit, Kupfer, Azurit, Haematit, Limonit / Chrysokoll, Pseudomalachit, Atakamit	**Malachit** $Cu_2[(OH)_2\vert CO_3]$ / Moldova, Banat Rumänien
274							**Malachit** $Cu_2[(OH)_2\vert CO_3]$ / Katanga, Kongo
275	dunkelgrün, grünlichschwarz / hellgrün	Fgl., Ggl. / dsch.	4 / 3,8	— / muschelig, spröde	kleine, kurzsäulige, oktaederähnliche Kr.; nierig, kugelig, radialstrahlig, faserig, büschelig, dicht / rhombisch	in der Oxidationszone von Kupfererzen / Malachit, Cuprit, Limonit, Quarz / Malachit, Pseudomalachit, Olivenit, Atakamit	**Libethenit** $Cu[OH\vert PO_4]$ / Lubětová (Libethen), Slowakei
276	grün, bläulichgrün, farblos / weiß	fettig / dsch.	4–5 / 2,2 bis 2,5	— / muschelig	kleine, kurzsäulige, nadelige Kr.; kugelige A.; dicht, krustig, nierig / rhombisch	in Klüften u. in Adern von Kieselschiefer, Quarzit / — / Wavellit	**Variscit** $Al[PO_4] . 2H_2O$ / Montgomery Co., Arkansas, USA
277	smaragdgrün, dunkelgrün / bläulichgrün	Ggl., fettartig / dsch., ds.	4 bis 5 / 3,8 bis 4,4	undeutlich / muschelig, spröde	kurzsäulige, faserige, aufgewachsene Kr.; strahlig-faserige, nierig-traubige A. / monoklin	in der Oxidationszone von Kupfererzlagerst., in Klüften in Kalkstein, Dolomit, Sandstein / Malachit, Azurit, Limonit, Chalcedon	**Pseudomalachit** $Cu_5[(OH)_2\vert PO_4]_2$ (Phosphorochalcit) / Lubětová, Slowakei
278	dunkelgrün, smaragdgrün / apfelgrün	matt / dsch., uds.	4,5 bis 5 / 4 bis 4,1	— / muschelig, spröde	feinnadelige Sphärolithen; nierenförmige, schalige A. / monoklin	in der Oxidationszone von Kupfererzlagerst. / Olivenit / Malachit	**Cornwallit** $Cu_5[(OH)_2\vert AsO_4]_2$ (Erinit) / Carrarach-Mine, Cornwall, England
279	dunkelgrün, bräunlich, braungrün / hellgrün, bräunlich	Pgl., Fgl. / dsch., uds.	4 bis 4,5 / 3 bis 3,2	sehr gut / spröde	tafelige, säulige, aufgewachsene Kr.; körnige A.; derb / hexagonal	metasomatische Bildung auf Eisen- u. Manganerzlagerst. / — / —	**Pyrosmalith** $(Mn,Fe)_8[(OH,Cl)_{10}\vert Si_6O_{15}]$ / Broddebo, Kalmar, Schweden
280	weiß, gelb, rot, orangerot, grün, grau, bläulich / weiß	Ggl., fettig / dsch.	5 / 4,3 bis 4,5	sehr gut / spröde	kleine rhomboedrische Kr.; oft gerundet, meist derb, traubig, nierig, zapfenförmig, feinkörnig, dicht, erdig, schalig-gebänderte Sinterkrusten, chalcedonähnlich / trigonal	metasomatisch in Kalk- u. Dolomitgest., als selbständige Masse in Klüften u. Hohlräumen, als Verwitterungsprodukt von Sphalerit / Galenit, Hydrozinkit, Malachit u. a. / Hemimorphit, Prehnit, Chalcedon s. Nr. 411	**Smithsonit** $ZnCO_3$ (Zinkspat, Galmei) / Tsumeb, Südwestafrika

273	274
−1/2	−1/2
275	276
1	1
277	278
1	1
279	280
1	−1/2

Nr.	Farbe Strich	Glanz Transparenz	Härte Dichte	Spaltbarkeit Bruch u. a. phys. Merkm.	Ausbildung, Aggregate Kristallsystem	Vorkommen Begleitminerale ähnliche Minerale	Name und chemische Forme Fundort
281	farblos, weiß, gelb, rot, grünlich, violett weiß	Ggl., fettig ds., dsch.	5 3,1	deutlich muschelig, spröde	sechseckige, kurz- bis langsäulige, tafelige Kr.; derb, nierig, knollig, dicht, körnig hexagonal	als Gemengteil in magmatischen Gest., in Klüften in krist. Schiefern, in Pegmatiten, sedimentär – Beryll, Nephelin s. Nr. 82, 158, 214	**Apatit** $Ca_5[F\|(PO_4)_3]$ Slavkov (Schlaggenwald), Böhmen
282	hellgrün, blaugrün weiß	Fgl. bis matt uds.	5 2,8	– spröde	derb, konzentrisch-kugelig, nierenförmig, stalaktitisch, knollig, eingesprengt, dicht tetragonal	Krusten in Höhlungen von zersetztem Variscit, in Kieselschiefern – –	**Wardit** $NaAl_3[(OH)_4\|(PO_4)_2] . 2H_2O$ Lewiston, Utah, USA
283	farblos, grünlich, gelblich, grau, braun, bläulichrot weiß	Ggl., fettig ds., dsch.	5,5 4 bis 4,2	gut muschelig, splittrig	kleine, nadelige, säulige Kr.; derb, grob- bis feinkörnig trigonal	auf Mangan-Zinkerzlagerst. Smithsonit, Hemimorphit, Zinkit, Franklinit, Rhodonit, Limonit, Calcit Olivin, Epidot	**Willemit** $Zn_2(SiO)_4$ Franklin, New Jersey, USA
284	smaragdgrün, dunkelgrün bläulichgrün	Ggl. ds., dsch.	5 3,3	sehr gut muschelig, spröde	kurzsäulige, aufgewachsene Kr.; in Dr.; massige A. trigonal	in der Oxidationszone von Kupfererzlagerst., in Klüften in Kalkstein, Dolomit u. Sandstein Chrysokoll, Limonit Malachit, Atakamit	**Dioptas** $Cu_6[Si_6O_{18}] . 6H_2O$ Renéville, Kongo
285	smaragdgrün grünlich	Ggl. ds., dsch.	5 bis 6 3,2 bis 3,3	gut muschelig, spröde	derb, nur körnig monoklin	in krist. Schiefern u. Eklogiten Granat, Zoisit, Cyanit, Epidot Fassait	**Omphacit** $(Ca,Na)(Mg,Fe,Al)[Si_2O_6]$ (Pyroxengruppe) Ötztal, Tirol
286	farblos, gelblich, grün, grünlichschwarz weiß	Ggl., Fgl. ds., dsch.	5 bis 6 3,2 bis 3,5	deutlich, gut spröde	kurzsäulige, nadelige, aufgewachsene Kr.; derb, körnig, stengelig, schalig, dicht monoklin	auf Magnetitlagerst., in Klüften in metamorphem Gest., in metamorphem Kalkstein Chlorit, Hessonit, Magnetit, Apatit, Biotit Klinochlor, Augit,	**Diopsid** $CaMg[Si_2O_6]$ (Pyroxengruppe) Rothenkopf, Zillertal, Tirol
287	grün, graugrün weiß	matt dsch.	5,5 2,9 bis 3	– sehr dicht u. zäh	kryptokrist., schiefrig, nur derb, dicht monoklin	dichter Aktinolith oder auch Anthophyllit, in losen Blöcken u. Geschieben aus serpentinisiertem Gabbro – Jadeit	**Nephrit** $(Mg,Fe)_7[OH\|Si_4O_{11}]_2Na_2Ca_4(Mg,Fe)_{10}[(OH)_2O_2\|Si_{16}O_{44}]$ Kawa-Kawa, Neuseeland
288	graugrün, grauweiß, hellgrün, weiß, braun weiß	Pgl., seiden. dsch.	5 bis 6 3,1	gut faserige Absonderung, etwas spröde	feinnadelige, haarige (bis 15 cm lange) Kr.; parallelfaserige, filzige A. monoklin	asbestartige Varietät von Cummingtonit – Chrysotil-Asbest	**Amosit** $(Mg,Fe)_7[OH\|Si_4O_{11}]_2$ Lydenburg, Transvaal, Afrika

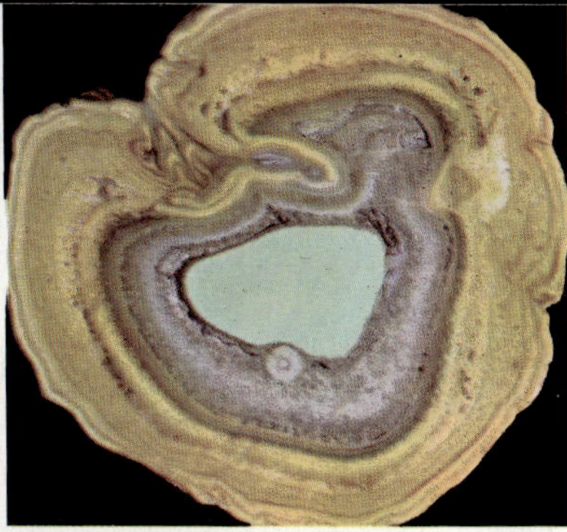

281	282
−1/2	−1/2
283	284
−1/2	−1/2
285	286
−1/2	1
287	288
−3/4	−3/4

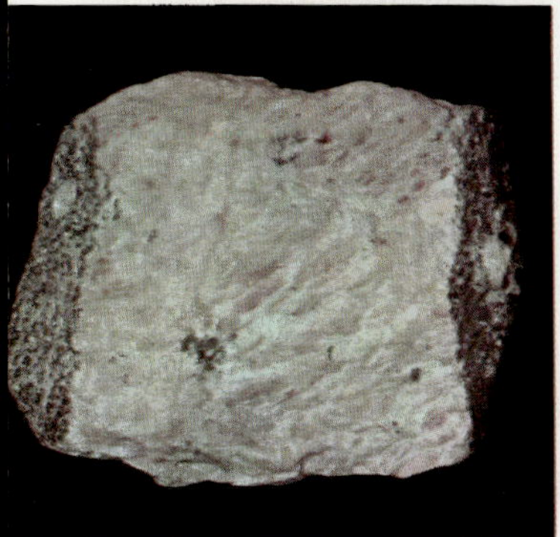

Nr.	Farbe Strich	Glanz Transparenz	Härte Dichte	Spaltbarkeit Bruch u. a. phys. Merkm.	Ausbildung, Aggregate Kristallsystem	Vorkommen Begleitminerale ähnliche Minerale	Name und chemische Formel Fundort
289	grün, rötlich weiß	Ggl., metall. schillernd dsch.	5,5 bis 6 2,6	– uneben	derb, feinkörnig bis dicht, schieferartig trigonal	– eingewachsene Glimmer- oder Haematit-Blättchen –	Quarz-Varietät **Aventurin** SiO_2 Brasilien
290	grün, grau weiß	Ggl., Sgl. ds., dsch.	5,5 bis 6 2,9 bis 3,2	gut spröde	langnadelige, haarige Kr.; feinfaserige, filzige, asbestartige A. monoklin	in metamorphem Kalkstein u. Dolomit, in alpinen Klüften – –	Amphibol-Varietät **Byssolith** $Ca_2Mg_5(OH,F)_2[Si_4O_{11}]_2$ Knappenwand, Salzburg
291	farblos, weiß, gelb, grünlich, graugrün, blaugrün, braun, rot weiß	Ggl., Fgl. ds., dsch.	5,5 bis 6 2,6	undeutlich muschelig bis uneben	kurzsäulige bis dicktafelige Kr., meist dicht, derb, körnig hexagonal	Gesteinsgemengteil, in vulkanischen Auswürflingen – Apatit, Quarz, Feldspäte	**Nephelin** $KNa_3[AlSiO_4]_4$ Vesuv, Italien
292	grau, gelb, grünlich, hellrosa, rot weiß	Ggl. dsch., uds.	6,5 3,2	sehr gut uneben	langsäulige, stengelige, dicktafelige Kr.; oft verzwillingt monoklin	in metamorphen Gest. u. krist. Schiefern – Zoisit, Tremolit	**Klinozoisit** $Ca_2Al_3[O\|OH\|SiO_4\|Si_2O_7]$ Ampandandrava, Madagaskar
293	grauweiß, grünlich, bräunlich, rosa, rot weiß	Ggl., Pgl. uds.	6 bis 6,5 3,2 bis 3,3	sehr gut uneben	säulige bis nadelige Kr.; derbe, stengelige, strahlige A. rhombisch	in krist. Schiefern u. metamorphen Gest. Amphibol, Granat, Vesuvian, Epidot, Quarz u. a. Tremolit	**Zoisit** $Ca_2Al_3[O\|OH\|SiO_4\|Si_2O_7]$ Zermatt, Schweiz
294	grün, grünlich-weiß, grau weiß	Ggl., Pgl. ds., dsch.	6 bis 6,5 2,8 bis 3	deutlich uneben	tafelige, kurzsäulige Kr.; kugelige, nierige, schalige, fächerförmige A.; derb, körnig, Krusten rhombisch	in Klüften u. Blasenräumen basischer Eruptivgest. u. krist. Schiefer Zeolithe, Calcit, Axinit Hemimorphit, Aragonit, Staffelit	**Prehnit** $Ca_2Al[(OH)_2\|AlSi_3O_{10}]$ West Patterson, New Jersey, USA
295	dunkelgrün, gelbgrün, gelb, braun, rot, grau, schwarz weiß, grau	Ggl. dsch.	6 – 7 3,3 bis 3,5	sehr gut muschelig, splittrig	säulige, nadelige, quergestreifte Kr.; derbe, plattige, strahlige, büschelige A.; körnig bis dicht monoklin	in alpinen Klüften, in krist. Schiefern, in metamorphem Kalkstein, in Klüften von Melaphyr	**Epidot** $Ca_2(Fe,Al)Al_2[O\|OH\|SiO_4\|Si_2O_7]$ Knappenwand, Untersulzbachtal, Salzburg
296	pistaziengrün, gelbgrün weiß	Ggl. dsch.	6 – 7 3,3 bis 3,5	sehr gut muschelig, splittrig	säulige, nadelige Kr.; stengelige, strahlige A.; körnig, derb, dicht monoklin	Granat, Vesuvian, Kupfer Turmalin, Aktinolith, Vesuvian	Epidot-Varietät **Pistazit** $Ca_2(Fe,Al)Al_2[O\|OH\|SiO_4\|Si_2O_7]$ Erbendorf, Fichtelgebirge

289	290
−1/2	1
291	**292**
1	−1/2
293	**294**
−1/2	−1/2
295	**296**
−1/2	−1/2

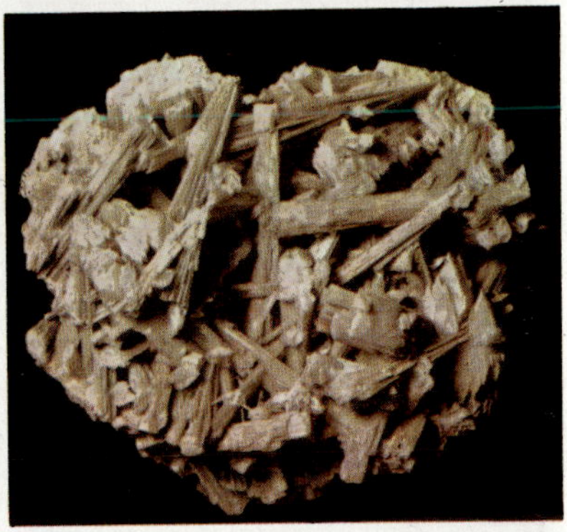

Nr.	Farbe / Strich	Glanz / Transparenz	Härte / Dichte	Spaltbarkeit / Bruch u. a. phys. Merkm.	Ausbildung, Aggregate / Kristallsystem	Vorkommen / Begleitminerale / ähnliche Minerale	Name und chemische Formel / Fundort
297	hellgrün, apfelgrün / weiß	Ggl., Fgl. / dsch.	7 / 2,6	– / muschelig	dicht, nierig, schalig, eingesprengt, kryptokrist. / trigonal	auf Nickelerzlagerst. / – / Prehnit	Quarz-Varietät **Chrysopras** SiO_2 (durch Nickelverbindungen grün gefärbt) / Szklary (Frankenstein), Schlesien
298	dunkelgrün, schmutziggrün, lauchgrün / weißlich	Ggl., fettig / uds., dsch.	7 / 2,5 bis 2,6	– / muschelig	unregelmäßige Knollen, Adern, eingesprengt, kryptokrist., dicht / trigonal	in Eruptivgest., in Serpentiniten / Quarz, Chalcedon / Prasem	Quarz-Varietät **Plasma** SiO_2 / Hrubšice (Hrubschitz), Mähren
299	gelbgrün, olivgrün, grünlichschwarz, rotbraun / weiß	Ggl., fettartig / ds., dsch.	6,5 bis 7 / 3,3	gut / muschelig	dicktafelige, kurzsäulige Kr.; körnig bis dicht, derb, körnige Knollen, Einsprenglinge / rhombisch	Gemengteil basischer Eruptivgest., in Meteoriten, auf Magnetitlagerst. / – / Chrysoberyll s. Nr. 354	**Olivin** $(Mg,Fe)_2[SiO_4]$ (Chrysolith, Peridot) / St. Johns Insel (Zebirget), Rotes Meer
300	grün, gelbgrün / weiß	Ggl., diamantartig / ds., dsch.	7 / 3,3 bis 4,1	– / muschelig, splittrig	dodekaedrische, meist aufgewachsene Kr.; dicht / kubisch	in Klüften in krist. Schiefern, auf Erzlagerst., auf Goldseifen / – / –	Andradit-Varietät **Demantoid** $Ca_3Fe_2[SiO_4]_3$ (Granatgruppe) / Frascati, Albaner-Berge, Italien
301	grünlichweiß, grün, grau, gelblich / weiß	Ggl., Fgl. / dsch.	6,5 bis 7 / 3,2 bis 3,3	– / sehr zäh, uneben	nur derb, als dichte, körnige, faserige A.; Knollen, Gerölle, kryptokrist. / monoklin	in u. als krist. Schiefer / – / Nephrit	**Jadeit** $NaAl[Si_2O_6]$ / Mogok nordnordöstlich von Mandalay, Oberbirma
302	grün / weiß	Ggl. / ds., dsch.	7 / 3 bis 3,2	– / uneben, splittrig	säulige bis langsäulige Kr.; stengelige bis faserige A.; körnig, dicht / trigonal	in Pegmatiten, Graniten u. metamorphen Gest. / – / Epidot, Vesuvian	Turmalin-Varietät **Verdelith** $NaFe_3Al_6[(OH)_4|(BO_3)_3|Si_6O_{18}]$ / Dravograd, Jugoslawien
303	smaragdgrün, dunkelgrün / weißlich	Ggl., Fgl. / ds., dsch.	7,5 bis 8 / 3,4	– / muschelig, splittrig	dodekaedrische Kr.; körnig bis dicht, als Krusten / kubisch	in chromitführenden Serpentiniten, auf Erzlagerst. / – / Dioptas	**Uwarowit** $Ca_3Cr_2[SiO_4]_3$ (Granatgruppe) / Biser, Mittlerer Ural
304	gelb, hellgrün, smaragdgrün / weiß	Ggl., fettig / ds., dsch.	8,5 / 3,7	deutlich / muschelig	tafelige, kurzsäulige, stengelige Kr.; häufig verzwill., körnig / rhombisch	in Granitpegmatiten, Graniten, Syeniten, Gneisen u. Glimmerschiefern / – / Olivin, Beryll, Apatit, Turmalin, Korund	**Chrysoberyll** Al_2BeO_4 / Haddam, Connecticut, USA

297	298
−1/2	−1/2
299	300
1	+2
301	302
−1/2	−1/2
303	304
1	+2

Nr.	Farbe Strich	Glanz Transparenz	Härte Dichte	Spaltbarkeit Bruch u. a. phys. Merkm.	Ausbildung, Aggregate Kristallsystem	Vorkommen Begleitminerale ähnliche Minerale	Name und chemische Formel Fundort
305	grünlich, gelbgrün, blaugrün, gelb, rot weiß	Ggl., matt ds., dsch.	7,5 bis 8 2,6	wenig deutlich muschelig bis uneben	sechseckige, säulige, tafelige bis nadelige Kr.; stengelige, faserige A.; derb hexagonal	in Granitpegmatiten, Graniten, krist. Schiefern, auf Zinnerzlagerst. Turmalin, Topas Apatit, Turmalin	**Beryll** $Al_2Be_3[Si_6O_{18}]$ Meclov, Böhmen
306	dunkelgrün, bläulichgrün weiß	Ggl. ds., dsch.	7,5 bis 8 2,6	wenig deutlich muschelig bis uneben	sechseckige, säulige Kr. hexagonal	als eingewachsene Kr. in Glimmerschiefern, Kalkstein — s. Nr. 516	Beryll-Varietät **Smaragd** $Al_2Be_3[Si_6O_{18}]$ Muzo, Columbien

Braune, metallisch glänzende Minerale

Härte 2 – 3

307	bräunlich, grau, schwarz braun, grauschwarz	metallisch, matt opak	2,5 6,2	— spröde bis mild	pseudokubische, würfelähnliche, kleine Kr.; derb, nierig, traubig, warzig, dicht rhombisch	auf Silbererzg. Pyrargyrit, Galenit, Sphalerit, Siderit Germanit	**Argyrodit** $4Ag_2S.GeS_2$ Freiberg, Erzgebirge
308	gelbbraun, tombakbraun, dunkelbraun grauschwarz	metallisch opak	4 4,6	deutlich spröde, uneben	dicktafelige bis kurzsäulige Kr.; derb, körnig, dicht, in Massen hexagonal	in basischen Eruptivgest., auf Erzg. — — s. Nr. 128	**Pyrrhotin** FeS (Magnetkies) Dell Norte County, Kalifornien, USA

Braune, nichtmetallisch glänzende Minerale

Härte 2,5 – 3

309	farblos, weiß, grau, gelb, braun weiß	Dgl., fettig ds., dsch.	2,5 bis 3 6 bis 6,3	vollkommen muschelig, spröde bis mild	kurzsäulige, tafelige, meist aufgewachsene Kr. tetragonal	in der Verwitterungszone von Bleierzg. — Anglesit, Cerussit	**Phosgenit** $Pb_2[Cl_2\mid CO_3]$ (Bleihornerz) Monteponi, Sardinien
310	braun, weiß, grauweiß, gelbbraun, schwarz weißlich	Fgl. bis matt uds., trüb	2 – 5 3 bis 3,2	— spröde	radialstrahlige, faserige, kugelige A.; derb, nierig, knollig, erdig, körnig, locker, kryptokrist. hexagonal	mikrokrist. Apatit aus sedimentären Lagerst. — —	Apatit-Varietät **Phosphorit** $[3CaPO_4]_x$ $[(2Ca\mid F_2\mid CO_3)]_y$ $.2H_2O$ Děražnjá Podolien, Ukraine
311	hellbraun, silbergrau, dunkelgrau, gelblich, grünlich weiß	Pgl., metallisierend ds., dsch.	2,5 bis 3 2,9 bis 3,1	vollkommen mild bis spröde, elastisch, biegsam, blättrig	tafelige, dünnblättrige, pseudohexagonale Kr.; fächerartige Gruppen; schuppige, blättrige, stengelige A. monoklin	auf Zinnerzlagerst., in Graniten u. Gneisen Cassiterit, Wolframit, Scheelit, Fluorit, Pyknit, Quarz Lepidolith	**Zinnwaldit** KLiFeAl $[(F,OH)_2\mid$ $\mid AlSi_3O_{10}]$ (Lithioneisenglimmer, Lithionit) Cínovec (Zinnwald), Böhmen
312	farblos, grau, braun, grüngelb, silbrigweiß weiß	Pgl., Ggl., Sgl. ds., dsch.	2 bis 2,5 2,7 bis 2,8	vollkommen elastisch, biegsam, blättrig	dünn- u. dicktafelige, kurzsäulige, pseudohexagonale Kr.; dünnblättrig, derb, schuppig, kugelig, dicht monoklin	als Hauptgemengteil in vielen Gest., nicht in basischen Gest., auf Zinnerzlagerst. — andere Glimmer	**Muskovit** $KAl_2[(OH,F)_2\mid$ $\mid AlSi_3O_{10}]$ (Glimmergruppe) Middletown, Connecticut, USA

305	306
−1/2	+1/2
307	308
1	−1/2
309	310
1	−1/2
311	312
1	−1/2

Braune, nichtmetallisch glänzende Minerale

Nr.	Farbe Strich	Glanz Transparenz	Härte Dichte	Spaltbarkeit Bruch u. a. phys. Merkm.	Ausbildung, Aggregate Kristallsystem	Vorkommen Begleitminerale ähnliche Minerale	Name und chemische Formel Fundort
313	goldbraun, gelbgrün, grau, schwärzlich grünlich	Ggl., Pgl., metallisierend ds., dsch.	1 bis 2 2,1 bis 2,7	vollkommen mild, bei Erwärmen stark aufblähend	pseudohexagonale, dünn- und dickblättrige Kr.; schuppige, dichte A. monoklin	als Verwitterungsprodukt von Glimmern Phlogopit, Chlorit, Magnesit Biotit, Phlogopit	**Vermiculit** $Mg_2FeAl[(OH)_2|AlSi_2O_{10}Mg(H_2O)_4]$ Westchester, Pennsylvania, USA
314	dunkelbraun, tiefgrün, schwarz dunkelolivgrün	Ggl., metallisierend uds.	3,5 3,4	sehr gut elastisch	dreieckige, meist jedoch sechseckige, dünne, blättrige Kr.; kugelige Gruppen; stengelige, radialfaserige A.; nierig monoklin	auf Erzg. Pyrit, Siderit, Limonit, Sphalerit, Quarz —	**Stilpnomelan** $(K, H_2O)(Fe,Mg,Al)_3[(OH)_2|Si_4O_{10}](H_2O)_2$ Chabičov, Mähren
							Härte 3 – 4
315	farblos, gelb, rot, braun, grün, grau, schwarz weiß, gelb, braun	Dgl., Fgl. ds. bis uds.	3,5 bis 4 3,9 bis 4,2	sehr gut, nach Rhombendodekaeder spröde	tetraedrische, dodekaedrische, würfelige Kr.; grob- bis feinkörnig, dicht, derb kubisch	auf Erzg. Galenit, Chalkopyrit u. a. Tetraedrit, Cassiterit, Granat s. Nr. 142, 191, 445	**Sphalerit** ZnS (Zinkblende) Cumberland, England
316	hellbraun, dunkelbraun bräunlich, gelb	Dgl., harzig dsch., uds.	3 bis 4 4	vollkommen spröde	säulige, nadelige Kr.; stengelige bis faserige A.; krustig, schalig, gebändert, dicht hexagonal	auf Blei-Zinkerzlagerst. Sphalerit —	**Wurtzit** ZnS (Strahlenblende) Příbram, Böhmen
317	braun, gelblich, braungrün, grau, braunschwarz weiß, gelblich	Ggl., Pgl., matt dsch.	3,5 bis 4 3,7 bis 3,9	vollkommen, nach Rhomboeder spröde	rhomboedrische, linsenförmige, oft gekrümmte, verzerrte Kr.; sattelförmige A.; grob- bis feinkörnig, spätig, dicht trigonal	auf metasomatischen Erzlagerst., auf Erzg., sedimentär Ton Calcit, Dolomit, Ankerit, Magnesit	**Siderit** $FeCO_3$ (Eisenspat, Spateisenstein) Neudorf bei Quedlinburg, Harz
318	hellbraun, gelblichweiß weiß	matt uds.	3,5 bis 4 2,8	— spröde, uneben	kugelige, nierige, traubenförmige, schalige A.; kryptokrist. trigonal	in sedimentären Gest. und Gips — —	Dolomit-Varietät **Miemit** $CaMg[CO_3]_2$ (Dolomit) Durham, England
319	braun, gelbbraun, weißlichgrau weiß	matt uds.	3 2,6 bis 2,8	— uneben	dichte, feste Massen, schichtig, kryptokrist. trigonal	dichter Kalkstein mit eigentümlicher Zeichnung, ungleichmäßig durch Eisenhydroxid gefärbt — —	Calcit-Varietät **Ruinen-Marmor** $CaCO_3$ Florenz, Italien
320	gelb, weiß, braun, rotbraun weiß, gelblich	matt, Sgl. uds.	3,5 bis 4 2,9 bis 3	undeutlich, faserige Absonderung spröde	radial- u. parallelfaserige A., stalaktitisch, konzentrischschalig, Überzüge, Krusten, Sinterbildung rhombisch	Aragonitsinter als Ablagerung von heißen Quellen — — s. Nr. 485	Aragonit-Varietät **Sprudelstein** $CaCO_3$ Karlovy Vary (Karlsbad), Böhmen

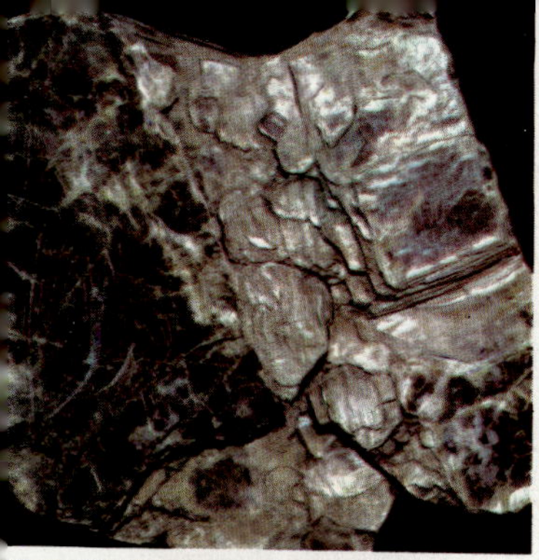

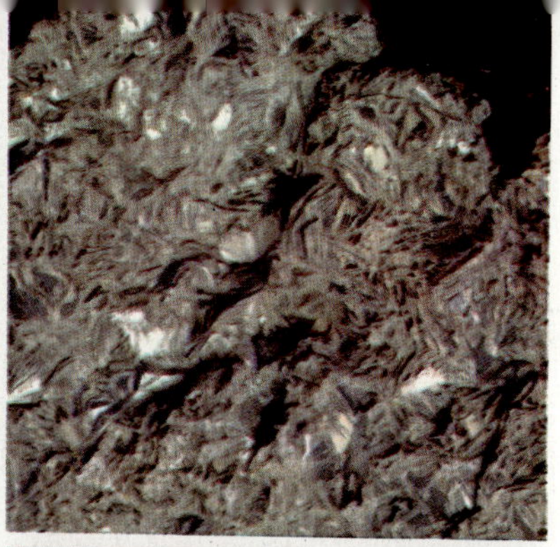

313	314
1	1
315	316
1	−1/2
317	318
−3/4	−1/2
319	320
1	−1/2

Braune, nichtmetallisch glänzende Minerale

Nr.	Farbe / Strich	Glanz / Transparenz	Härte / Dichte	Spaltbarkeit / Bruch u. a. phys. Merkm.	Ausbildung, Aggregate / Kristallsystem	Vorkommen / Begleitminerale / ähnliche Minerale	Name und che-mische Forme / Fundort
321	weiß, gelblich, braun, grau, schwarz / weiß	Dgl., fettartig / ds., dsch.	3 bis 3,5 / 6,4 bis 6,6	undeutlich / muschelig, spröde	säulige, tafelige, nadelige Kr.; oft Zwillinge u. Drillinge, ästige, sternförmige Gruppen, derb, nierig, dicht, stengelig, erdig, als Überzüge / rhombisch	in der Verwitterungszone von Bleierzg., in Sandsteinen als Bindemittel / Galenit, Anglesit, Pyromorphit / Anglesit, Phosgenit, Coelestin, Baryt, Scheelit, s. Nr. 401	**Cerussit** $PbCO_3$ (Weißbleierz) / Příbram, Böhmen
322	gelb, braun, schwärzlichbraun / strohgelb	Ggl., matt / uds.	3 bis 4 / 2,9 bis 3,2	deutlich / spröde	sehr kleine, rhomboedrische, tafelige Kr.; meist derb, pulverig, nierig, körnig, krustig, faserig, schuppig, erdig / trigonal	in der Verwitterungszone von Erzg., in Tonen / Limonit, Haematit, Alunit, Quarz / verschiedene Ocker	**Jarosit** $KFe_3[(OH)_6|(SO_4)_2]$ (Gelbeisenerz) / Laurion, Griechenland
323	gelblich, orange, rot, grau, braun, grün / weiß	Dgl., Fgl. / dsch., uds.	3 / 7,9 bis 8,3	undeutlich / spröde bis mild	spitzpyramidale, kurzsäulige Kr.; garben- u. spindelförmige, aufgewachsene Körnchen / tetragonal	auf Zinnerzlagerst. / Scheelit / Scheelit s. Nr. 171	**Stolzit** $[PbWO_4]$ / Cínovec (Zinnwald), Böhmen
324	braun, braunrot, bräunlichgrün, schwarz / gelb, gelbbraun	Dgl., fettig / dsch., uds.	3,5 / 5,9 bis 6,2	— / muschelig, spröde	säulige, pyramidale Kr.; meist krustig, traubig, warzig, radialstrahlig, Überzüge / rhombisch	auf Blei-Zinkerzlagerst. / Pyromorphit, Vanadinit, Limonit, Cerussit / —	**Mottramit** $Pb(Cu,Zn)[OH|VO_4]$ (Cuprodescloizit) / Friesenberg, Südwestafrika
325	braun, grün, gelb, gelbrot, weißgrau / weiß, gelblich, grau	Dgl., fettig / dsch.	3,5 bis 4 / 6,7 bis 7	— / uneben, spröde, muschelig	säulige, tonnenförmige, nadelige, bauchige Kr.; nierig, traubig, derb, dicht, Krusten, Überzüge / hexagonal	in der Verwitterungszone von Bleierzlagerst. / — / Mimetesit, Kampylit, Vanadinit s. Nr. 270	**Pyromorphit** $Pb_5[Cl|(PO_4)_3]$ (Braunbleierz, Buntbleierz) / Oloví (Bleistadt), Böhmen
326	gelb, braun, rötlichbraun, orange, rubinrot / blaßgelb, bräunlich	Dgl., fettig / dsch., uds.	3 / 6,8 bis 7,1	— / muschelig, spröde	kurzsäulige, tonnenförmige Kr.; nierig, traubig, derb; faserige, dünnstengelige A. / hexagonal	auf Bleierzlagerst. / Wulfenit, Galenit, Pyromorphit, Descloizit u. a. / Pyromorphit, Mimetesit, Kampylit	**Vanadinit** $Pb_5[Cl|(VO_4)_3]$ / Djebel Mahse Marokko
327	braun, gelb, orange, grün / gelb	Dgl., Fgl. / dsch.	3,5 / 7,2	gut / spröde	tonnenförmige, bauchige, dicktafelige Kr.; halbkugelige, garbenförmige A. / hexagonal	auf Bleierzlagerst. / — / —	Mimetesit-Varietät **Kampylit** $Pb_5[Cl|(As,P)O_4]_3$ (Phosphor-Mimetesit) / Příbram, Böhmen
328	braun, bronze braun, goldgelb / gelbbraun	Ggl., Pgl., metallisierend / ds., dsch.	3 bis 4 / 3,3 bis 3,4	vollkommen / spröde	tafelige, blättrige Kr.; schuppige, rosettenartige, sternförmige A. / triklin	eingewachsen in Eläolithsyeniten / Amphibol, Glimmer, Zirkon / —	**Astrophyllit** $(K,Na)_3(Fe,Mn)_7(Ti,Zr)_2[Si_8(O,OH)_{31}]$ / Los Insel, Westafrika

321	322
1	1
323	324
1	1
325	326
1	1
327	328
−1/2	−1/2

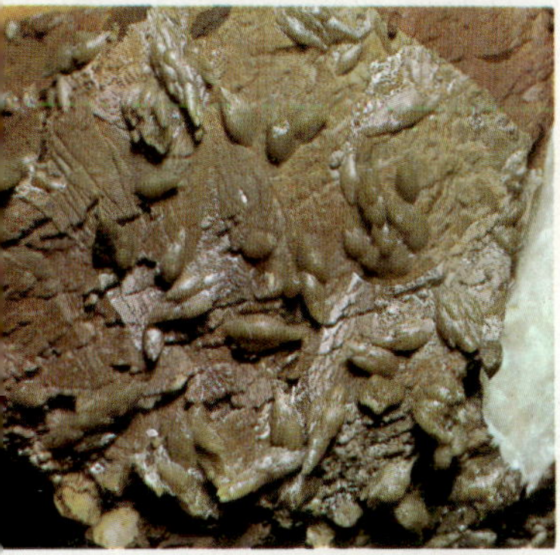

Nr.	Farbe Strich	Glanz Transparenz	Härte Dichte	Spaltbarkeit Bruch u. a. phys. Merkm.	Ausbildung, Aggregate Kristallsystem	Vorkommen Begleitminerale ähnliche Minerale	Name und chemische Formel Fundort
329	braungrün, schwarz, außen erdig, gelb gelblich, weiß	Fgl., Wgl., außen matt uds.	4 3,6 bis 3,7	– muschelig, spröde	oktaedrische, dodekaedrische, große Kr.; derb, körnig, massig kubisch	in Granitpegmatiten Euxenit, Zirkon, Biotit u. a. –	**Betafit** $(Ca,Th,U,Ce)(Nb,Ta,Ti)_3O_9 . n\,H_2O$ Betafo, Madagaskar
330	dunkelbraun, bräunlichgelb, grau weißlich	matt uds.	4 3,7 bis 3,9	– spröde	kugelige, nierige, knollige Konkretionen; dicht, kryptokrist. trigonal	toniger Siderit, in Sedimentgest., in Kohlenflözen – –	Siderit-Varietät **Pelosiderit** $FeCO_3$ Cumberland, England
331	gelblich, braun, grau weiß	Ggl., Fgl. dsch.	4 bis 4,5 2,9 bis 3,1	sehr gut spröde	rhomboedrische, linsenförmige Kr.; spätig, körnig trigonal	eingewachsen in Chlorit- u. Talkschiefern – Dolomit, Ankerit, Siderit	**Breunnerit** $(Mg,Fe)CO_3$ (Ferromagnesit, Mesitinspat) Greiner Wald, Oberösterreich
332	braungelb, rotbraun, orange, schwarz braun, orangegelb	Ggl., fettig dsch., uds.	4,5 bis 5 4,4 bis 4,8	schlecht, undeutlich muschelig, spröde	kurzsäulige, pyramidale, eingewachsene Kr.; dicht, derb, blättrig, eingesprengt tetragonal	in Pegmatiten Zirkon, Aegirin, Feldspäte Zirkon, Xenotim	**Thorit** $Th[SiO_4]$ Brevik am Langesundsfjord, Norwegen
333	braun, bronzenbraun, graugrün weiß, grau	Ggl., Pgl., metallisierend uds., dsch.	5 bis 6 3,2 bis 3,5	gut Spaltflächen gestreift	tafelige, säulige, blättrige Kr.; derb, großkörnig, spätig, garbenartig, strahlig rhombisch	in basischen Gest. Enstatit, Olivin, Serpentin, Chromit, Magnetit Enstatit, Hypersthen, Diallag	**Bronzit** $(Mg,Fe)_2[Si_2O_6]$ Gefrees, Fichtelgebirge
334	braun, schwärzlichbraun braun, gelblichbraun	Fgl. dsch., uds.	5 bis 5,5 4,3 bis 4,5	schlecht muschelig, spröde	oktaedrische, würfelige Kr.; körnig, eingesprengt kubisch	in Granitpegmatiten, in Carbonatiten Zirkon, Nephelin –	**Pyrochlor** $(Ca,Na,Y,Ce,Th,U,Ti)_2Nb_2O_6(F,OH,O)$ Frederiksvärn bei Larvik, Norwegen
335	braun, ockergelb dunkelgelb, braun	matt, samtartig uds.	5 bis 5,5 3,3 bis 4,3	gut faserig, spröde	nadelige, haarige Kr.; feinfaserige A.; kugelige, nierige, warzige Gebilde rhombisch	in der Oxidationszone von Erzg. – –	**Samtblende** $FeOOH$ (Samteisenerz, Goethit oder Lepidokrokit) Příbram, Böhmen
336	gelb, gelbbraun, rostbraun gelb	Sgl., matt uds.	5 bis 5,5 auch weicher 3,7	– erdig, faserig	strahlig, stalaktitisch, derb, erdig, kryptokrist. rhombisch	in der Verwitterungszone von Eisenerzlagerst. – verschiedene Ocker	**Xanthosiderit** $FeOOH$ (Gelbeisenerz) Lostwithiel, Cornwall, England

329	330
−1/2	−1/2
331	332
−1/2	1
333	334
1	1
335	336
−2/3	−1/2

Nr.	Farbe / Strich	Glanz / Transparenz	Härte / Dichte	Spaltbarkeit / Bruch u. a. phys. Merkm.	Ausbildung, Aggregate / Kristallsystem	Vorkommen / Begleitminerale / ähnliche Minerale	Name und chemische Formel / Fundort
337	braun, rot, gelb, orange / grau-weiß	Dgl., fettartig / dsch., uds.	5 bis 5,5 / 4,8 bis 5,5	vollkommen / muschelig, spröde	dicktafelige, kurzsäulige, ein- u. aufgewachsene Kr.; abgerollte Körner / monoklin	in Pegmatiten, Graniten, Syeniten, Gneisen, in alpinen Klüften, lose in Sanden, auf Seifen / Zirkon, Rutil, Ilmenit / Thorit, Orthit	**Monazit** $Ce[PO_4]$ / Ambatofotsikely, Madagaskar
338	grünlichblau, bräunlichgrün, rötlichbraun, blaugrün / weiß	Ggl., Fgl. / dsch., trüb	5 / 3,1 bis 3,2	wenig deutlich / muschelig, spröde	säulige, sechseckige Kr.; körnig, derb / hexagonal	in Lithiumpegmatiten / – / – s. Nr. 158	Apatit-Varietät **Moroxit** $Ca_5[F\|(PO_4)_3]$ / Renfrew, Quebec, Kanada
339	gelb, braun, rötlich, grünlich, schwarz / weiß	Ggl., Fgl. / ds., dsch.	5 bis 5,5 / 3,4 bis 3,6	undeutlich / muschelig, spröde	säulige, keilförmige, tafelige, nadelige Kr. / monoklin	in alpinen Klüften, in krist. Schiefern / – / Axinit s. Nr. 162, 463	**Titanit** $CaTi[O\|SiO_4]$ (Sphen) / Teufelsmühle, Habachtal, Salzburg
340	braun, schwarzgrau, schwarz / weiß, grau	Ggl., Dgl. / dsch., uds.	6,5 / 3,6	deutlich / spröde	langsäulige Kr.; radialstrahlige, rosettenartige A. / monoklin	in Granitpegmatiten / Monazit, Zirkon, Beryll, Ilmenit, Magnetit / –	**Thortveitit** $Sc_2[Si_2O_7]$ / Befanamo, Madagaskar
341	braun, grünlichschwarz, Rinde gelblich / gelbbraun, graubraun	Fgl., halbmetallisch / dsch., uds.	5,5 bis 6,5 / 4,6 bis 5,9	– / muschelig, spröde	stengelige, prismatische, tafelige Kr.; fächerartige A.; körnig / rhombisch	in Granitpegmatiten / Zirkon, Monazit, Beryll, Ilmenit, Magnetit / –	**Euxenit** $(Y,Ce,U,Pb,Ca)(Nb,Ta,Ti)_2(O,OH)_6$ (Polykras) / Ampangabe, Madagaskar
342	bräunlichschwarz, grauschwarz / schwärzlich, schwarzgrün	Ggl., Fgl., halbmetallisch / uds.	5,5 bis 6 / 4,1	deutlich / muschelig, spröde	säulige, längsgestreifte, nadelige, haarige Kr.; stengelige, strahlige, faserige A.; körnig, derb / rhombisch	in kontaktmetamorphen Gest., in Laven / Augit, Amphibol / Turmalin, Aktinolith	**Ilvait** $CaFe_2 . CaFe_3[OH\|O\|Si_2O_7]$ (Lievrit) / Rio Marina, Elba, Italien
343	braun, dunkelgrau, schwärzlichgrün, schwarz / weiß, grau	Ggl., / uds.	5 bis 6 / 3,5 bis 3,6	deutlich / spröde	stengelige, nadelige Kr.; spätig, körnig, derb; dichte Massen / monoklin	in metamorphen u. metasomatischen Gest. / Magnetit, Pyrit u. a. / – s. Nr. 466	**Hedenbergit** $CaFe[Si_2O_6]$ / Nordmark, Värmland, Schweden
344	bräunlichgrün, grün, grünlichschwarz / weiß, grau	Ggl. / ds., dsch.	5 bis 6 / 3,2 bis 3,3	gut / spröde	kurz-, lang- u. dicksäulige bis nadelige Kr.; derb, eingesprengt, körnig bis dicht / monoklin	in Klüften in metamorphen Gest., in vulkanischen Auswürflingen / Granat, Spinell, Vesuvian / Diopsid, Amphibol	**Fassait** $Ca(Mg,Fe,Al)[(Si,Al)_2O_6]$ / Brosso bei Traversella, Piemont, Italien

337	338
1	−1/2
339	340
+2	1
341	342
−1/2	−1/2
343	344
−2/3	−2/3

Nr.	Farbe / Strich	Glanz / Transparenz	Härte / Dichte	Spaltbarkeit / Bruch u. a. phys. Merkm.	Ausbildung, Aggregate / Kristallsystem	Vorkommen / Begleitminerale / ähnliche Minerale	Name und chemische Formel / Fundort
345	braun, grau / weiß	Ggl., Pgl., metall. schillernd / dsch.	5 bis 6 / 3,1 bis 3,2	gut / mild, elastisch	nadelige, tafelige, faserige Kr.; stengelige, faserige, blättrige A.; derb, Knollen / rhombisch	rhombischer Amphibol, in metamorphen Gest., in krist. Schiefern, als radialfaserige Schalen, sog. „Glimmerkugeln" / – / Bronzit s. Nr. 408	**Anthophyllit** $(Mg,Fe)_7[OH\|Si_4O_{11}]_2$ / Heřmanov (Hermannschlag), Mähren
346	bräunlich, rötlich, grau, weiß, gelblich, farblos / weiß	Ggl., Pgl. / dsch., ds.	6 bis 6,5 / 2,5	sehr gut / spröde, uneben	kurzsäulige, dickplattige Kr.; spätig, körnig, dicht / monoklin	Hauptgemengteil vieler Gest. / – / – / s. Nr. 205	**Orthoklas** $K[AlSi_3O_8]$ (Feldspatgruppe) / (Striegau), Schlesien
347	braun, gelbbraun, rot / weiß	Dgl. / ds., dsch.	6,5 / 4,2 bis 4,3	gut / spröde	feinnadelige bis haarige Kr.; gitterartige A.; Einschlüsse in Bergkristall / tetragonal	in alpinen Klüften als zarte Nadeln, als Einschlüsse in Quarz / Quarz / s. Nr. 541	Rutil-Varietät **Sagenit** TiO_2 / Brasilien
348	gelb, rot, rotbraun, schwarz / gelb, braun, weiß	Dgl., metallähnlich / ds., dsch.	5,5 bis 6 / 3,9 bis 4,2	schlecht / uneben	dünntafelige, flache Kr. / rhombisch	in alpinen Klüften / Anatas, Titanit, Adular, Quarz / Rutil s. Nr. 198	**Brookit** TiO_2 / Riedertobel bei Amsteg, Schweiz
349	dunkelgelb, braun, rot, grün, gelblichweiß / weiß, grau	Ggl., Fgl. / ds., dsch.	6 bis 6,5 / 3,1 bis 3,3	deutlich / muschelig	kleine, kurzsäulige Kr.; eingesprengte, gerundete Körner; derb, körnig / monoklin	in metamorphem Kalkstein, in vulkanischen Auswürflingen, auf Erzlagerst. / Magnetit, Galenit u. a. / Olivin, Cancrinit	**Chondrodit** $Mg_5[(OH),F]_2\|(SiO_4)_2$ / Franklin, New Jersey, USA
350	braun, schwärzlichrot, rot, rotbraun / rot	Ggl. / dsch., uds.	6,5 / 3,4	gut / uneben, spröde	säulige bis stengelige Kr.; langstrahlige A.; derb, strahlig, körnig bis dicht / monoklin	in krist. Schiefern, auf Manganerzlagerst. / – / –	**Piemontit** $Ca_2(Mn,Fe)Al_2[O\|OH\|SiO_4\|Si_2O_7]$ (Manganepidot) / Aosta, Piemont, Italien
351	braun, grün, blau, gelb, rot / weiß, grau	Ggl., fettig / dsch.	6,5 / 3,2 bis 3,4	– / uneben u. splittrig	säulige, nadelige, pyramidale, dicktafelige Kr.; derb, körnig, dicht, strahlig, stengelig / tetragonal	in metamorphen Gest., in krist. Schiefern, in vulkanischen Auswürflingen / Chlorit, Diopsid, Granat, Epidot / Grossular, Rutil, Zirkon, Epidot	**Vesuvian** $Ca_{10}(Mg,Fe)_2Al_4[(OH)_4\|(SiO_4)_5\|(Si_2O_7)_2]$ / Monte Somma, Vesuv, Italien
352	braun / weiß, grau	Ggl. / dsch., uds.	6,5 / 3,2 bis 3,4	– / uneben u. splittrig	langsäulige, gestreifte Kr.; strahlige, stengelige A. / tetragonal	strahliger Vesuvian	Vesuvian-Varietät **Egeran** $Ca_{10}(Mg,Fe)_2Al_4[(OH)_4\|(SiO_4)_5\|(Si_2O_7)_2]$ / Hazlov, Böhmen

345	346
−1/2	−2/3
347	348
1	+1/2
349	350
−1/2	−3/4
351	352
1	1

Nr.	Farbe Strich	Glanz Transparenz	Härte Dichte	Spaltbarkeit Bruch u. a. phys. Merkm.	Ausbildung, Aggregate Kristallsystem	Vorkommen Begleitminerale ähnliche Minerale	Name und chemische Formel Fundort
353	grün-braun, braun, graugrün weiß, grau	Ggl., fettig dsch., uds.	6,5 3,4	— uneben, splittrig	kurzsäulige, gut ausgebildete Kr. tetragonal	in metamorphen, tuffartigen Gest., eingewachsen Grossular —	Vesuvian-Varietät **Wiluit** $Ca_{10}(Mg,Fe)_2Al_4[(OH)_4\|(SiO_4)_5\|Si_2O_7)_2]$ Wilui (Fluß), Jakutien
354	gelbgrün, rotbraun, grünlich-schwarz, olivgrün weiß	Ggl., fettartig ds., dsch.	6,5 bis 7 3,3	gut muschelig	tafelige, säulige Kr.; körnig, dicht, derb, Einsprenglinge rhombisch	Gemengteil basischer Eruptivgest., auf Magnetitlagerst. — — s. Nr. 299	**Olivin** $(Mg,Fe)_2[SiO_4]$ (Peridot) Kraslice (Graslitz), Böhmen
355	farblos, gelb, grün, braun, rot, blau, orange weiß	Ggl., Dgl., fettig ds., dsch.	6,5 bis 7,5 3,9 bis 4,8	unvollkommen muschelig	säulige, pyramidale, nadelige, eingewachsene Kr.; körnig, traubig tetragonal	in Eruptivgest., in Klüften, in krist. Schiefern Biotit, Amphibol, Granat, Quarz u. a. Vesuvian, Thorit, Titanit, Granat	**Zirkon** $Zr[SiO_4]$ Ilmengebirge, Südlicher Ural
356	braun, braun-grün, grün, schwarz weiß, grau	Ggl., fettig dsch., uds.	7 3,3 bis 4,1	— muschelig, spröde	dodekaedrische, ikositetraedrische Kr.; derb, körnig, dicht kubisch	in krist. Schiefern u. metasomatischen Gest., auf Erzlagerst. — Vesuvian, Zirkon, Rubin	**Andradit** $Ca_3Fe_2[SiO_4]_3$ (Kalkeisengranat) Ciclova, Rumänien
357	braun, grau, violett, grünlich weiß	Ggl. ds., dsch.	6,5 bis 7 3,3	gut muschelig, spröde	tafelige, keil- u. linsenförmige Kr.; körnig, derb, eingesprengt triklin	in Graniten, in Klüften, in krist. Schiefern, in metamorphem Kalkstein, auf Erzlagerst. Epidot, Chlorit u. a. Titanit	**Axinit** $Ca_2(Fe,Mn)Al_2[BO_3OH]\|Si_4O_{12}]$ Bourg d'Oisans, Dauphiné, Frankreich
358	braun, bräunlich-schwarz grauweiß	Ggl., matt dsch., uds.	7 bis 7,5 3,7 bis 3,8	deutlich muschelig, splittrig	kurz- u. langsäulige Kr.; oft kreuzförmige Zwillinge rhombisch	in krist. Schiefern Cyanit, Almandin, Muskovit, Quarz Granat	**Staurolith** $Al_4[Fe(OH)_2O_2\|(SiO_4)_2]$ Quimper, Frankreich
359	braun, braun-schwarz weiß	Ggl., Fgl. ds., dsch.	7 bis 7,5 3 bis 3,2	— muschelig, spröde	langsäulige, längsgestreifte, eingewachsene Kr. trigonal	in krist. Schiefern, in metamorphem Kalkstein — Ilvait	Turmalin-Varietät **Dravit** $NaMg_3Al_6[(OH)_4(BO_3)_3Si_6O_{18}]$ (Turmalingruppe) Dobrova, Jugoslawien
360	braun, rot, gelb, braun, schwarz weiß	Ggl. ds., dsch.	8 3,5 bis 4,1	— muschelig	oktaedrische, eingewachsene Kr.; körnig kubisch	in metamorphem Kalkstein u. Dolomit, in Basalten, in vulkanischen Auswürflingen — Korund, Zirkon, Granat s. Nr. 246	**Spinell** Al_2MgO_4 Amity, New York, USA

353	354
−1/2	+2
355	356
+2	1
357	358
1	−1/2
359	360
+1/2	+1/2

Nr.	Farbe Strich	Glanz Transparenz	Härte Dichte	Spaltbarkeit Bruch u. a. phys. Merkm.	Ausbildung, Aggregate Kristallsystem	Vorkommen Begleitminerale ähnliche Minerale	Name und chemische Forme Fundort
361	bleigrau, schwärzlichgrau grau, schwarz	metallisch opak	1 bis 1,5 6,8 bis 7,5	sehr gut biegsam, mild, hämmerbar	dünntafelige, blättrige Kr.; schuppige A.; derb, körnig rhombisch	auf jungen Golderzg. Sylvanit, Gold, Pyrit, Tellur, Quarz —	**Nagyagit** $AuTe_2 . 6Pb(S,Te)$ (Blättertellurerz) Săcărâmb, Rumänien
362	bleigrau nach bläulich dunkelgrau, lauchgrün, glänzend	metallisch opak	1 bis 1,5 4,6 bis 4,7	vollkommen unelastisch, biegsam, mild, fettig	flache, tafelige Kr.; krummblättrig, feinschuppig, derb bis dicht, eingesprengt hexagonal	in Graniten, Pegmatiten, auf Zinnerzlagerst., auf Quarzg. Cassiterit, Wolframit, Fluorit, Turmalin, Apatit Graphit	**Molybdänit** MoS_2 (Molybdänglanz) Krupka (Graupen), Böhmen
							Härte 2 – 2,5
363	silberweiß, grau bis schwarz anlaufend silberweiß, glänzend	metallisch opak	2,5 bis 3 10,1 bis 11,1	hakig geschmeidig, hämmerbar	draht-, blech- u. lockenförmig, moosartig, derb kubisch	auf Erzg. Argentit, Pyrargyrit, Galenit u. a. — s. Nr. 5, 6	**ged. Silber** Ag Wittichen, Schwarzwald
364	zinnweiß, grau grau	metallisch opak	2 bis 2,5 6,1 bis 6,3	sehr gut schneidbar, aber spröde	säulige, kurznadelige Kr.; meist derb, feinkörnig, feinstengelig, eingesprengt trigonal	begleitet gediegenes Gold Sylvanit, Pyrit, Quarz u. a. —	**ged. Tellur** Te Fata Bai, Rumänien
365	dunkelbleigrau, schwarz dunkelgrau, glänzend	metallisch, matt opak	2 bis 2,5 6,1 bis 6,3	undeutlich hakig, schneidbar, geschmeidig, biegsam	würfelige, oktaedrische, dodekaedrische Kr.; eingesprengt, plattig, pulverig, rußähnlich, gestrickt, derb monoklin	als Pseudomorphose nach Silber, auf Silbererzlagerst. Silber, Pyrargyrit, Proustit, Galenit u. a. Chalkosin	**Argentit** Ag_2S (Silberglanz) Freiberg, Erzgebirge
366	bleigrau grauschwarz, matt	metallisch, matt opak	2,5 7,2 bis 7,6	vollkommen, Würfel spätig, spröde bis mild	kubooktaedrische Kr.; derb, körnig, dicht, eingesprengt, gestrickt, plattenförmig kubisch	auf hydrothermalen Erzg., metasomatisch in Kalkstein u. Dolomit, sedimentär Sphalerit, Chalkopyrit, Tetraedrit, Arsenopyrit, Pyrit Antimonit, Bournonit	**Galenit** PbS (Bleiglanz) Joplin, Missouri, USA
367	bleigrau bis schwarz dunkelgrau, schwarz	metallisch opak	2 bis 2,5 4,6 bis 4,7	vollkommen mild, unelastisch, biegsam, muschelig	langsäulige, nadelige, spießige, haarige, oft längsgestreifte Kr.; derb, stengelig, faserig, strahlig in Büscheln, haarig verfilzt, körnig, dicht rhombisch	auf Erzg., auf Quarzg., metasomatisch in Kalkstein Baryt, Siderit, Pyrit, gediegenes Gold, Realgar, Auripigment, Quarz u. a. Bismuthin, Pyrolusit, Galenit	**Antimonit** Sb_2S_3 (Antimonglanz, Grauspießglanz, Stibnit) Ichinokawa Mine, Japan
368							**Antimonit** Sb_2S_3 (Antimonglanz, Grauspießglanz, Stibnit) Capnic (Kapnik) Rumänien

361	362
1	1
363	364
−1/2	+1/2
365	366
1	1
367	368
−2/3	−2/3

Nr.	Farbe / Strich	Glanz / Transparenz	Härte / Dichte	Spaltbarkeit / Bruch u. a. phys. Merkm.	Ausbildung, Aggregate / Kristallsystem	Vorkommen / Begleitminerale / ähnliche Minerale	Name und chemische Formel / Fundort
369	bleigrau, stahlgrau / hellgrau, glänzend	metallisch / opak	2,5 bis 3 / 8,1 bis 8,8	undeutlich / spröde bis schneidbar	verzerrte, würfelähnliche Kr.; meist derb, körnig / monoklin, >155° kubisch	auf hydrothermalen Erzlagerst. / gediegenes Gold, Tellur, Nagyagit, Pyrit, Sylvanit u. a. / —	**Hessit** Ag_2Te (Tellursilber) / Boţeşti (Botesbanya), Rumänien
370	weißgrau, dunkelgrau / dunkelgrau, glänzend	metallisch / opak	2,5 bis 3 / 5,5 bis 5,8	undeutlich / muschelig, mild	dicktafelige, kurzsäulige, nadelige Kr.; derb, dicht, feinkörnig, massig, eingesprengt, erdig, Anflüge / rhombisch, >103° hexagonal	auf hydrothermalen Erzg., auch sedimentär in Sandstein u. Tuffen / Chalkopyrit, Bornit, Covellin, Pyrit u. a. / Tetraedrit, Bornit, Argentit	**Chalkosin** Cu_2S (Kupferglanz) / Redruth, Cornwall, England
371	dunkel rötlichgrau, braunrot, violett / schwarz	metallisch / opak	2,5 bis 3 / 4,5	— / spröde	nur derb, feinkörnig, Kr. nicht bekannt / kubisch	selten auf Erzg. / Sphalerit, Pyrit, Tetraedrit, Bornit / Bornit, Enargit	**Germanit** $Cu_3(Fe,Ge)S_4$ / Tsumeb, Südwestafrika
372	bleigrau bis schwarz / dunkelgrau	metallisch / opak	2,5 bis 3 / 7,6 bis 7,8	sehr gut / mild	keine Kr.; nur derb, feinkörnig / kubisch	auf hydrothermalen Erzlagerst. / gediegenes Gold, Haematit, Calcit, Dolomit, Baryt / Galenit	**Clausthalit** $PbSe$ / Falun, Kopparberg Svealand, Schweden
373	schwärzlichgrau bis schwarz / schwarz, glänzend	metallisch / opak	2,5 / 6,2 bis 6,3	schlecht / mild bis spröde, muschelig	dicktafelige, säulige Kr.; rosettenartige Gruppen, derb, eingesprengt, Anflüge / rhombisch	auf Silbererzg. / Silber, Argentit, Pyrargyrit, Galenit, Baryt, Fluorit u. a. / Argentit, Chalkosin	**Stephanit** $5Ag_2S \cdot Sb_2S_3$ (Sprödglaserz) / Jáchymov (Joachimsthal), Böhmen
374	schwärzlichgrau / dunkelgrau, schwarz	metallisch / opak	2,5 bis 3 / 5,7	deutlich / mild	pyramidale, nadelige, gestreifte Kr.; oft verzerrt, nadelige, faserige, seidige A. / monoklin	auf Blei-Zinkerzlagerst. / — / Jamesonit, Boulangerit	**Heteromorphit** $11PbS \cdot 6Sb_2S_3$ / Příbram, Böhmen
375	stahlgrau, dunkelgrau / grauschwarz	metallisch / opak	2 bis 2,5 / 5,5 bis 5,7	deutlich / mild	langnadelige, feinhaarige, spießige Kr.; radialfaserige, büschelige, verfilzte A.; derb, dicht, federartig / monoklin	auf hydrothermalen Erzg. / Galenit, Bournonit u. a. / Boulangerit, Heteromorphit, Antimonit	**Jamesonit** $4PbS \cdot FeS \cdot 3Sb_2S_3$ (Federerz) / Cornwall, England
376	grauschwarz / schwarz	metallisch / opak	2,5 / 5,9 bis 6,1	deutlich / spröde	tafelige, prismatische Kr.; radialfaserige, kugelige A.; Krusten / monoklin	auf Bleierzlagerst. / Galenit, Sphalerit u. a. / —	**Semseyit** $9PbS \cdot 4Sb_2S_3$ / Herja (Chiuzbaia, Kisbánya), Rumänien

369	370
−1/2	1
371	372
−3/4	−1/2
373	374
+2	1
375	376
1	1

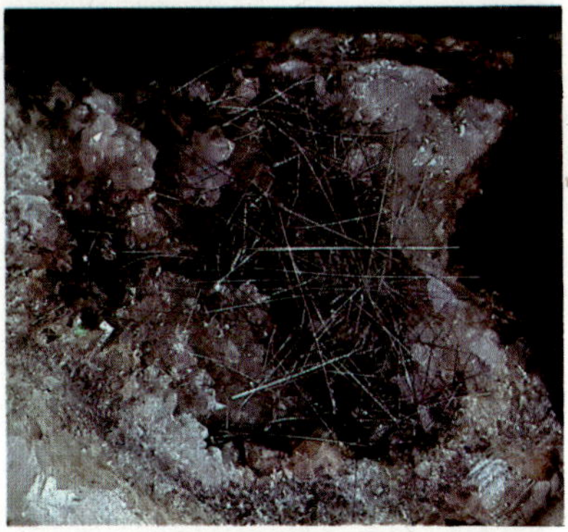

Nr.	Farbe Strich	Glanz Transparenz	Härte Dichte	Spaltbarkeit Bruch u. a. phys. Merkm.	Ausbildung, Aggregate Kristallsystem	Vorkommen Begleitminerale ähnliche Minerale	Name und chemische Formel Fundort
377	schwärzlichgrau schwarz	metallisch opak	2,5 5,4	— lamellar teilbar, mild bis spröde, hämmerbar	lamellar-zylindrische, schalige A.; zylindrische Büschel, sphäroidisch rhombisch	auf hydrothermalen Silber-Zinnerzg. Cassiterit, Stannin, Sphalerit, Pyrit, Jamesonit —	**Kylindrit** $Pb_3Sn_4Sb_2S_{14}$ (Cylindrit) Poopo, Bolivien
378	bleigrau, schwärzlichgrau schwarz	metallisch, matt, seidenartig opak	2,5 5,8 bis 6,2	deutlich biegsam, spröde	langsäulige, nadelige, gestreifte Kr.; faserige, strahlige, federartige A.; derb, dicht monoklin	auf hydrothermalen Erzg. Antimonit, Galenit, Sphalerit, Arsenopyrit, Pyrit u. a. Jamesonit, Heteromorphit, Antimonit	**Boulangerit** $5PbS.2Sb_2S_3$ Příbram, Böhmen
379	grau, grauschwarz schwarz	metallisch, halbmetallisch, schillernd opak	2 bis 7 5	— spröde	strahlig, faserig, nadelig, haarig, derb, strahlig-krist. Massen, dicht, erdig, nierig, zapfig, locker tetragonal	in der Oxidationszone von Manganerzen, hydrothermal auf Erzg., sedimentäre Lagerst. Psilomelan, Manganit, Braunit u. a. —	**Pyrolusit** MnO_2 (Graubraunstein) Příbram, Böhmen
380	zinnweiß, bleigrau, schwarz anlaufend schwarz	metallisch, matt opak	3 5,7	vollkommen spröde, schalig	meist krummschalige, nierige, dichte Massen; schalig brechend, glaskopfig, knollig, plattig, derb, eingesprengt trigonal	auf Erzg. Silber, Galenit, Proustit, Sphalerit, Chloanthit, Nickelin, Fluorit, Baryt u. a. —	**ged. Arsen** As (Scherbenkobalt) St. Andreasberg, Harz
381	zinnweiß bis bleigrau bleigrau	metallisch opak	3,5 6,6	vollkommen spröde	tafelige, würfelähnliche Kr.; meist derb, körnig-spätig, blättrig, nierig, eingesprengt trigonal	auf Erzg. Antimonit, Allemontit u. a. Allemontit, Dyskrasit	**ged. Antimon** Sb Allemont, Frankreich
382	bleigrau grauschwarz	metallisch opak	3 bis 4 4,5 bis 5	— uneben, spröde	tetraedrische, würfelige, dodekaedrische Kr.; derb, körnig, eingesprengt, dicht kubisch	auf hydrothermalen Silbererzg. Galenit, Chalkopyrit, Sphalerit, Pyrit, Argentit Bournonit, Tetraedrit	**Freibergit** $(Cu,Ag)_3(Sb,As)S_4$ (Silberfahlerz) Freiberg, Erzgebirge
383	bleigrau, schwarz grau	metallisch, fettartig opak	3 5,7 bis 5,9	undeutlich spröde bis mild, muschelig	tafelige, kurzsäulige, würfelähnliche, pyramidale Kr.; Durchwachsungszwillinge, derb, körnig, dicht, eingesprengt, Anflüge rhombisch	auf hydrothermalen Erzg. Galenit, Sphalerit, Chalkopyrit, Tetraedrit, Antimonit Tetraedrit, Boulangerit	**Bournonit** $2PbS.Cu_2S.Sb_2S_3$ (Rädelerz) Neudorf bei Quedlinburg, Harz
384	grau, gelblich, bronzegelb anlaufend schwarz	metallisch opak	4 4,3 bis 4,5	undeutlich spröde, muschelig	pseudokubische, tetraederähnliche Kr.; derb, feinkörnig, eingesprengt, dicht tetragonal	auf Erzg. Cassiterit, Tetraedrit, Arsenopyrit, Pyrit Chalkopyrit, Tetraedrit, Arsenopyrit	**Stannin** Cu_2FeSnS_4 (Zinnkies) Oruro, Bolivien

377	378
1	1
379	380
1	−3/4
381	382
+2	+1/2
383	384
+2	+2

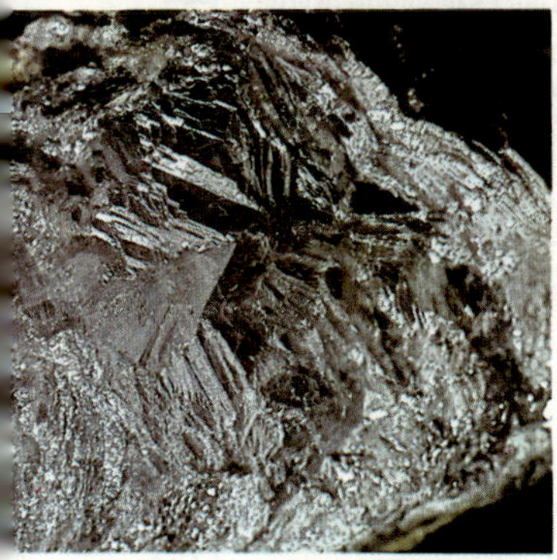

Nr.	Farbe Strich	Glanz Transparenz	Härte Dichte	Spaltbarkeit Bruch u. a. phys. Merkm.	Ausbildung, Aggregate Kristallsystem	Vorkommen Begleitminerale ähnliche Minerale	Name und chemische Form[el] Fundort
393	weiß, grau, gelblich, braun weiß, gelblich	Dgl. ds., dsch.	1 bis 2 6,4 bis 6,5	gut mild, schneidbar	tafelige, säulige, kurznadelige Kr.; derb, krustig, erdig, hornartig, dicht, Anflüge tetragonal	auf Quecksilbererzlagerst. Quecksilber, Cinnabarit, Baryt, Quarz —	**Kalomel** Hg_2Cl_2 (Quecksilberhornerz) Moschellandsberg, Pfalz
394	gelbbraun, grau, weißgrau weiß	Ggl., matt dsch.	2 1,6 bis 1,7	gut mild	dachförmige, sargähnliche, tafelige, nur eingewachsene Kr. rhombisch	in Düngergruben u. Kanälen, in Guano — —	**Struvit** $NH_4Mg[PO_4] \cdot 6H_2O$ Hamburg, Deutschland
395	weiß, grau, graurosa weiß	Pgl. dsch.	3 bis 3,5 3	sehr gut spröde, zerbrechlich	dünntafelige, blättrige, pseudohexagonale Kr.; derb, schuppig, körnig-blättrig, eingesprengt monoklin	in Chloritschiefern, auf Smirgellagerst. Korund, Magnetit, Rutil, Smaragd —	**Margarit** $CaAl_2[(OH)_2\|Al_2Si_2O_{10}]$ (Perlglimmer, Kalkglimmer) Zillertal, Tirol
396	weiß, grau, gelblich, bräunlich weiß	matt uds.	1 bis 2 2,5 bis 2,6	— mild, quillt in Wasser	nur derb; dichte, erdige, zerreibliche Massen monoklin	aus Montmorillonit bestehender Ton, sedimentär — Kaolinit, Pyrophyllit	**Bentonit** $Al_2Mg(OH)_2 [Si_4O_{10}] (Ca,Na)_x \cdot 4H_2O$ (Bleicherde) Rock River, Wyoming, USA
397	weiß, gelb, grauweiß weiß	Pgl., Silbergl. dsch.	1 2,5 bis 2,6	sehr gut mild, biegsam, fettig	pseudohexagonale, dünnblättrige Kr.; feinschuppig, derb, dicht, erdig, locker monoklin	hydrothermal auf Zinnerzlagerst., auf Erzg. — Pyrophyllit, Sericit, Talk	**Nakrit** $Al_4[(OH)_8][Si_4O_{10}]$ (Steinmark) Brand-Erbisdorf, Sachsen
398	gelblich, weiß, grau, grünlich weiß	Sgl., Ggl., dsch.	1 bis 2,5 2,6	gut mild bis spröde	derbe Massen, radialblättrige, kugelige, sternförmige, konzentrisch-schalige A.; körnig monoklin	Gemenge: teils Nakrit u. Kaolinit, teils Muskovit, auch Sericit; Pseudomorphosen nach Topas, auf Zinnerzlagerst., in Granit Fluorit —	**Gilbertit** $Al_4[(OH)_8][Si_4O_{10}],KAl_2[(OH, F)_2\|AlSi_3O_{10}]$ St. Just, Cornwall, England
399	grau, weiß, gelblich, bräunlich weiß	matt dsch., uds.	1 bis 2 2,1 bis 2,3	— mild, biegsam	feinfaserig, filzig, kryptokrist. monoklin oder rhombisch	Verwitterungsprodukt des Serpentins Chalcedon, Opal, Chlorit, Magnesit —	**Palygorskit** $(Mg,Al)_2[OH\|Si_4O_{10}] \cdot 4H_2O$ (Bergleder, Bergkork) Lovinobaňa, Slowakei
400	olivgrün, schwärzlichgrün, grauschwarz grünlichgrau	matt, Pgl. uds.	2,5 3,2	gut mild	derb, feinkörnig, dicht, feinschuppig, oolithisch, kryptokrist. monoklin	auf sedimentären Lagerst., in Chloritschiefern Limonit, Magnetit, Granat Chamosit	**Thuringit** $(Fe^2,Fe^3,Al)_3[(OH)_2\|Al_2Si_2O_{10}](Mg,Fe^2,Fe^3)_3(O,OH)_6$ Šternberk, Mähren

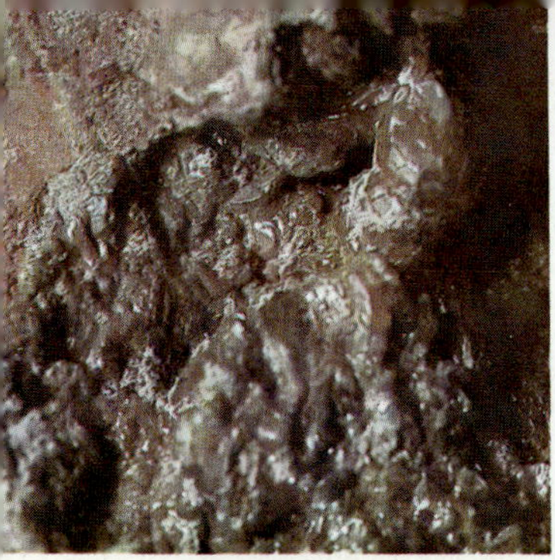

393	394
+1/2	1
395	396
−1/2	−1/2
397	398
−1/2	−1/2
399	400
−2/3	−2/3

Nr.	Farbe Strich	Glanz Transparenz	Härte Dichte	Spaltbarkeit Bruch u. a. phys. Merkm.	Ausbildung, Aggregate Kristallsystem	Vorkommen Begleitminerale ähnliche Minerale	Name und chemische Formel Fundort
401	weiß, gelblich, grau, braun, schwarz weiß	Dgl., fettartig ds., dsch.	3 bis 3,5 6,4 bis 6,6	undeutlich muschelig, spröde	säulige, tafelige, nadelige Kr.; Zwillinge, Drillinge, sternförmige Gruppen, derb, nierig, dicht rhombisch	in der Verwitterungszone von Bleierzg. — Anglesit, Phosgenit, Baryt, Scheelit s. Nr. 321	**Cerussit** $PbCO_3$ (Weißbleierz) Oloví (Bleistadt), Böhmen
402	farblos, weiß, grau, schwärzlich, grünlich weiß	Dgl., fettartig ds., dsch.	3 6,1 bis 6,4	gut muschelig, spröde	tafelige, kurzprismatische, säulige, nadelige Kr.; derb, körnig, nierig, krustig, erdig rhombisch	in der Oxidationszone von Bleierzlagerst. Limonit, Cerussit, Galenit Cerussit, Baryt, Scheelit	**Anglesit** $PbSO_4$ (Vitriolbleierz) Monteponi, Sardinien
403	braun, grau, gelblich, grünlich weiß	Pgl., bronzeartig ds., dsch.	2,5 bis 3 2,7 bis 2,9	vollkommen biegsam, blättrig	pseudohexagonale, dünntafelige, kurzprismatische Kr.; grobschuppige, blättrige A.; monoklin	in Pegmatiten, in metamorphem Kalkstein u. Dolomit, in Serpentin, auf Apatitgängen — Biotit, Muskovit	**Phlogopit** $KMg_3[(F,OH)_2 \vert AlSi_3O_{10}]$ (Magnesiaglimmer) Ampandandrava, Madagaskar
404	grau, grünlichgrau, bräunlich, grünlichschwarz graugrün	Ggl., matt uds.	3 3	gut uneben	dicht, körnig, derb, oolithisch, konzentrisch-schalig monoklin	sedimentäre Lagerst. Limonit, Magnetit, Siderit, Calcit u. a. Thuringit	**Chamosit** $(Fe^{2}Fe^{3})_3[(OH)_2 \vert AlSi_3O_{10}](Fe,Mg)_3(O,OH)_6$ Nučice, Böhmen
405	farblos, weiß, grau, gelblich, schwärzlich weiß	Ggl., matt dsch., ds.	3,5 bis 4 3	vollkommen muschelig, spröde	rhomboedrische Kr.; derb, nierig, knollig, grobkörnig, spätig, dicht trigonal	metasomatische Lagerst. nach Kalkstein u. Dolomit, in Serpentin, in Talkschiefern — Ankerit, Calcit, Dolomit	**Magnesit** $MgCO_3$ (Pinolit, Bitterspat) Trieben, Steiermark
406	braunrot, grau bis schwarz, bräunlichgrün gelbbraun, orangegelb	Dgl., Ggl., fettig, matt uds.	3,5 5,7 bis 6,2	— muschelig, spröde	säulige, pyramidale, tafelige Kr.; radialstrahlige A.; krustig, traubig, warzig, Überzüge rhombisch	in der Oxidationszone von Erzg. Pyromorphit, Vanadinit, Cerussit, Mimetesit, Limonit —	**Descloizit** $Pb(Zn,Cu)[OH \vert VO_4]$ Total Wreck Mine, Arizona, USA
407	lauchgrün, grau, schwärzlich hellgrau	Ggl., fettig, matt ds., dsch.	3,5 bis 4 3,1 bis 3,8	gut splittrig, spröde	kurzsäulige, pyramidale, tafelige, nadelige Kr.; kugelige A.; nierig, stengelig, faserig, feinkörnig, dicht rhombisch	Verwitterungsprodukt von Eisenarsenmineralen, in Limonithöhlen Arsenopyrit Pharmakosiderit	**Skorodit** $Fe[AsO_4].2H_2O$ Grube Graul bei Schwarzenberg, Sachsen
408	weißlichgrau, gelblichgrau, braun weiß	Ggl., Pgl., Sgl. dsch.	5 bis 5,5 2,8 bis 3,5	sehr gut spröde	feinfaserig, feinnadelig, haarig, derb, knollig rhombisch	in metamorphen Gest., in Glimmerschiefern — Chrysotil s. Nr. 345	**Anthophyllit** $(Mg,Fe)_7[OH \vert Si_4O_{11}]_2$ (Anthophyllit-Asbest) Massachusetts, USA

401	402
1	1
403	404
−1/2	−1/2
405	406
−1/2	−1/2
407	408
1	−1/2

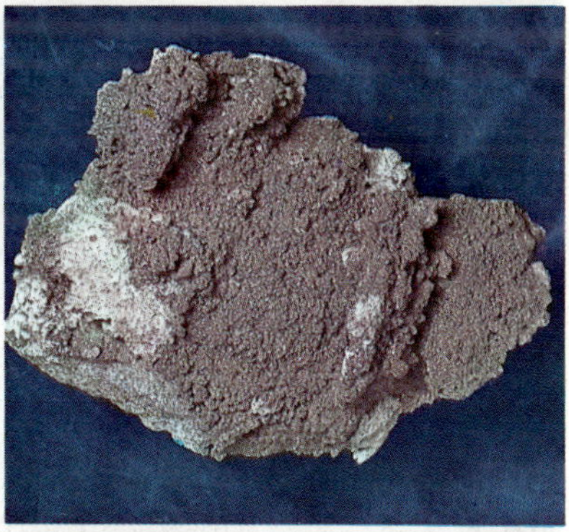

Nr.	Farbe Strich	Glanz Transparenz	Härte Dichte	Spaltbarkeit Bruch u. a. phys. Merkm.	Ausbildung, Aggregate Kristallsystem	Vorkommen Begleitminerale ähnliche Minerale	Name und chemische Formel Fundort
409	gelbbraun, grau, schwarz, bunt anlaufend rostbraun, gelb	glasartig, seidig, fettig, matt uds.	5 bis 5,5 auch weicher 3,6 bis 3,7	– muschelig, faserig	kryptokrist., faserig, stengelig, nierig, zapfig, kugelig, schalig, stalaktitisch, oolithisch, traubig, derb, erdig, locker, Pseudomorphosen nach Pyrit, Siderit u. anderen eisenhaltigen Mineralen rhombisch	als Verwitterungsprodukt auf allen Eisenerzlagerst., sedimentäre Lagerst., auf hydrothermalen Gängen Pyrolusit, Haematit, Chalcedon u. a. Haematit s. Nr. 482	**Limonit** überwiegend ein kryptokrist. Gemenge von Goethit (α-FeOOH) und seltener Lepidokrokit (γ-FeOOH) (Brauneisenerz, Brauner Glaskopf) Herdorf, Siegerland
410							**Limonit** Elba, Italien
411	weiß, gelb, rot, grün, grau, bläulich weiß	Ggl., fettig dsch.	5 4,3 bis 4,5	sehr gut spröde	kleine, rhomboedrische Kr.; derb, traubig, nierig, feinkörnig, dicht, Sinterkrusten trigonal	metasomatisch in Kalk- u. Dolomitgest., auf Zinkerzlagerst. – Hemimorphit s. Nr. 280	**Smithsonit** $ZnCO_3$ (Zinkspat, Galmei) Laurion, Griechenland
412	grau, grünlich, bräunlich weiß	Ggl., Pgl. dsch., uds.	5,5 3,1 bis 3,3	deutlich uneben	säulige, dicktafelige, nadelige Kr.; derb, körnig, spätig rhombisch	Gesteinsgemengteil in Serpentinit, auf pegmatitischen Apatitgängen Apatit, Phlogopit, Olivin, Bronzit Apatit, Hypersthen	**Enstatit** $Mg_2[Si_2O_6]$ (Pyroxengruppe) Bamle bei Oedegården, Norwegen
413	braun, grau, grün, schwarz weiß	Ggl., Pgl., Sgl., metallartig uds.	5 bis 6 3,5 bis 3,7	gut gestreifte Spaltflächen	säulig, tafelig, blättrig, körnig, derb rhombisch	Gesteinsgemengteil in basischem Gest., in krist. Schiefern, in vulkanischen Auswürflingen Olivin, Enstatit Enstatit, Diallag	**Hypersthen** $(Fe,Mg)_2[Si_2O_6]$ St. Paul Insel, Labrador
414	weiß, hellgrau, grünlich weiß	Ggl., seidig dsch.	5 bis 6 2,9 bis 3	sehr gut spröde	nadelig, faserig, haarig, strahlig, derb, asbestartig monoklin	in metamorphem Kalkstein u. Dolomit, in Talkschiefern – Chrysotil, Pektolith, Wollastonit	**Tremolit** $Ca_2Mg_5(OH,F)_2[Si_4O_{11}]_2$ (Amphibolgruppe) Aosta, Piemont, Italien
415	grau, braun, gelblich, grün, rosarot weiß	Ggl., Pgl., seidig dsch., uds.	5,5 bis 6 3,2 bis 3,4	sehr gut uneben	langsäulig, nadelig, stengelig, faserig, blättrig, radialstrahlig rhombisch	in metamorphem Gest., in krist. Schiefern, in Graniten, auf Erzg. – Bronzit	**Gedrit** $(Mg,Fe)_6Al_2[OH\|(Al,Si)Si_3O_{11}]_2$ (Amphibolgruppe) Gèdres, Pyrenäen
416	grau, braun, weiß, blau, schwärzlich weiß	Ggl., Fgl. ds., dsch.	5,5 bis 6 2,2 bis 2,4	sehr gut muschelig	säulige, dodekaedrische Kr.; derb, körnig kubisch	in Ergußgest., Phonoliten, Basalten, in vulkanischen Auswürflingen Leucit, Nephelin Sodalith, Haüyn	**Nosean** $Na_8[SO_4\|(AlSiO_4)_6]$ Laacher See, Eifel

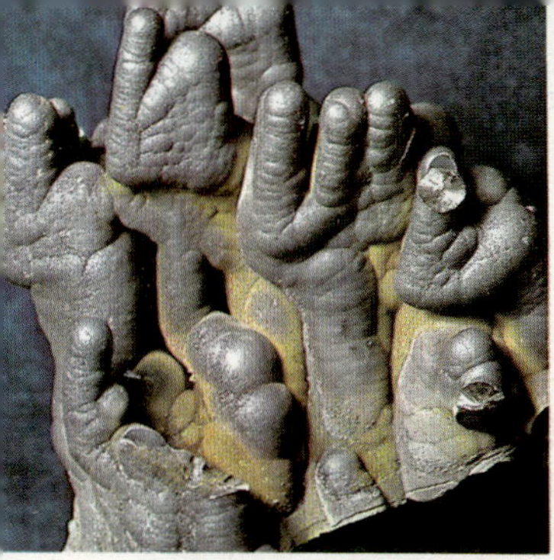

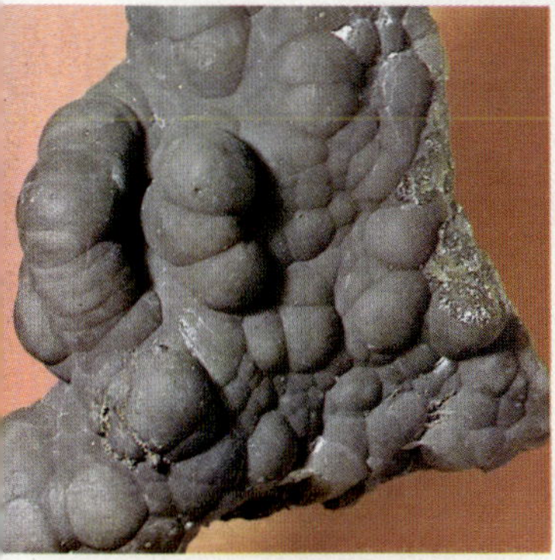

409	410
−1/2	−1/2
411	412
−1/2	−1/2
413	414
−2/3	−2/3
415	416
−2/3	+1/2

Nr.	Farbe Strich	Glanz Transparenz	Härte Dichte	Spaltbarkeit Bruch u. a. phys. Merkm.	Ausbildung, Aggregate Kristallsystem	Vorkommen Begleitminerale ähnliche Minerale	Name und chemische Form[el] Fundort
417	grau, gelblich, rötlich weiß	Ggl., fettig dsch.	6 3,8 bis 4,3	gut muschelig, splittrig	säulige, nadelige Kr.; derb, fein- bis grobkörnig hexagonal	manganhaltige Willemit-Varietät, auf Zinkerzlagerst. Zinkit, Franklinit –	**Troostit** $(Zn,Mn)_2[SiO_4$ Sterling Hill, bei Ogdensburg, New Jersey, USA
418	gelb, grün, braunrot, grau bis schwarz weiß	Ggl., metallisch schimmernd dsch., uds.	6,5 4,2	ziemlich gut muschelig	dicktafelige, kurzsäulige Kr.; körnig, dicht rhombisch	in Pegmatiten, auf Zinnerzg., in Obsidian – –	**Fayalit** $Fe_2[SiO_4]$ (Olivingruppe) Insel Fayal, Azoren
419	farblos, weiß, gräulich weiß	Ggl. ds., trüb	6,5 2,9	– muschelig	selten würfelige Kr., meist derb grobkörnig, unregelmäßige Körner kubisch	in Granitpegmatiten Beryll, Petalit Hyalit, Quarz	**Pollucit** $(Cs,Na)[AlSi_2O_6]H_2O$ (Pollux) San Piero in Campo, Elba, Italien
420	grau, bräunlich, rötlich, gelblich weiß	Ggl., Pgl. dsch., uds.	6 bis 6,5 2,5	sehr gut uneben, spröde	tafelige, leistenförmige Kr.; nur eingewachsen monoklin	Gemengteil in Ergußgest. Quarz, Biotit, Amphibol, Nephelin Orthoklas, Plagioklas	**Sanidin** $K[AlSi_3O_8]$ (Feldspatgruppe) Drachenfels, Pfälzer Wald
421	farblos, weiß, grüngrau, grau, blau weiß	Ggl., Pgl. ds., dsch.	5 bis 6 2,7	deutlich –	kurzprismatische, dicksäulige, stengelige Kr.; körnig, faserig, strahlig, dicht tetragonal	in metamorphem Gest., als vulkanische Auswürflinge – Feldspäte, Spodumen s. Nr. 87	**Mejonit** $Ca_8[(Cl_2,SO_4,CO_3)\|(Al_2Si_2O_8)_6]$ (Skapolithgruppe) Vesuv, Italien
422 423	grau, graubläulich, graugelblich weiß	Ggl., seiden., matt dsch.	6 bis 7 2,5 bis 2,6	– muschelig	faserig bis kryptokrist., nierig, kugelig, traubig, schalig, stalaktitisch, glaskopfartig, Krusten, Knollen, Konkretionen, Mandelfüllung, feinfaserig, feinstrahlig trigonal	mikro- bis kryptokrist. Quarz gelförmiger Entstehung, in Klüften u. Hohlräumen von basaltischen Gest., auf Erzg. Quarz, Zeolithe, Calcit Prehnit s. Nr. 501	422: **Chalcedon** SiO_2 Tri Vody, Slowakei 423: **Chalcedon** SiO_2 Grákollur (Berg), Reyđarfjörđur, Island
424	grau, graubraun bis schwarz weiß	Fgl., matt dsch., uds.	7 2,5 bis 2,6	– muschelig, splittrig	knollige, plattige Konkretionen, oft mit weißer Verwitterungsrinde, dicht amorph	in Sedimentgest., in Schreibkreide – –	Opal-Varietät **Feuerstein** $SiO_2 \cdot n\,H_2O$ (Flint) Insel Rügen

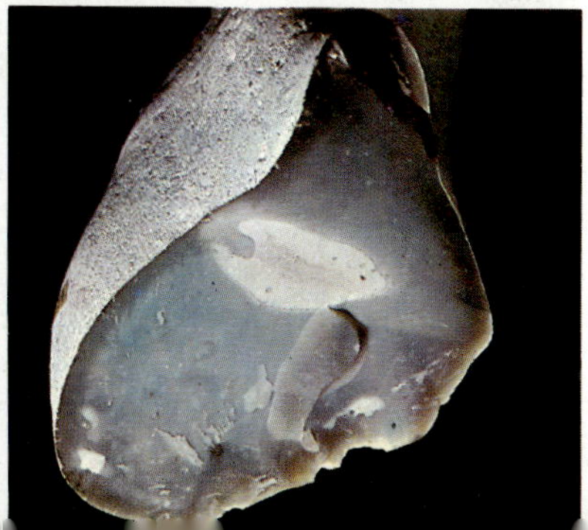

417	418
+2	1
419	420
+1/2	1
421	422
1	−1/2
423	424
+6	−1/2

Nr.	Farbe Strich	Glanz Transparenz	Härte Dichte	Spaltbarkeit Bruch u. a. phys. Merkm.	Ausbildung, Aggregate Kristallsystem	Vorkommen Begleitminerale ähnliche Minerale	Name und chemische Formel Fundort
425	stahlgrau, schwarz schwarz	halbmetallisch, schillernd, matt uds.	7 4,8 bis 5	deutlich uneben, spröde	rhomboederähnliche, kleine Kr.; derb, feinkrist., faserig, körnig, dicht tetragonal	idiomorpher Pyrolusit, auf Manganerzlagerst. – – s. Nr. 379	**Polianit** MnO_2 Schneeberg, Erzgebirge
426	grau, rötlichgrau, bräunlich weiß	Ggl., fettig, matt dsch., uds.	7 3,1 bis 3,2	gut bis undeutlich uneben, spröde	dicksäulige bis nadelige Kr.; körnig, derb, stengelig, strahlig, faserig rhombisch	in metamorphem Gest., in Glimmerschiefern u. Gneisen in Pegmatiten Granat, Turmalin, Rutil, Quarz Turmalin	
427	farblos, gelblich, dunkelbraun, grau weiß	Ggl., Fgl. ds., dsch.	7 bis 7,5 2,9 bis 3	undeutlich muschelig	säulige Kr.; körnig, derb rhombisch	pneumatolytisch in Dolomit, in Gneis, in alpinen Klüften, in vulkanischen Auswürflingen – Topas, Datolith	
428	graubraun, gelblich, rötlich, bläulich weiß	Ggl., fettig, matt ds., dsch.	9 3,9 bis 4,1	teilbar (Absonderung) muschelig, splittrig	säulige, tonnenförmige, dicktafelige Kr.; körnig, derb, dicht trigonal	in Pegmatiten, in krist. Schiefern, in metamorphem Kalkstein, Dolomit, Syenit u. Basalt – Zirkon, Spinell, Apatit, Topas s. Nr. 512	

Schwarze, metallisch glänzende Minerale *Härte 3 – 4*

429	tombakbraun, rot bis schwarz, bunt angelaufen schwarz	metallisch opak	3 4,9 bis 5,3	– muschelig, spröde bis mild	würfelige, kubooktaedrische, dodekaedrische Kr.; derb, plattenförmige Massen, körnig, dicht, Überzüge kubisch	auf Kupfererzg. Chalkopyrit, Pyrit, Chalkosin Pyrrhotin, Nickelin (frisch), Chalkosin, Chalkopyrit, Covellin (angelaufen)	**Bornit** Cu_5FeS_4 (Buntkupferkies) Messina, Transvaal, Südafrikanische Union
430	schwarz schwarz	metallisch opak	3 7,7 bis 7,8	– spröde	kleine, tetraedrische, dodekaedrische Kr.; pulverig, Überzüge kubisch	auf Quecksilbererzlagerst. Cinnabarit –	**Metacinnabarit** HgS Idrija, Slowenien
431	grau bis schwarz schwarz	metallisch opak	3 bis 4 4,5 bis 5	– muschelig, spröde	tetraedrische, dodekaedrische, aufgewachsene Kr.; derb, körnig bis dicht kubisch	auf hydrothermalen Erzg. Galenit, Pyrit, Bornit, Chalkopyrit, Sphalerit, Siderit, Quarz Chalkosin, Bournonit, Tennantit s. Nr. 483	**Tetraedrit** $(Cu,Zn,Ag,Fe)_3(Sb,As)S_{3-4}$ (Antimonfahlerz) Capnic (Kapnik), Rumänien
432	dunkelgrau, schwarz, bunt angelaufen schwarz	metallisch opak	3 6,4	sehr gut muschelig	dünn- bis dicktafelige Kr.; mit Zwillingsstreifung; kugelige, nierige Massen monoklin	auf Erzg., in Dolomit Realgar, Sphalerit, Galenit, Pyrit u. a. –	**Jordanit** $5 PbS . As_2S_3$ Binnental, Wallis, Schweiz

425	426
−1/2	−1/2
427	428
−1/2	1
429	430
−1/2	+2
431	432
+4	+4

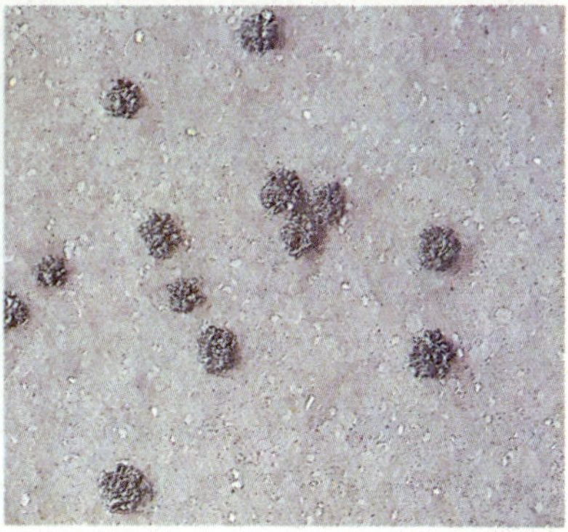

Nr.	Farbe Strich	Glanz Transparenz	Härte Dichte	Spaltbarkeit Bruch u. a. phys. Merkm.	Ausbildung, Aggregate Kristallsystem	Vorkommen Begleitminerale ähnliche Minerale	Name und che- mische Forme Fundort
433	schwarz schwarz	metallisch, fettartig, matt opak	5,5 5,2	unvollkommen muschelig, spröde, magnetisch	oktaedrische, dodekaedrische Kr.; derb, dicht, massig, grob- u. feinkörnig, eingesprengt kubisch	selbständige Lagerst., in krist. Schiefern, in Basalten, in alpinen Klüften – Ilmenit, Chromit, Haematit	**Magnetit** Fe_3O_4 (Magneteisenerz) Alto Adige, Italien
434	schwarz rötlichbraun, braun	metallisch, halbmetallisch uds., dsch.	5,5 4,8 bis 4,9	sehr gut uneben, spröde	spitzpyramidale, pseudooktaedrische Kr.; derb, körnig, spätig tetragonal	auf metasomatischen u. hydrothermalen Erzg., in Kalkstein u. Dolomit Pyrolusit, Psilomelan, Braunit Magnetit, Braunit, Pyrolusit	**Hausmannit** Mn_3O_4 Ilmenau, Thüringen
435	schwarz, stahlgrau, rötlichbraun, rot, bunt angelaufen kirschrot, rötlichbraun	metallisch bis matt opak	5,5 bis 6,5 5,2 bis 5,3	– uneben, spröde, schalige Absonderung	rhomboedrische, tafelige, linsenförmige Kr.; blättrige, schuppige A.; rosettenartige Gruppen, derb, körnig, strahlig, säulig, dicht, erdig, massig, glaskopfartig trigonal	selbständige Lagerst., hydrothermal auf Erzg., in metamorphem Gest., metasomatisch, sedimentär, in alpinen Klüften, in Vulkankratern und Laven, als Pigment – Ilmenit, Magnetit, Chromit, Franklinit s. Nr. 201	**Haematit** Fe_2O_3 (Hämatit, Eisenglanz, Roteisenerz, Specularit) Rio Marina, Elba, Italien
436							**Haematit** Fe_2O_3 (Eisenrose) Gotthardgebiet, Schweiz
437							**Haematit** Fe_2O_3 (Eisenglimmer) Donovaly, Slowakei
438	braun, schwarz, grau, gelb weiß, gelb, hellbraun	Dgl., metallartig dsch., uds.	6 bis 7 6,8 bis 7,1	undeutlich muschelig, spröde	kurzsäulige, spitzpyramidale, nadelige Kr.; Zwillinge, sog. „Visiergraupen“, derb, nierig, schalig, körnig, faserig, dicht, glaskopfartige Massen tetragonal	in Pegmatiten, in Graniten (Gneisen) Wolframit, Fluorit, Topas, Zinnwaldit, Scheelit, Molybdänit, Apatit, Quarz Turmalin, Sphalerit, Ilmenit, Wolframit, Magnetit, Rutil, Granat	**Cassiterit** SnO_2 (Zinnstein) Slavkov (Schlaggenwald), Böhmen
439							**Cassiterit** SnO_2 (Zinnstein) Slavkov (Schlaggenwald), Böhmen
440	schwarz bräunlichschwarz	metallisch, fettartig opak	6 bis 6,5 4,7 bis 4,8	deutlich spröde	oktaederähnliche Kr.; derb, dicht, körnig, krustig tetragonal	auf hydrothermalen, metasomatischen Gängen, in Kalkstein u. Dolomit, auf Erzlagerst. Hausmannit, Pyrolusit, Baryt, Calcit, Quarz Magnetit, Hausmannit, Franklinit	**Braunit** $MnMn_6[O_8\|SiO_4]$ Oehrenstock, Thüringen

433	434
−1/2	1
435	436
−1/2	+1/2
437	438
−1/2	+2
439	440
+2	1

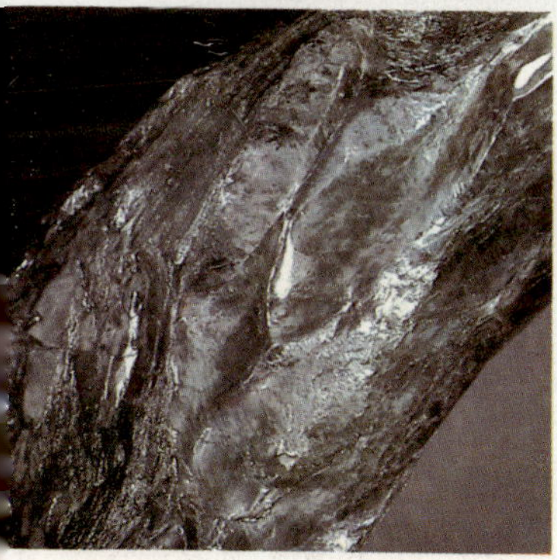

Nr.	Farbe Strich	Glanz Transparenz	Härte Dichte	Spaltbarkeit Bruch u. a. phys. Merkm.	Ausbildung, Aggregate Kristallsystem	Vorkommen Begleitminerale ähnliche Minerale	Name und chemische Formel Fundort
441	schwarz, stahlgrau schwarz, grau, glänzend	halbmetallisch, matt uds.	1 bis 2 2 bis 2,2	vollkommen biegsam, fettig	dünntafelige Kr.; blättrig, schuppig, derb, dicht, erdig, eingesprengt, dendritisch hexagonal	in metamorphen Gest., krist. Schiefern, in Kalkstein, in Pegmatiten Pyrit, Granat, Spinell Molybdänit	**Graphit** C Ceylon
442	schwarz, dunkelbraun schwarz, dunkelbraun	matt uds.	1 bis 2 2,3 bis 3,7	— —	kryptokrist., derb, schaumig, knollig, erdig, rußartig, schuppig, nierig, traubig, dendritisch, Überzüge amorph?	in der Oxidationszone von Manganerzlagerst. Psilomelan, Pyrolusit, Limonit, Siderit Asbolan	**Wad** $MnO_2 . n H_2O$ (Manganschaum, Manganomelan) Solnhofen, Fränkische Alb
443	schwarz, grau, grünlich bräunlichschwarz, dunkelgrün	Fgl., matt, halbmetallisch uds.	4 bis 6 9 bis 10,9	— muschelig, spröde, radioaktiv	selten würfelige, oktaedrische Kr.; derb, nierig, kugelig, schalig, glaskopfig, dicht kubisch	in Granit- u. Syenitpegmatiten, auf hydrothermalen Erzg., sedimentär Uranglimmer, Galenit, Molybdänit, Wismut, Baryt, Dolomit, Fluorit Thorianit, Psilomelan	**Uraninit** UO_2 mit (UO_3,Th,Pb) (Uranpecherz, Pechblende) Příbram, Böhmen
444	schwarz, dunkelbraun, grünlich weiß, grau	Ggl., Pgl., halbmetallisch ds., dsch.	2,5 bis 3 2,8 bis 3,2	vollkommen elastisch, biegsam, mild bis spröde	tafelige, säulige, pseudohexagonale Kr.; derb, blättrig, schuppig monoklin	Gesteinsgemengteil in Graniten, Pegmatiten, basischen Gest., Basalten, metamorphen Gest., in vulkanischen Auswürflingen — Vermiculit, Phlogopit	**Biotit** $K(Mg,Fe,Mn)_3[(OH,F)_2 \vert AlSi_3O_{10}]$ (Eisenglimmer) Krupka (Graupen), Böhmen
445	rot, gelb, braun, grau, grün, schwarz weiß, gelb, braun	Dgl., Fgl., halbmetallisch ds., uds.	3,5 bis 4 3,9 bis 4,2	sehr gut spröde	tetraedrische, dodekaedrische, würfelige Kr.; grob- u. feinkörnig, dicht, derb, faserig kubisch	auf Erzg. Galenit, Chalkopyrit u. a. — s. Nr. 142, 191, 315	**Sphalerit** ZnS (Zinkblende) Cumberland, England
446	grau bis schwarz grauschwarz, schwarz	halbmetallisch, matt uds.	3 bis 4 5,1	— muschelig, spröde	tetraedrische, dodekaedrische, würfelige Kr.; Zwillinge, derb, körnig, eingesprengt, dicht kubisch	auf hydrothermalen Erzg. Quecksilber, Cinnabarit, Chalkopyrit, Baryt Tennantit, Bournonit	**Schwazit** $(CuHg)_3SbS_4$ (Quecksilberfahlerz) Kogel bei Brixlegg, Tirol
447	dunkelbraun, schwarz weißlich, grau	Ggl., Pgl., halbmetallisch dsch.	3 bis 4 3,3	sehr gut uneben, spröde	kleine, prismatische Kr.; körnig rhombisch	in metamorphem Kalkstein Spinell, Magnetit, Serpentin —	**Warwickit** $(Mg,Fe)_3Ti[O \vert BO_3]_2$ (Enceladit) Edenville, New York, USA
448	schwarz, grünschwarz dunkelgrün	Ggl. dsch., uds.	3,5 bis 4 3,4	gut spröde	sechs- u. bisweilen dreieckige, pyramidale, tetraederähnliche Kr.; kugelige Gruppen; nierige A. monoklin, bisweilen trigonal	auf Erzg. Pyrit, Siderit, Calcit, Sphalerit, Limonit —	**Cronstedtit** $Fe_4Fe_2[(OH)_8 \vert Fe_2Si_2O_{10}]$ Příbram, Böhmen

441	442
−1/2	1
443	444
−1/2	1
445	446
1	+1/2
447	448
−1/2	1

Nr.	Farbe / Strich	Glanz / Transparenz	Härte / Dichte	Spaltbarkeit / Bruch u. a. phys. Merkm.	Ausbildung, Aggregate / Kristallsystem	Vorkommen / Begleitminerale / ähnliche Minerale	Name und chemische Formel / Fundort
449	schwarz, dunkelbraun / schwärzlichgrün	halbmetallisch / uds.	3,5 bis 4 / 3,9 bis 4	sehr gut / spröde	kleine, oktaedrische oder würfelige Kr.; derb, körnig, blättrig, eingesprengt / kubisch	auf Erzg. / Galenit, Sphalerit, Pyrit, Rhodonit, Rhodochrosit / –	**Alabandin** MnS (Manganblende) / Săcărâmb, Rumänien
450	schwarz / braunschwarz	halbmetallisch, matt / uds.	4,5 bis 5 / 5,4	– / spröde	glaskopfartige, nierig-traubige Massen; konzentrischschalige A. / tetragonal	in der Verwitterungszone von Manganerzlagerst. / – / Pyrolusit	**Coronadit** $Pb_2Mn_8O_{16}$ / Imini, Antiatlas, Marokko
451	schwarz, grau, braunschwarz / dunkelbraun	halbmetallisch, seidig / uds.	4 / 4,3 bis 4,4	vollkommen / uneben, spröde	säulige Kr.; stark gestreift, derb, körnig, strahlig, nadelig / rhombisch	auf hydrothermalen Erzg., sedimentär / Pyrolusit, Baryt, Calcit u. a. / Pyrolusit, Antimonit	**Manganit** MnOOH (Braunmanganerz) / Ilfeld, Harz
452	grüngrau, bräunlichgrün, schwarz / weiß, grau	Ggl., Pgl., halbmetallisch / dsch.	4 / 3,2 bis 3,3	sehr gut / –	derb, körnig, spätig, schalig, eingewachsen / monoklin	Gemengteil in basischen Gest.; chemisch Diopside u. Augite mit besonders guter Teilbarkeit / – / Bronzit, Hypersthen	**Diallag** $Ca(Mg,Fe)[Si_2O_6](Al,Fe,Ca)_2[(Si,Al)_2O_6]$ (Pyroxengruppe) / Diethendorf, Erzgebirge
453	schwarz, grauschwarz / dunkelbraun, schwarz	halbmetallisch, matt / uds.	4,5 bis 5 / 6,8 bis 7,5	gut / uneben, spröde	dicktafelige, kurzprismatische Kr.; derb, körnig / monoklin	auf hydrothermalen Erzg., auf Zinnerzlagerst. / Wolframit, Cassiterit u. a. / –	**Ferberit** $FeWO_4$ / Ehrenfriedersdorf bei Annaberg, Erzgebirge
454	bräunlichschwarz, gelblichbraun / gelblichbraun, rotbraun, grünlichgrau	halbmetallisch, Fgl. / dsch., uds.	4 bis 4,5 / 6,4 bis 7,1	sehr gut / uneben, spröde	tafelige, nadelige Kr.; blättrige, stengelige A. / monoklin	auf Zinnerzlagerst. / Wolframit, Cassiterit, Topas, Quarz u. a. / –	**Hübnerit** $MnWO_4$ / Slavkov (Schlaggenwald), Böhmen
455	schwarz, dunkelbraun / schwarz, braunschwarz	Fgl., metallisch / uds.	5 bis 5,5 / 7,1 bis 7,5	sehr gut / uneben, spröde	dicktafelige, kurzsäulige, prismatische, nadelige Kr.; derb, strahlig, stengelig, dünntafelig, eingesprengt / monoklin	auf Zinnerzlagerst., auf hydrothermalen Erzg. / Cassiterit, Scheelit, Molybdänit, Zinnwaldit, Fluorit, Topas, Turmalin	**Wolframit** $(Mn,Fe)WO_4$ / Cínovec (Zinnwald), Böhmen
456	schwarz / schwarzgrün	Ggl., seidig, matt / uds.	5 / 3,6 bis 4	– / spröde	derb, feinfaserig, strahlig, stengelig, wirrfaserig, dicht; palmettenförmige A. / rhombisch	metasomatisch in Kalkstein u. Dolomit, auf Magnetitlagerst. / – / –	**Ludwigit** $(Mg,Fe)_2Fe[O_2 \vert BO_3]$ / Moravita, Banat, Rumänien

449	450
−1/2	−1/2
451	452
+1/2	−1/2
453	454
+2	+1/2
455	456
−1/2	−1/2

Nr.	Farbe / Strich	Glanz / Transparenz	Härte / Dichte	Spaltbarkeit / Bruch u. a. phys. Merkm.	Ausbildung, Aggregate / Kristallsystem	Vorkommen / Begleitminerale / ähnliche Minerale	Name und chemische Formel / Fundort
457	schwarz, bräunlich-schwarz / braun	Ggl., Fgl., halbmetallisch / opak	5,5 / 4,5 bis 4,8	— / uneben, spröde	selten oktaedrische Kr.; dicht, körnig, derb, eingesprengt / kubisch	in ultrabasischen Gest., in Serpentiniten / Olivin, Bronzit u. a. / Magnetit, Franklinit, Hercynit	**Chromit** Cr_2FeO_4 (Chromeisenerz) / Gulsen bei Kraubath, Steiermark
458	schwarz / schwarzbraun	halbmetallisch, fettartig, matt / opak	5 bis 6 / 4,7	schalige Absonderung / muschelig, spröde	dicktafelige, plattige Kr.; dicht, körnig, derb, rosettenförmige Gruppen / trigonal	in basischen Eruptivgest., in alpinen Klüften, auf Seifen / Rutil, Haematit, Magnetit, Titanit, Apatit / Chromit, Magnetit, Haematit	**Ilmenit** $FeTiO_3$ (Titaneisenerz) / Fleschhorn, Schweiz
459	schwarz, rotbraun, gelblich / weiß, grau	Dgl., halbmetallisch, fettig / uds.	5,5 / 4	gut / muschelig	würfel- u. oktaederähnliche Kr.; derb, körnig, nierig, pseudokubisch / monoklin	in Pegmatiten, Basalten, krist. Schiefern, in metamorphem Kalkstein / — / —	**Perowskit** $CaTiO_3$ / Achmatow-Grube bei Slatoust, Ural
460	schwarz / schwarz, braun	halbmetallisch, Fgl., matt / uds.	4 bis 6 / 4,4 bis 4,7	— / uneben, spröde	kryptokrist., traubig, nierig, glaskopfartig, derb, stalaktitisch, dicht, faserig / monoklin	in der Oxidationszone von Manganerzlagerst., hydrothermal, sedimentär / Pyrolusit, Limonit, Siderit, Pyrit / Pyrolusit, Hausmannit	**Psilomelan** $(Ba,Mn)_3(O,OH)_6Mn_8O_{16}$ (Manganomelan, Hartmanganerz) / Příbram, Böhmen
461	braunschwarz / weißlichbraun	Ggl., halbmetallisch / uds.	5,5 bis 6,5 / 5,1 bis 6,3	— / uneben, spröde, muschelig	säulige, bipyramidale Kr.; körnig, massig / tetragonal	in Granitpegmatiten, auf Seifen / — / Columbit, Tantalit, Gadolinit	**Fergusonit** $YNbO_4$ / Ytterby bei Waxholm, Schweden
462	braun, schwarz / dunkelgelb, braungelb	Dgl., halbmetallisch, seidig / dsch., uds.	5 bis 5,5 / 3,3 bis 4,3	gut / spröde	dünnblättrige, nadelige Kr.; derb, körnig, blättrig, strahlig, faserig, glaskopfartig, erdig / rhombisch	in der Oxidationszone von Erzg., sedimentär / Haematit, Pyrit, Siderit, Galenit, Quarz / Manganit, Haematit, Lepidokrokit	**Goethit** α-FeOOH (Nadeleisenerz) / Příbram, Böhmen
463	gelb, braun, rötlich, grünlich, schwarz / weiß, grau	Ggl., Fgl. / ds., dsch.	5 bis 5,5 / 3,4 bis 3,6	undeutlich / muschelig, spröde	säulige, keilförmige, tafelige, nadelige Kr.; derb, körnig / monoklin	in alpinen Klüften, in krist. Schiefern, auf Magnetitlagerst. / — / Axinit s. Nr. 162, 339	**Titanit** $CaTi[O\vert SiO_4]$ (Sphen) / Arendal, Aust-Agder, Norwegen
464	braun, schwarz / grünlichgrau, braun	Ggl., Fgl. / dsch., uds.	6 / 4,1	undeutlich / muschelig	dicktafelige, säulige, nadelige Kr.; körnig, derb, eingesprengt / monoklin	in Graniten, Syeniten, Pegmatiten, in vulkanischen Auswürflingen / Feldspat, Quarz u. a. / Gadolinit, Fergusonit, Samarskit	**Allanit** $(Ca,Ce,La,Na)_2(Al,Fe,Be,Mg,Mn)_3[OH\vert(SiO_4)_3]$ (Orthit) / Březová, Böhmen

457	458
−1/2	1
459	460
+1/2	−1/2
461	462
−1/2	−1/2
463	464
+1/2	+1/2

Nr.	Farbe / Strich	Glanz / Transparenz	Härte / Dichte	Spaltbarkeit / Bruch u. a. phys. Merkm.	Ausbildung, Aggregate / Kristallsystem	Vorkommen / Begleitminerale / ähnliche Minerale	Name und chemische Formel / Fundort
465	schwarz, braunschwarz / braun	Ggl. / dsch.	5 bis 6 / 3,2	gut / muschelig	kurz- bis langsäulige Kr.; keine A. / monoklin	in Syeniten / Benitoit, Natrolith / —	**Neptunit** $Na_2FeTi[Si_4O_{12}]$ / San Benito County, Kalifornien, USA
466	braun, dunkelgrau, schwärzlichgrün, schwarz / weiß, grau	Ggl. / uds.	5 bis 6 / 3,5 bis 3,6	deutlich / spröde	stengelige, nadelige Kr.; körnig, spätig, derb, dicht / monoklin	in metamorphen u. metasomatischen Gest. / Magnetit, Pyrit u. a. / — / s. Nr. 343	**Hedenbergit** $CaFe[Si_2O_6]$ (Pyroxengruppe) / Långban, Schweden
467	schwarz, bräunlichschwarz, dunkelgrün / gräulichgrün	Ggl. / dsch., uds.	5 bis 6 / 3,3 bis 3,5	gut / muschelig	kurzsäulige, dicktafelige, nadelige Kr.; derb, körnig, dicht, nadelig, eingesprengt / monoklin	Gesteinsgemengteil in basischen Gest., in Tuffen, Laven u. vulkanischen Auswürflingen / — / Amphibol	**Augit** $(Ca,Mg,Fe^2,Fe^3,Ti,Al)_2[(Si,Al)_2O_6]$ (Pyroxengruppe) / Lukov, Böhmen
468	schwarz, grünlichschwarz / grauweiß, braun	Ggl., Fgl. / dsch., uds.	5 bis 6 / 2,9 bis 3,3	sehr gut / muschelig	pseudohexagonale, kurzsäulige bis nadelige Kr.; derb, stengelig, faserig, strahlig, körnig, dicht / monoklin	Gesteinsgemengteil vieler Eruptivgest., in krist. Schiefern / Biotit, Granat, Epidot, Magnetit u. a. / Augit, Turmalin	**Amphibol** $(Ca,Na,K)_{2-3}(Mg,Fe^2,Fe^3,Al)_5[(OH,F)_2 \mid (Si,Al)_2Si_6O_{22}]$ (Gemeine u. basaltische Hornblende) / Lukov, Böhmen
469	schwarz, bräunlichschwarz / bräunlichschwarz, braun	Dgl., Fgl., matt / dsch., uds.	6 / 5,2 bis 6	deutlich / uneben, spröde	dicktafelige, kurzsäulige Kr.; derb, eingewachsen / rhombisch	Mischkr. aus Niobit u. Tantalit, in Granitpegmatiten / Beryll, Kryolith / —	**Columbit** $(Fe,Mn)(Nb,Ta)_2O_6$ (Niobit) / Moss, Norwegen
470	schwarz, tiefblau / graugrün, blaugrau, weißlich	Ggl. / ds., dsch.	5,5 bis 6 / 3,4 bis 3,5	sehr gut / uneben, spröde	dick- u. langsäulige, tafelige Kr.; derb, stengelig, körnig / monoklin	in Nephelinpegmatiten, Syeniten / Nephelin, Zirkon, Sodalith u. a. / Aegirin, Akmit	**Arfvedsonit** $Na_2Fe_2(SiO_3)_4$ (Amphibolgruppe) / Kangerdlugsuak, Grönland
471	schwarz / grauschwarz	Ggl., metallartig, matt / opak	6 bis 6,5 / 5,2 bis 5,5	— / spröde, uneben	pyramidale, prismatische, dicktafelige Kr.; massig / tetragonal	Mischkr. aus Tapiolit u. Rutil, in Pegmatiten / — / —	**Strüverit** $(Fe,Ti)(Nb,Ta)_2O_6$ / Ampangabe, Madagaskar
472	schwarz / braun	Fgl., halbmetallisch / uds.	6 bis 6,5 / 7,9 bis 8	gut / spröde	säulige, kurznadelige Kr.; derb / rhombisch	in Granitpegmatiten / — / —	**Tantalit** $(Fe,Mn)(Ta,Nb)_2O_6$ / Bodenmais, Bayerischer Wald

465	466
−1/2	1
467	468
1	1
469	470
1	−1/2
471	472
−1/2	−1/2

Nr.	Farbe / Strich	Glanz / Transparenz	Härte / Dichte	Spaltbarkeit / Bruch u. a. phys. Merkm.	Ausbildung, Aggregate / Kristallsystem	Vorkommen / Begleitminerale / ähnliche Minerale	Name und chemische Formel / Fundort
473	schwarz, dunkelgrau, braun / grau, bräunlich	Ggl., Fgl. / uds.	6 bis 7 / 5,5 bis 6	– / spröde	feinkrist., glasköpfig, radialfaserig, krustig, dicht / monoklin	Gemenge von Baddeleyit u. zersetztem Zirkon / – / –	Baddeleyit-Varietät **Zirkon-Favas** ZrO_2 (Zirkonglaskopf) / Minas Gerais, Brasilien
474	schwarz, bräunlichschwarz / grünlichgrau	Ggl., Fgl. / uds.	6,5 bis 7 / 4 bis 4,7	gut / muschelig, splittrig	dicktafelige, kurzsäulige Kr.; derb, dicht, eingewachsen / monoklin	in Granitpegmatiten, in alpinen Klüften / – / Fergusonit, Samarskit	**Gadolinit** $Y_2FeBe_2[O\|SiO_4]_2$ / Ytterby bei Waxholm, Schweden
475	schwarz, schwärzlichgrün / gräulichgrün	Ggl., halbmetallisch, matt / uds.	7,5 bis 8 / 3,8	– / muschelig	oktaedrische Kr.; abgerollte Körner, derb, körnig / kubisch	in basischen Eruptivgest., in metamorphem Kalkstein / Pyroxen, Biotit, Vesuvian, Korund, Graphit / Picotit, Granat	**Pleonast** $(Al,Fe)_2(Mg,Mn)O_4$ (Spinellgruppe, Ceylonit) / Monzoni im Fassatal
476	schwarz / rötlichbraun, dunkelbraun	halbmetallisch, metallisch / uds.	6 bis 7 / 4,6 bis 5	schlecht / muschelig, spröde	oktaedrische Kr.; derb, körnig, dicht / kubisch	auf Mangan-Zinkerzlagerst., in metamorphem Kalkstein / Zinkit, Willemit, Rhodonit, Granat / Chromit, Magnetit	**Franklinit** Fe_2ZnO_4 / Franklin, New Jersey, USA
477	tiefbraun, schwarz / weiß	Ggl. / ds., dsch.	7 / 2,6	– / muschelig	kurzsäulige, gespitzte, sechseckige Kr.; horizontal gestreift / trigonal	in alpinen Klüften, in Pegmatiten, auf Erzlagerst. / – / –	Quarz-Varietät **Morion** SiO_2 / Přibram, Böhmen
478	schwarz / weiß, grünlich	Ggl., Fgl., matt / uds.	6,5 bis 7 / 3,6 bis 4,1	– / muschelig, splittrig, spröde	dodekaedrische, ikositetraedrische Kr.; derb, körnig, dicht / kubisch	in basischen Ergußgest. (Basalt, Phonolit, Nephelin-Syenit) / – / Pleonast	**Melanit** $Ca_3Fe_2[SiO_4]_3 + (Na,Ti)$ (Granatgruppe) / Franklin, Ne Jersey, USA
479	schwarz / weiß	Ggl., Fgl. / uds.	7 bis 7,5 / 3 bis 3,1	– / muschelig bis uneben, splittrig	dreiseitige, kurz- bis langsäulige, nadelige Kr.; längsgestreift; stengelige bis faserige, radialstrahlige A.; dicht, derb / trigonal	in Graniten, Pegmatiten, in krist. Schiefern, in metamorphem Kalkstein u. Dolomit, auf Erzg. / Muskovit, Topas, Quarz, Beryll, Fluorit, Apatit / Amphibol, Ilvait	Turmalin-Varietät **Schörl** $NaMg_3Al_6[(OH)_{1+3}\|(BO_3)_3\|Si_6O_{18}]$ (Eisenturmalin) / Sibirien, Sowjetunion
480							**Turmalin** / Montana, USA

473	474
−1/2	1
475	476
+1/2	+1/2
477	478
−1/2	1
479	480
−1/2	−3/4

Nr.	Farbe / Strich	Glanz / Transparenz	Härte / Dichte	Spaltbarkeit / Bruch u. a. phys. Merkm.	Ausbildung, Aggregate / Kristallsystem	Vorkommen / Begleitminerale / ähnliche Minerale	Name und chemische Formel / Fundort
481	grau, gelb, braun, schwarz / weiß, grau, gelblich	matt / uds.	3,5 bis 4 / 3,9 bis 4,2	gut / muschelig, spröde	feinfaserige, schalige, nierige Massen; krustenartig, gebändert / kubisch, hexagonal	auf Blei-Zinkerzlagerst., teilweise Sphalerit, teilweise Wurtzit / – / –	**Schalenblende** ZnS / Stolberg bei Aachen
482	gelbbraun, grau, gelb, schwarz, bunt anlaufend / rostbraun, gelb	glasartig, seidig, matt / uds.	5 bis 5,5 / 3,6 bis 3,7	– / muschelig, faserig	kryptokrist., faserig, stengelig, zapfig, schalig, stalaktitisch, erdig, locker / rhombisch	als Verwitterungsprodukt auf Eisenerzlagerst. / – / – s. Nr. 409, 410	**Limonit** $FeOOH.nH_2O$ (Brauneisenerz, Brauner Glaskopf) / Železník, Slowakei
483	grau bis schwarz, bunt anlaufend / schwarz	metallisch bis matt / opak	3 bis 4 / 4,5 bis 5	– / muschelig, spröde	tetraedrische, dodekaedrische Kr.; derb, körnig, dicht, mit Überzügen von Chalkopyrit / kubisch	auf hydrothermalen Erzg. / Galenit, Pyrit, Bornit, Chalkopyrit, Siderit, Quarz / Chalkosin, Bournonit s. Nr. 431	**Tetraedrit** $(Cu,Zn,Ag,Fe)_3(Sb,As)S_{3-4}$ (Fahlerz) / Lizard, Cornwall, England
484	rot, blau, gelb, grün / weiß	Pgl., irisierend / dsch.	3 / 2,6 bis 2,8	– / muschelig, spröde	dichter Kalkstein mit eingelagerten fossilen Muschelschalen / –	in sedimentärem Kalkstein / – / –	**Lumachel** $CaCO_3$ (Muschelmarmor) / Bleiberg, Kärnten
485	gelb, weiß, rotbraun, violett, grau, braun / weiß, gelblich	matt, Sgl. / uds.	3,5 bis 4 / 2,9 bis 3	– / faserige Absonderung, spröde	faserige A., konzentrisch-schalig, stalaktitisch, Krusten, Sinterbildungen / rhombisch	Aragonitsinter, als Ablagerung heißer Quellen / – / s. Nr. 320	**Sprudelstein** $CaCO_3$ (Aragonit) / Karlovy Vary (Karlsbad), Böhmen
486	weiß, gelb, grau, braun, rot / weiß	matt / dsch., uds.	5,5 bis 6 / 2,1 bis 2,2	– / porös, rauh	krustenförmig, traubig, erbsenartig, erdig, locker, Überzüge / amorph	Opalsinter, als Ablagerung von Geysiren u. heißen Quellen / – / –	**Geyserit** $SiO_2.n\,H_2O$ (Kieselsinter, Opal) / Stóra Geysir, Island
487	weiß, gelb, braun, grau / weiß	Fgl. / dsch., uds.	3,5 bis 4 / 5,8 bis 6,4	– / muschelig	radialstrahlige, nadelige, kugelige A.; kryptokrist. / hexagonal	calciumhaltiger Pyromorphit, auf Blei-Zinkerzg. / Galenit, Sphalerit, Pyrit, Baryt / –	**Polysphärit** $(Pb,Ca)_5[Cl\|(PO_4)_3]$ (Miesit) / Stříbro (Mies), Böhmen
488	blaugrün, gelblich, bräunlich, grünlich, goldbraun / blaugrau, goldbraun, gelb	Sgl., matt / dsch., uds.	5,5 bis 6 / 3,2 bis 3,3	sehr gut / faserig	parallel-feinfaserige A.; zonenweise gekrümmt, geknickt, plattig / monoklin	faseriger Riebeckitasbest, als Kluftausfüllung in feinkörnigen Quarzgest., in krist. Schiefern, z. T. verkieseltes graublaues Falkenauge, z. T. zersetzt u. gelbes Tigerauge / – / – s. Nr. 543	**Krokydolith** $Na_2Fe_3Fe_2[(OH,F)\|Si_4O_{11}]_2$ (Amphibolgruppe, Riebeckitasbest, Tigerauge, Falkenauge) / Griquatown, Südafrikanische Union

481	482
−1/2	−1/2
483	484
1	−1/2
485	486
−1/2	−1/2
487	488
1	1

Nr.	Farbe Strich	Glanz Transparenz	Härte Dichte	Spaltbarkeit Bruch u. a. phys. Merkm.	Ausbildung, Aggregate Kristallsystem	Vorkommen Begleitminerale ähnliche Minerale	Name und chemische Formel Fundort
489	grün, gelb, schwarz, rot, braun, geflammt, fleckig weiß, grau	Fgl., matt dsch., uds.	3 bis 4 2,5 bis 2,6	– muschelig, mild bis splittrig	mikrokrist., blättrig, schuppig, dicht, derb, eingesprengt monoklin	Füllungen in Adern u. Klüften, in Peridotiten u. körnigem Kalkstein; Pseudomorphosen nach Olivin Chromit, Magnetit, Opal, Talk u. a. –	**Serpentin** $Mg_6(OH)_8[Si_4O_{10}]$ (Antigorit) Lizard, Cornwall, England
490	graublau, graugelb, violett, bläulich, grünlich weiß, grau	Sgl. dsch., uds.	3 bis 4 2,3 bis 2,5	gut biegsam bis spröde	feinfaserige, haarige Kr.; filzige, parallelfaserige A. monoklin	Füllungen von Adern u. Klüften in Serpentin Olivin, Tremollit u. a. – s. Nr. 255	**Asbest** $Mg_6[(OH)_8\vert Si_4O_{10}]$ (Chrysotil) Newjansk bei Swerdlowsk, Ural, Sowjetunion
491	gelb, braun, schwarz, grau weiß, grau	Ggl., matt uds.	7 3,1 bis 3,2	– uneben, splittrig, spröde	langsäulige, gerundete Kr., mit kreuzförmigem, durch kohlige Substanz dunkel pigmentiertem Kern rhombisch	in metamorphen Gest., in Tonschiefern Staurolith, Cordierit, Turmalin –	Andalusit-Varietät **Chiastolith** $Al_2[O\vert SiO_4]$ (Hohlspat) Lancaster, Lancashire, England
492	farblos, blau, gelb, grünlich, grau weiß	Ggl., Pgl. ds., dsch.	4 längs, 6 quer 3,6 bis 3,7	sehr gut spröde	breitstengelige, blattförmige Kr.; faserig, strahlig, blättrig triklin	in krist. Schiefern, Pegmatiten, Granuliten Staurolith, Andalusit, Korund Sillimanit s. Nr. 236	**Cyanit** $Al_2[O\vert SiO_4]$ (Disthen) Pizzo Forno, Tessin, Schweiz
493 494	farblos, grün, rot, braun, gelb, schwarz weiß	Ggl. ds., dsch.	7 bis 7,5 2,9 bis 3,2	– uneben, splittrig	dreiseitige, säulige Kr.; längsgestreift, zonarfarbig trigonal	in Pegmatiten, in Graniten u. metamorphen Gest. – – s. Nr. 208, 302, 479, 480	493: **Turmalin** $NaFe_3Al_6[(OH)_4\vert (BO_3)_3\vert Si_6O_{18}]$ Minas Gerais, Brasilien 494: **Turmalin** $NaFe_3Al_6[(OH)_4\vert (BO_3)_3\vert Si_6O_{18}]$ Grotta d'Oggi, Elba
495 496	weiß, grau, grün, blau, rot, gelb, irisierend weiß	Pgl., Fgl., opalisierend dsch.	5,5 bis 6,5 1,9 bis 2,5	– muschelig bis uneben, spröde, starke Innenreflexe	Bänder u. Adern, unregelmäßige Knollen, derb, eingesprengt, Konkretionen amorph	in Hohlräumen jungvulkanischer Eruptivgest., in Sandsteinen, Konglomeraten, Tonen; entstanden durch Zersetzung von silikatischen Gest. – – s. Nr. 535	495: Opal-Varietät **Edelopal** $SiO_2 . n\,H_2O$ Cooper Creek, Queensland, Australien 496: Opal-Varietät **Edelopal** $SiO_2 . n\,H_2O$ Bulls Creek, Queensland, Australien

489	490
−1/2	−1/2
491	492
1	1
493	494
1	1
495	496
1	+2

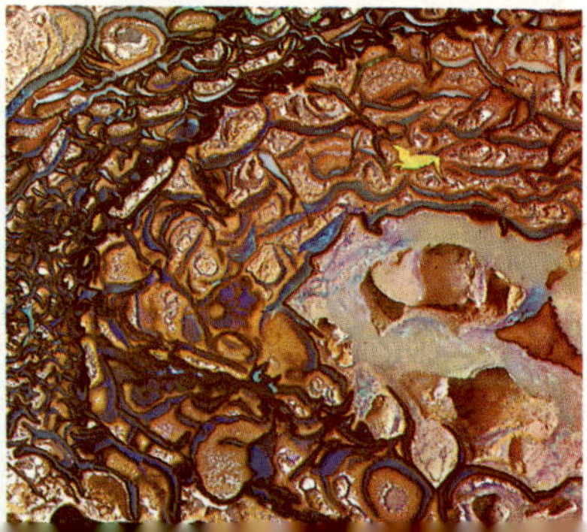

Nr.	Farbe / Strich	Glanz / Transparenz	Härte / Dichte	Spaltbarkeit / Bruch u. a. phys. Merkm.	Ausbildung, Aggregate / Kristallsystem	Vorkommen / Begleitminerale / ähnliche Minerale	Name und chemische Formel / Fundort
497	weiß, grau, grün, blau, rot, gelb, irisierend / weiß	Pgl., Fgl., opalisierend / dsch.	5,9 bis 6,5 / 1,9 bis 2,5	– / muschelig bis uneben, spröde	Bänder u. Adern, unregelmäßige Knollen, derb, eingesprengt, Konkretionen / amorph	– / – / – s. Nr. 495, 535	Opal-Varietät **Edelopal** $SiO_2 . n\ H_2O$ / Bulls Creek, Queensland, Australien
498	weiß, grau, schwarz / weiß	Ggl., Fgl. / dsch.	6 bis 7 / 1,9 bis 2,5	– / muschelig, spröde	unregelmäßige Knollen, Bänder, Adern, dicht / amorph	Milchopal mit eingelagerten schwarzen, moosähnlichen, baumartig verästelten Strukturen aus Fremdsubstanz / – / –	**Moosopal** $SiO_2 . n\ H_2O$ (Dendritenopal) / Kansas bei Collyer, Trego Co., USA
499	rot, gelb, rotbraun, braun / gelblich	Ggl., matt / uds.	7 / 2,5 bis 2,6	– / muschelig, spröde, splittrig	Knollen, Körner, Konkretionen, dicht, krustig / trigonal	Quarz mit Eisenoxiden u. Eisenhydroxiden, auf Eisenerzlagerst. / – / –	Quarz-Varietät **Eisenkiesel** $SiO_2 + (Fe_2O_3)$ / Zaječov, Böhmen
500	gelbbraun, rot, weiß, gelblich / weiß	Ggl. mit metallischem Schimmer / uds.	6 bis 6,5 / 2,6 bis 2,7	sehr gut / uneben, spröde	dicktafelige Spaltstücke, dicht, körnig, spätig / triklin	Plagioklas mit eingelagerten Glimmer- oder Haematitschüppchen, Gemengteil in Graniten, Syeniten / Granite, Syenite / –	**Sonnenstein** $Ca[Al_2Si_2O_8]$ $Na[AlSi_3O_8]$ (Plagioklas-Reihe, Aventurinfeldspat) / Frederiksvärn, Norwegen
501	grau, weiß, gelb, braun, bläulich / weiß	Ggl., matt / dsch.	7 / 2,6	– / muschelig	feinfaserig, nierig, traubig, glaskopfartig, Krusten, Knollen, Konkretionen / trigonal	mikro- bis kryptokrist. Quarz, in Klüften u. Hohlräumen von basaltischen Gest. / – / s. Nr. 422	**Chalcedon** SiO_2 / Tampa Bay, Florida, USA
502	rot, weiß / weiß	Ggl. / dsch., uds.	7 / 2,5 bis 2,6	– / muschelig, spröde	dicht, massig, Knollen, Gerölle, mit schichtigem Aufbau, kryptokrist. / trigonal	weiß-rot-schichtiger Chalcedon / – / –	Chalcedon-Varietät **Carneolonyx** SiO_2 / Brasilien
503	gelbgrün, braun, grau, verschieden gefärbt / weiß	Fgl., matt / uds.	7 / 2,5 bis 2,6	– / uneben, splittrig	feinstkörnig, dicht, derb, massig, Knollen, Gerölle, unregelmäßige Massen / trigonal, amorph	Chalcedon mit Beimengungen, in Klüften, Spalten u. Hohlräumen verschiedener Gest. / – / –	**Jaspis** SiO_2 / Kairo, Ägypten
504	buntgefärbt / weiß	Ggl., Fgl., matt / dsch., uds.	7 / 2,5 bis 2,6	– / muschelig	feinstkörnig, dicht, derb, mit schichtigem Aufbau, Knollen, Gerölle, unregelmäßige Massen / trigonal, amorph	Chalcedon mit lagenförmiger Struktur, feinschalig aufgebaute Schichten von wechselnder Farbe; in Blasen- u. Hohlräumen, als Mandelfüllung in Ergußgest. / – / –	**Achat** SiO_2 / Indien

497	498
1	1
499	500
1	1
501	502
+1/2	−2/3
503	504
−1/2	−5/6

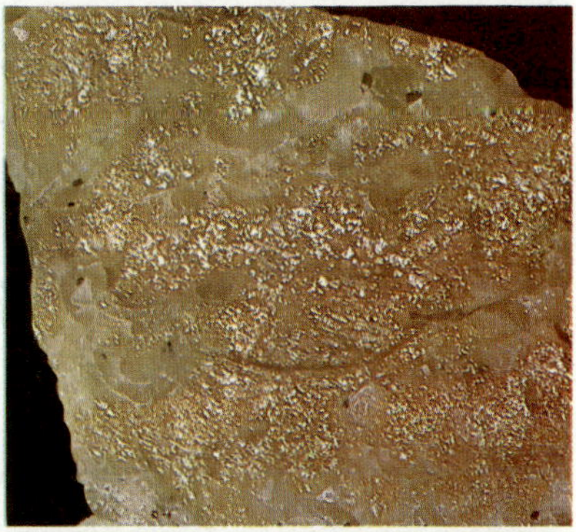

Nr.	Farbe Strich	Glanz Transparenz	Härte Dichte	Spaltbarkeit Bruch u. a. phys. Merkm.	Ausbildung, Aggregate Kristallsystem	Vorkommen Begleitminerale ähnliche Minerale	Name und chemische Formel Fundort
505	rot, gelb, gräulich, bunt weiß	Ggl., Fgl., matt dsch., uds.	7 2,5 bis 2,6	– muschelig	feinstkörnig, dicht, Knollen, Gerölle, massig, gestreift trigonal	lagenförmiger, im Querbruch streifiger Chalcedon, teilweise parallelgebändert, als Mandelfüllung in Ergußgest. – –	**Achat** SiO_2 St. Wendel, Saar
506	schwarz, weiß weiß	Ggl. dsch., uds.	7 2,5 bis 2,6	– muschelig	dicht, Knollen, Mandelfüllungen, Gerölle, unregelmäßige Massen, kryptokrist. trigonal	weiß-schwarz-schichtiger Chalcedon – –	Chalcedon-Varietät **Onyx** SiO_2 Minas Gerais, Brasilien
507	grau, weiß, rot, braun, bunt weiß	Ggl., Fgl., matt dsch., uds.	7 2,5 bis 2,6	– muschelig	feinstkörnig, dicht, Knollen, unregelmäßige Massen, Gerölle, feinschaliger Aufbau trigonal, amorph	in Hohlräumen u. als Mandelfüllung in Melaphyren – –	**Achat** SiO_2 Levín, Böhmen
508	grau bis schwarz, weiß weiß	Ggl. dsch., uds.	7 2,5 bis 2,6	– muschelig	dicht, massig, Gerölle, mandelförmig, kryptokrist. trigonal	weiß-grau-schichtiger Chalcedon, als Mandelfüllung in Ergußgest. – –	Chalcedon-Varietät **Onyx** SiO_2 Uruguay
509							**Achat** SiO_2 (Trümmerachat) Indien
510	bunt weiß	Ggl., Fgl., matt dsch., uds.	7 2,5 bis 2,6	– muschelig	feinstkörnig, dicht, unregelmäßige Massen, abgerollte Bruchstücke, Knollen, schichtiger Aufbau, lagenförmig trigonal	Hohlraum-, Spalten- u. Blasenfüllung in Ergußgest., besonders Melaphyren – –	**Achat** SiO_2 Měděnec, Böhmen
511							**Achat** SiO_2 Ratnapura, Ceylon
512	blau, gelb, farblos, rot, braun, grau weiß	Ggl., fettig ds., dsch.	9 3,9 bis 4,1	teilbar (Absonderung) muschelig, splittrig	kurzsäulige, spindelförmige, dicktafelige Kr.; körnig, derb, dicht trigonal	in Pegmatiten, krist. Schiefern, in metamorphem Kalkstein u. Dolomit, in Granit, Syenit u. Basalt, auf Seifen – Zirkon, Spinell, Granat, Cordierit, Apatit, Topas, Turmalin s. Nr. 428, 514, 515	**Korund** Al_2O_3 (Corund) Ceylon

505	506
−1/2	−1/2
507	508
1	1
509	510
1	1
511	512
−1/2	1

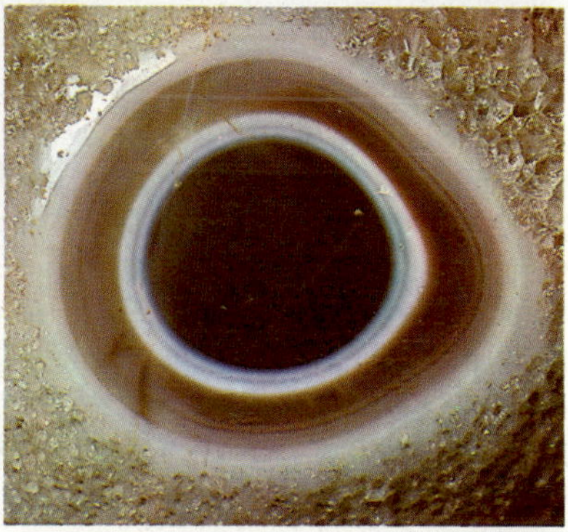
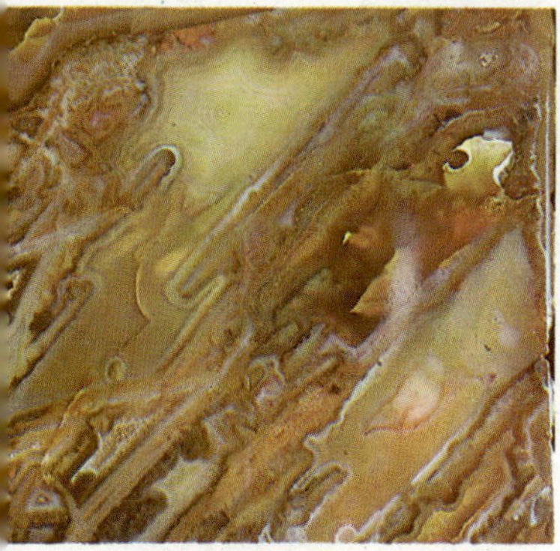

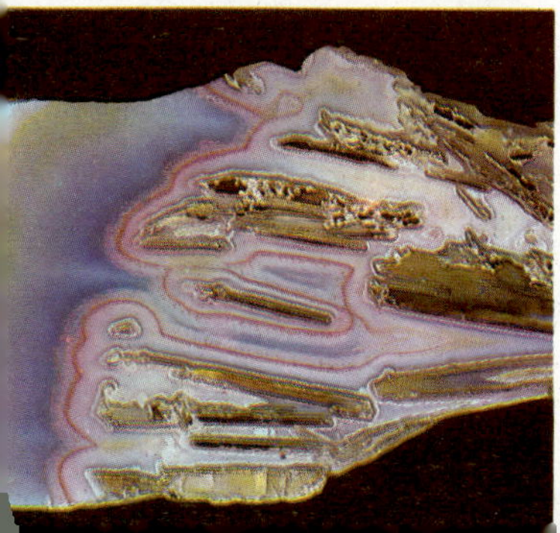

Edelsteine und Schmucksteine

In die vornehme Gesellschaft der Edelsteine reihen wir gemeinhin diejenigen Minerale, die ein schönes Aussehen besitzen und unseren Blick durch ihr funkelndes Farbenspiel, ihre Transparenz und ihren Glanz fesseln. Ein Edelstein muß in einem gewissen Maß unzerstörbar sein und der Abnutzung widerstehen. Diese Forderungen erfüllen nur Minerale mit einem höheren Härtegrad (Härte 7—10). Sie behalten ihre Schönheit auch bei einer Verarbeitung als Schmuck. Ein Edelstein ist nur dann gefragt und hoch geschätzt, wenn er in der Natur selten ist. Auch die Mode, die nicht nur bei Edelsteinen seltsame Wege gehen kann, bestimmt als wichtiger Faktor die Beliebtheit eines Edelsteines.

Die Edelsteine bilden also keine natürliche Mineraliengruppe; ihre Zahl und ihre Beliebtheit ist veränderlich. Zu den beliebtesten Edelsteinen, die keiner Mode unterliegen, gehören unumstritten Diamant, Rubin, Saphir und Smaragd. Diese vier nehmen eine Sonderstellung ein und werden als die „eigentlichen Edelsteine" angesehen. Die übrigen bezeichnet man als weniger wertvolle „Halbedelsteine". Eine genaue Grenze zwischen Edelstein und Halbedelstein ist jedoch sehr schwer zu ziehen, und es ist richtiger, anstatt Halbedelstein die Bezeichnung Schmuckstein zu benützen.

Edelsteine begleiten die Menschen seit Urzeiten der Geschichte. Schon primitive Völker wußten schöne Steine nicht nur als Schmuck zu schätzen, sondern auch deren hervorragende Eigenschaften zu ihrem Vorteil zu nutzen. Man schrieb ihnen geheimnisvolle, magische Eigenschaften und besondere Heilkräfte zu. Man war überzeugt, daß sie eine feste Beziehung zu den Sternen haben und zusammen mit diesen das menschliche Schicksal bestimmen. Deshalb sollte jedermann stets den sogenannten Monatsstein bei sich tragen, den Stein, der zu seinem Geburtsmonat gehörte, um sich Gesundheit, Glück und Besitz zu bewahren. Aber auch unabhängig von den Sternen sollte jeder Edelstein, der als Amulett getragen wurde, seine spezielle Macht ausüben, ähnlich wie es Goethe einmal spaßhaft formulierte:

Talisman ist Karneol,
Gläubigen bringt er Glück und Wohl.
Alles Übel treibt er fort,
Schützet Dich und schützt den Ort.

Übrigens kann auch heute noch jeder Juwelier den richtigen Monatsstein empfehlen, denn wie so mancher andere Aberglaube lebt auch dieser bis in unsere Tage weiter. In unserer technischen Welt werden Edelsteine auf einer ganzen Reihe von Gebieten benützt und haben wachsende Bedeutung für die moderne Industrie. Nicht zuletzt die Weltraumflüge wären ohne Edelsteine nicht möglich.

Edelsteinbearbeitung – Schlifform

Zunächst verwendete man die Edelsteine in ihrer naturgegebenen Form. Erst später begann man sie zu glätten, um Farbe und Glanz besser zur Geltung kommen zu lassen. Die Kunst der Edelsteinbearbeitung verstanden vor allem die Inder und Ägypter. Die optischen Eigenschaften durchsichtiger Steine wurden durch einen symmetrischen Schliff kleiner, glatter Flächen, der Facetten, betont.

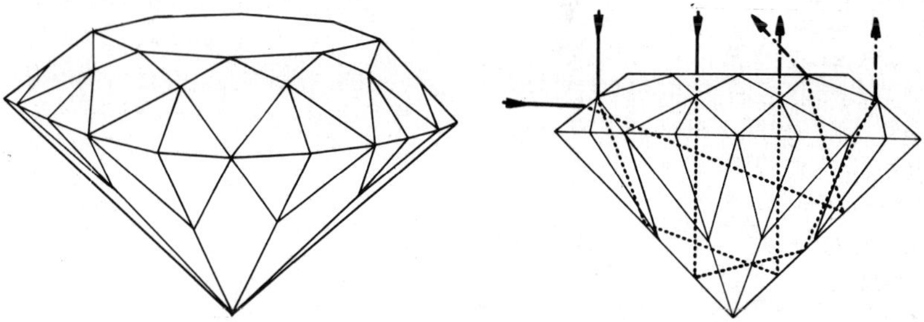

Brillantschliff und Lichtbrechung im geschliffenen Stein

Es gibt in der Steinschleiferei zahlreiche Formen des Schliffs, vom einfachen Treppenschliff bis zu komplizierten Schliffarten mit zahlreichen Flächen. Den sogenannten Brillantschliff kennen wir seit dem 17. Jahrhundert. Man gebraucht ihn sowohl bei Diamanten wie auch bei anderen durchsichtigen Edelsteinen. Beim Brillantschliff sind die Facetten so angebracht, daß die Lichtstrahlen, die in den Stein eindringen, nach wiederholter Reflexion im Stein verstärkt wieder austreten. Dadurch werden Glanz und Farbe des Steins sehr betont, er erhält eine besondere Brillanz. Durch die Lichtbrechung kommt es auch zu einer Trennung der farbigen Komponenten des einfallenden weißen Lichts. Man erhält ein starkes Farbenspiel, das sogenannte Feuer.

Undurchsichtige farbige Steine schleift man oft zu facettenlosen Formen mit gewölbten Flächen. Diese Bearbeitung nennt man Cabochonschliff.

Eine besonders künstlerische Art, teuere und edle Steine zu schleifen, nennt man Glyptik. Es handelt sich dabei um eine Gravierung der Steine, in der sich besonders die Griechen und Römer der Antike hervortaten.

Zur Bearbeitung der Steine muß der Schleifer sein Material gut kennen und die physikalischen Eigenschaften, wie z. B. Spaltbarkeit, Härte und Pleochroismus der einzelnen Mineral- und Steinarten, zu nützen wissen. Beim Einsetzen in Schmuck muß der Juwelier natürlich die Widerstandsfähigkeit der Schmucksteine gegen hohe Temperaturen, Druck und Säuren sowie die Schlagfestigkeit berücksichtigen.

Steinschleifer und Juweliere benützen für Gewichtsangaben bei geschliffenen Edelsteinen als Einheit das Karat. 1 Karat sind 0,2 Gramm, 1 Gramm sind 5 Karat.

Imitationen und synthetische Edelsteine

Es ist nur zu verständlich, daß Edelsteine mit ihrem hohen Wert seit jeher zu Imitationen und Fälschungen verlockten. Schon im Mittelalter wurden Edelsteine in Glas nachgeahmt, andere wurden künstlich gefärbt oder, um mehr Glanz zu erreichen, mit Silberfolie unterlegt. Eine besondere Art von Imitationen sind die sogenannten Doubletten. Es handelt sich dabei um zwei Steine, die in ein Stück zusammengekittet werden. Meistens verband man echte Steine mit Glas oder fügte zwei kleinere echte Stücke zu einem zusammen. Alle Imitationen und Fälschungen haben nur das Aussehen, nicht aber die Eigenschaften der echten Natursteine.

Ähnlich wie beim Gold suchten die Alchimisten erfolglos ein Rezept, mit dem sich gewöhnliche Steine in Edelsteine umwandeln ließen. Die künstliche Herstellung, eine Synthese der Edelsteine, gelang erst den modernen „Alchimisten". Die im Laboratorium hergestellten Steine gleichen den Natursteinen völlig, also auch in ihren chemischen und physikalischen Eigenschaften. Synthetische Edelsteine sind also auch echt, aber sie sind kein Naturprodukt. Eines der ältesten und erfolgreichsten Verfahren der künstlichen Herstellung von Edelsteinen ist das nach Verneuil benannte. Es beruht auf der Umschmelzung des feinstaubigen Rohstoffes in einer Sauerstoff-Wasserstoff-Flamme in einem speziellen Schmelzofen. Auf diese Weise werden auch heute noch große Mengen Rubine, Saphire, Spinelle, Rutile und andere, in der Natur unbekannte Steine erzeugt. Die Steine, sogenannte Birnen, die auf diese Weise gewonnen werden, haben die Form von Walzen, ohne gerade Flächenbegrenzung.

Synthetischen Quarz – Bergkristall, Rauchquarz und Citrin – erzeugt man unter hohem Druck und Temperatur in Stahlbomben, auf dem Weg der sogenannten Hydrothermalsynthese. Es ist auch gelungen, bei hohen Temperaturen aus Schmelzflüssen Smaragde in Form vollkommener Kristalle zu erzeugen.

Auch der König der Edelsteine – der Diamant – wird heute unter hohem Druck und Temperatur in speziellen Apparaturen künstlich erzeugt. Die gewonnenen Kristalle sind bisher allerdings zu klein, um sie als Schmuck verwenden zu können. Sie spielen jedoch, wie die meisten synthetisch erzeugten Edelsteine, eine große Rolle in der Industrie.

Bestimmung der Edelsteine

Auch der erfahrenste Fachmann kann auf den ersten Blick einen Edelstein nicht sicher bestimmen, dies um so weniger, da vollkommene Nachahmungen existieren. Einen echten Stein von einer Glasimitation zu unterscheiden, ist meistens nicht schwer. Ebenso unterscheiden wir leicht den Aquamarin von seiner synthetischen Nachbildung – dem Spinell, da es sich bei diesen beiden Edelsteinen um chemisch und optisch vollkommen verschiedene Minerale handelt.

Eine Reihe von Edelsteinen können wir mit Hilfe unserer Tabellen bestimmen. Bei anderen reichen jedoch unsere einfachen Hilfsmittel nicht aus, denn zu einer genauen Messung z. B. der wichtigen optischen Eigenschaften, wie Brechungsindex, Doppelbrechung, Pleochroismus usw., werden spezielle Apparaturen benötigt.

Und wie unterscheiden sich synthetische Steine von Natursteinen? Diese Frage ist oft recht schwierig zu beantworten, da sie sich nur durch die Art ihres Wachstums unterscheiden. Durch das Mikroskop kann man bei starker Vergrößerung in den Steinen verschiedene Einschlüsse, mikroskopisch kleine Bläschen und Anwachsschichten beobachten. Bei Natursteinen sind diese Unreinheiten nach den Kristallebenen angeordnet, während wir bei den durch das Verneuil-Verfahren erzeugten Steinen gekrümmte Anwachsstreifen feststellen. Einschlüsse sind schalenförmig angeordnet und bilden flachgewölbte Schalen. Bei synthetischen Steinen, die, wie der Smaragd, durch andere Methoden gewonnen wurden, ist sogar mit Hilfe des Mikroskops kein sicherer Nachweis möglich.

Die Edelsteine sind in diesem Buch nach dem Grad ihrer Kostbarkeit und nach den natürlichen Gruppen, die in der Edelsteinkunde gebraucht werden, angeordnet. In den Tabellen werden auch Beispiele für synthetische Steine angeführt. Darin zu finden sind ebenso die Brechungsquotienten und Hinweise auf die laufende Nummer in den vorangehenden Mineraltabellen.

Außer den schon bekannten Mineralen ist in den Edelsteintabellen auch der Moldavit angeführt, der unter die sogenannten Tektite gehört. Es handelt sich um ein schwer schmelzbares Glas mit schlieriger Textur. Moldavite haben eine ganz unregelmäßige Form. Sie sind dunkelgrün (flaschengrün), und ihre Oberfläche zeigt ein ausgeprägtes Relief mit eigentümlichen Rinnen, Grübchen und Wülsten.

Tektite findet man nur an wenigen Stellen der Erde. Sie galten und gelten neben den Meteoriten manchmal auch heute noch als Körper kosmischer Herkunft. Nach der modernen Auffassung handelt es sich eher um Schmelzen terrestrischer Sedimente, die beim Aufschlagen großer Meteorite auf die Erdoberfläche umgeschmolzen wurden. Ihre Herkunft ist aber bis heute noch nicht sicher geklärt.

Moldavite wurden früher als Schmucksteine geschliffen und sehr oft mit grünem Flaschenglas imitiert. Heute ist es Mode, in Schmuckstücken Moldavite in ihrer ursprünglichen, unbearbeiteten Form zu verwenden.

Gesteine

Auf die Gesteine sind wir bereits kurz im einleitenden Kapitel eingegangen. Einzelne Gesteine bestehen aus Mineralen, in einer ganz bestimmten, kennzeichnenden Zusammensetzung. Sie ist abhängig von der Art des Materials und den Bedingungen, die bei der Entstehung des Gesteins herrschten. Entsprechend ihrer Bildungsweise lassen sich die Gesteine in drei große Gruppen einteilen:

1. magmatische Gesteine (Erstarrungs- oder Eruptivgesteine),
2. sedimentäre Gesteine (Absatzgesteine),
3. metamorphe Gesteine (Umwandlungsgesteine, kristalline Schiefer).

Die Gesteinsgruppen

Die *magmatischen Gesteine* unterscheiden wir danach, wo der heiße Schmelzfluß Magma erstarrt ist, in:

Tiefengesteine oder plutonische Gesteine (nach Pluto, dem Gott der Unterwelt). Das Magma kristallisierte in der Tiefe langsam aus.

Ergußgesteine oder vulkanische Gesteine (nach Vulkan, dem Feuergott). Durch einen vulkanischen Ausbruch gelangte die flüssige Schmelze an die Erdoberfläche, wo sie schnell erstarrte.

Ganggesteine. Das Magma drang in die Spalten und Risse der Nebengesteine ein und kristallisierte dort.

Nach der Zusammensetzung bzw. nach den Mineralanteilen unterscheidet man SiO_2-reiche, d. h. sauere, und SiO_2-arme, d. h. basische Gesteine. Die saueren Gesteine sind meistens hell und enthalten als Hauptminerale Quarz,

Feldspäte (Orthoklas, Plagioklas, Mikroklin), Feldspatvertreter (Nephelin, Leucit, Sodalith) und Muskovit. Bei den basischen Gesteinen sind die wesentlichen Minerale im Gegensatz dazu dunkel (wie z. B. Amphibole, Pyroxene, Biotit, Olivin).

Die wichtigsten magmatischen Gesteine können wir nach ihrem abnehmenden Kieselsäuregehalt folgendermaßen einteilen (in den Klammern werden die wesentlichen Gemengteile angeführt) in:

Tiefengesteine: Granit (Quarz, Feldspat, Glimmer, Amphibol, Pyroxen), Syenit (Feldspat, Glimmer, Amphibol, Pyroxen), Diorit (Feldspäte, Amphibol, Pyroxen, Biotit), Gabbro (Feldspat, Amphibol, Augit, Biotit, Olivin), Peridotit (Olivin, Pyroxene, Amphibole).

Ergußgesteine: Quarzporphyr und Liparit (Quarz, Feldspat, Biotit, Pyroxen, Amphibol), Porphyr und Trachyt (Feldspat, Biotit, Amphibol, Pyroxen), Phonolith (Feldspat, Pyroxen, Nephelin bzw. Leucit), Andesit (Feldspat, Biotit, Amphibol, Pyroxen), Basalt und Melaphyr (Feldspat bzw. Nephelin, Leucit, Pyroxen, Olivin, Glas), Diabas (Feldspat, Pyroxen, z. T. Olivin), Glas.

Ganggesteine: Aplite und Pegmatite (die Zusammensetzung ist ähnlich wie die der Tiefengesteine). Aplite sind feinkörnig, Pegmatite extrem grobkörnig.

Die *Sedimentgesteine* oder Absatzgesteine entstanden sekundär aus zerstörten und verwitterten älteren Gesteinen. Es sind also Zerstörungsprodukte, die von Wasser, Eis oder Wind an andere Stellen der Erdoberfläche transportiert und dort abgelagert wurden. Nach der Art der Entstehung unterscheiden wir:

1. klastische Sedimente,
2. chemische Sedimente und
3. organische (biogene) Sedimente.

Klastische Sedimente (nach dem spezifischen Gewicht sowie der Korngröße klassierte Verwitterungsrückstände) können locker sein, wie z. B. Schotter, Löß und Sand. In Konglomeraten oder Brekzien, wie Sandstein und Tonschiefer, wurden die lockeren Teile durch Ton, Kalk oder Quarz verkittet.

Chemische Sedimente entstehen, wenn in Wasser gelöste Stoffe wieder ausgefällt werden, entweder durch Verdunsten oder durch die Änderung der chemischen Zusammensetzung der Lösung. Zu diesen chemischen Sedimenten rechnen wir z. B. Steinsalz, Gips, Kalkstein, Limonit und Bauxit.

Organische Sedimente, wie z. B. Kreide, Kalkgesteine, Kohlenarten, entstanden durch die Anhäufung von Überresten abgestorbener Tiere und Pflanzen.

Bei den Sedimentgesteinen ist außer der Bildungsweise und Zusammensetzung auch die Korngröße der Bestandteile wichtig. Durch ein Bindemittel verkittete, grobe und eckige Stückchen nennt man Brekzie. Sind runde Stückchen (Geröll) grob verkittet, spricht man von einem Konglomerat. In Sandsteinen sind die Körnchen (Quarz) viel kleiner und manchmal mit dem Auge nicht mehr zu unterscheiden. Den Sandsteinen ähneln die Grauwacken (aus Quarz, Feldspat und Tonschiefer) und die Arkosen (aus Quarz und Feldspat). Eine Korngröße von weniger als 0,02 mm haben die Ton- und Kalkgesteine, wie z. B. Tonschiefer, Schieferton, Mergel, Kreide, Letten (bestehend aus verschiedenen Tonmineralen wie Kaolinit, Montmorillonit), Kalkspat, Dolomit, Quarz und z. T. Glimmer.

Die *metamorphen Gesteine* bildeten sich aus Sediment- oder magmatischen Gesteinen unter Einwirkung von hohen Drücken und Temperaturen in größeren Tiefen der Erde, in die diese Gesteine bei Bewegungsvorgängen der Erdkruste gelangten. Die ursprünglichen Bestandteile dieser Gesteine wurden bisweilen umgeschmolzen, gemischt und gepreßt oder gefaltet und zu neuen Mineralen umkristallisiert. In ihrer Zusammensetzung ähneln die metamorphen Gesteine magmatischen Gesteinen, ihre Bestandteile sind aber meist schiefrig geschichtet und, ähnlich vielen Sedimenten, in Lagen angeordnet.

Durch die Umwandlung sauerer magmatischer Gesteine entstanden z. B. Gneise und Granulite; auf basische gehen zurück die Grünschiefer, Amphibolite und Serpentinite. Aus Kalkstein entsteht durch die Umkristallisierung Marmor, aus Sandstein Quarzit. Ein geschiefertes Gemenge von Quarz und Glimmer ergibt den Glimmerschiefer, aus Tonschiefern oder Mergel entsteht Phyllit.

Außer den gesteinsbildenden Mineralen, die wir bei den magmatischen Gesteinen angeführt haben, sind für die Umwandlungsgesteine charakteristisch Disthen, Sillimanit, Zoisit, Staurolith, Granate, Talk usw.

Struktur und Textur der Gesteine

Das Gefüge der Gesteine, d. h. die räumliche Verteilung der Minerale im Gestein, ist ein wichtiges äußerliches Orientierungsmerkmal bei der Klassifikation. Wir unterscheiden dabei die Struktur (Ordnung) und Textur (Gewebe). Unter Struktur verstehen wir die gegenseitigen Beziehungen der Gemengteile, die durch die Entstehungsweise bedingt sind. Je nach der Größe der Minerale unterscheiden wir eine grobe und eine feinkristalline bis glasige Struktur. Wenn in die einheitliche Grundmasse größere Kristalle eingesprengt sind, handelt es sich um die sogenannte porphyrische Struktur.

Unter Textur verstehen wir die räumliche Anordnung der Gemengteile. Bei magmatischen Gesteinen kann die Textur z. B. richtungslos oder gleichförmig dicht, porös, blasig oder mandelsteinförmig sein. Bei Umwandlungs- und Sedimentgesteinen pflegt die Textur fein- bis grobschichtig, blättrig, faserig, gebändert oder gestreckt zu sein.

Bestimmung der Gesteine

Mit unseren einfachen Bestimmungsmitteln werden wir die Gesteine nur ungefähr bestimmen können. Die genaue Bestimmung ist nur mit einem Polarisationsmikroskop möglich.

Wichtige und auffallende Merkmale der Gesteine sind Textur und Struktur und eventuell auch die Trennbarkeit. Sie lassen oft auf den ersten Blick die Entstehungsart der Gesteine erkennen. Mit der Lupe versuchen wir den Mineralbestand festzustellen. Dabei achten wir besonders auf den Gehalt an Hauptgemengteilen, wie Quarz, Feldspäte, Glimmer, Amphibole, Pyroxene, Olivin und Carbonate. Die Bestimmung der Gesteine wird um so leichter sein, je größer die Kristalle (Körner) sind, die das Gestein enthält.

Edelsteine und Gesteine

Tabellen und Tafeln

Nr.	Farbe / Strich	Glanz / Transp. / (Brechungsindex)	Härte / Dichte	Spaltbarkeit / Bruch u. a. phys. Merkm.	Ausbildung, Aggregate / Kristallsystem	Vorkommen / Begleitminerale / ähnliche Minerale	Name und chemische Formel / Fundort
513	farblos, gelb, blau, rot, grün, grau / weiß	Dgl. / ds. / 2,42	10 / 3,5	vollkommen / muschelig, spröde	oktaedrische, würfelige, dodekaedrische Kr.; Flächen oft gewölbt u. gestreift / kubisch	eingewachsen in ultrabasischen Gest., in Konglomeraten, in Sanden, auf Seifen / — / — / s. Nr. 118	**Diamant** C / Kimberley, Südafrikanische Union, Afrika
514	blau, gräulich, weiß / weiß	Ggl. / dsch. / 1,76	9 / 3,9 bis 4	teilbar (Absonderung) / muschelig, splittrig	abgerollte Kr. u. Körner / trigonal	Korund mit orientierten Einschlüssen, Saphir mit Asterismus; auf Edelsteinseifen, in Schotterschichten / — / — / s. Nr. 428, 512	Korund-Varietät **Sternsaphir** Al_2O_3 / Sabaragamuwa, Ceylon
515	farblos, rot, blau, violett, gelb, orange / weiß	Ggl. / ds. / 1,76	9 / 3,9 bis 4	— / muschelig, splittrig	zylinderförmige, runde „Birnen" / trigonal	nach dem Verneuil-Verfahren hergestellter synthetischer Korund / — / — / s. Nr. 428, 512	**Korund** Al_2O_3 / — / synthetisch
516	grün / weiß	Ggl. / ds., dsch. / 1,57	7,5 bis 8 / 2,6 bis 2,8	— / muschelig, spröde	sechseckige, kurzsäulige, dicktafelige Kr. / hexagonal	synthetisch hergestellt / — / — / s. Nr. 306	**Smaragd** $Al_2Be_3[Si_6O_{18}]$ (Beryll) / — / synthetisch
517	blaßgrün, blaßblau / weiß	Ggl. / ds. / 1,57	7,5 bis 8 / 2,6 bis 2,8	— / muschelig, spröde	kurz- bis langsäulige Kr.; stengelige A.; lose Körner, Gerölle / hexagonal	s. Nr. 305	Beryll-Varietät **Aquamarin** $Al_2Be_3[Si_6O_{18}]$ / Itambacuri, Brasilien
518	gelb, gelblichgrün / weiß	Ggl. / ds., etwas opalisierend / 1,57	7,5 bis 8 / 2,6 bis 2,8	— / muschelig, spröde	kurz- bis langsäulige Kr.; stengelige A.; lose Körner, Gerölle / hexagonal	s. Nr. 305	**Heliodor** $Al_2Be_3[Si_6O_{18}]$ (Beryll) / Nertschinsk, Transbaikalien, Sowjetunion
519	rosa / weiß	Ggl. / ds., dsch. / 1,58	7,5 bis 8 / 2,6 bis 2,8	— / muschelig, spröde	kurzsäulige, dicktafelige Kr. / hexagonal	s. Nr. 305	**Morganit** $Al_2Be_3[Si_6O_{18}]$ (Rosaberyll) / Pala Chief, Kalifornien, USA
520	grün, rot, blau, braun, schwarz, mehrfarbig / weiß	Ggl. / ds., dsch. / 1,62 bis 1,64	7 bis 7,5 / 3 bis 3,1	— / uneben, spröde, splittrig	dreiseitige kurz- bis langsäulige Kr. / trigonal	in Pegmatiten, Graniten, metamorphen Gest. / — / — / s. Nr. 302, 479, 493, 494	**Turmalin** $NaFe_3Al_6[(OH)_4\|(BO_3)_3\|Si_6O_{18}]$ / Grotta d'Oggi, Elba, Italien

513	514
+3	+1/2
515	516
−1/2	+2
517	518
−1/2	−1/2
519	520
−2/3	−2/3

Nr.	Farbe / Strich	Glanz / Transp. / (Brechungsindex)	Härte / Dichte	Spaltbarkeit / Bruch u. a. phys. Merkm.	Ausbildung, Aggregate / Kristallsystem	Vorkommen / Begleitminerale / ähnliche Minerale	Name und chemische Formel / Fundort
521	farblos, blau, rot, orange, gelb, grün, braun / weiß	Ggl. / ds., dsch. / 1,92 bis 1,98	7 bis 7,5 / 4,2 bis 4,7	— / muschelig, spröde	kurzsäulige bis nadelige Kr., abgerundete, lose Körner / tetragonal	in Eruptivgest., in krist. Schiefern, auf Edelsteinseifen / — / Granat, Rutil, Vesuvian, Saphir, Spinell s. Nr. 355	**Zirkon** $Zr[SiO_4]$ / Ceylon
522	blau u. in allen Farben / weiß	Ggl. / ds. / 1,72	8 / 3,5 bis 3,7	schlecht / muschelig, spröde	zylinderförmige, runde „Birnen" / kubisch	nach dem Verneuil-Verfahren synthetisch hergestellt / s. Nr. 246, 360	**Spinell** Al_2MgO_4 / synthetisch
523	farblos, gelb, blau, rot, rosa, braun / weiß	Ggl. / ds. / 1,61	8 / 3,5 bis 3,6	vollkommen / uneben	kurz- bis langsäulige Kr., mit rhombischem Umriß, derb, körnig, dicht / rhombisch	in Granitpegmatiten, auf Zinnerzg., auf Edelsteinseifen / — / Quarz, Korund, Phenakit, Beryll, Aragonit s. Nr. 117	**Topas** $Al_2[F_2\|SiO_4]$ / Schneckenstein bei Falkenstein, Erzgebirge
524	grün bei Tageslicht, rot bei Kunstlicht / weiß	Ggl. / ds., dsch. / 1,75	8,5 / 3,6 bis 3,7	gut / muschelig	tafelige, pseudohexagonale Drillinge mit Streifung / rhombisch	in Granitpegmatiten, Graniten, Gneisen, Glimmerschiefern / — / Olivin, Beryll, Apatit, Turmalin, Korund s. Nr. 304	**Alexandrit** Al_2BeO_4 (Chrysoberyll) / Takowaja (Fluß), Mittlerer Ural
525	grün, grünlichgelb / weiß	Ggl., fettig / ds. / 1,8 bis 1,9	6,5 bis 7,5 / 3,8 bis 3,9	schlecht / muschelig, splittrig	dodekaedrische, aufgewachsene Kr. / kubisch	in Klüften u. krist. Schiefern, auf Goldseifen / — / — s. Nr. 300	Andradit-Varietät **Demantoid** $Ca_3Fe_2[SiO_4]_3$ (Granatgruppe) / Ala, Piemont, Italien
526	rot, violett / weiß	Ggl., fettig / ds. / 1,7 bis 1,8	7 / 4,1 bis 4,3	— / uneben, spröde, splittrig	rhombendodekaedrische Kr.; abgerollte Körner / kubisch	in Gneisen u. Glimmerschiefern, auf Edelsteinseifen / — / s. Nr. 219	**Almandin** $Fe_3Al_2[SiO_4]_3$ (Granatgruppe) / Indien
527	blutrot / weiß	Ggl. / ds. / 1,7 bis 1,8	7 bis 7,5 / 3,7 bis 3,8	muschelig, splittrig	abgerundete Körner ohne krist. Begrenzung, eingewachsene oder ausgewitterte, lose Körner / kubisch	in Serpentiniten, Peridotiten, Kimberliten, sekundär in Sanden, Schottern, auf Seifen / — / —	**Pyrop** $Mg_3Al_2[SiO_4]_3$ (Granatgruppe, Böhmischer Granat, Kaprubin) / Podsedice, Böhmen
528	gelbgrün / weiß	Ggl. / ds. / 1,6 bis 1,7	6,5 bis 7 / 3,3 bis 3,5	gut / muschelig	dicktafelige, kurzsäulige Kr.; körnig bis dicht, körnige Knollen, Einsprenglinge / rhombisch	in basischen Eruptivgest., auf Magnetitlagerst. / — / Chrysoberyll s. Nr. 299	**Olivin** $(Mg,Fe)_2[SiO_4]$ (Chrysolith, Peridot) / Podmoklice, Böhmen

521	522
+1/2	1
523	524
+2	+1/2
525	526
+2	−1/2
527	528
1	+2

Nr.	Farbe Strich	Glanz Transp. (Brechungsindex)	Härte Dichte	Spaltbarkeit Bruch u. a. phys. Merkm.	Ausbildung, Aggregate Kristallsystem	Vorkommen Begleitminerale ähnliche Minerale	Name und chemische Formel Fundort
529	blaßgrün, gelb weiß	Ggl. ds. 1,67	6,5 bis 7 3,1 bis 3,2	gut muschelig	säulige, dicktafelige Kr.; derb, breitstengelig, spätig monoklin	in Granitpegmatiten u. krist. Schiefern — Skapolith s. Nr. 108	Spodumen-Varietät **Hiddenit** $LiAl[Si_2O_6]$ Figueira, Brasilien
530	violett, rosa weiß	Ggl. ds. 1,67	6,5 bis 7 3,1 bis 3,2	gut muschelig	säulige, dicktafelige, längsgestreifte Kr.; spätig, derb, breitstengelig monoklin	in Granitpegmatiten Lepidolith, Rubellit Amblygonit, Skapolith, Amethyst s. Nr. 108	Spodumen-Varietät **Kunzit** $LiAl[Si_2O_6]$ Pala Chief, Kalifornien, USA
531	farblos weiß	Ggl. ds. 1,55	7 2,65	— muschelig	säulige bis nadelige, aufgewachsene Kr. in Dr. trigonal	hydrothermale Bildung, in Spalten u. Klüften, in magmatischen Gest., krist. Schiefern, auf Erzg. — Phenakit, Topas, Beryll s. Nr. 109	**Bergkristall** SiO_2 (Quarz) Hot Springs, Arkansas, USA
532	hellgelb, goldgelb weiß	Ggl. ds. 1,55	7 2,65	— muschelig	säulige, aufgewachsene Kr. in Dr., lose abgerollte Körner auf Seifen trigonal	s. Nr. 167	Quarz-Farbvarietät **Citrin** SiO_2 Rio Grande do Sul, Brasilien
533	violett weiß	Ggl. ds. 1,55	7 2,65	— muschelig	säulige, aufgewachsene Kr. in Dr. trigonal	in Dr., in vulkanischen Ergußgest. — Apatit s. Nr. 217	Quarz-Farbvarietät **Amethyst** SiO_2 Capnic (Kapnik), Rumänien
534	nelkenbraun, rauchgrau weiß	Ggl. ds. 1,55	7 2,65	— muschelig	säulige, aufgewachsene Kr. in Dr. trigonal	in Pegmatiten, in alpinen Klüften, auf Erzlagerst. — brauner Topas	Quarz-Farbvarietät **Rauchquarz** SiO_2 Gotthardgebiet, Schweiz
535	weiß, grau, grün, blau, rot, gelb, irisierendes Farbenspiel weiß	Pgl., Fgl. dsch. 1,45	5,5 bis 6,5 1,9 bis 2,5	— uneben, spröde, starke Innenreflexe	Bänder u. Adern, unregelmäßige Knollen, derb, eingesprengt, Konkretionen amorph	in Hohlräumen jungvulkanischer Eruptivgest. — — s. Nr. 495	**Edelopal** $SiO_2 \cdot n\,H_2O$ Dubník, Slowakei
536	lichtrosa, rosenrot weiß	Fgl. dsch. 1,55	7 2,65	— muschelig, spröde, rissig	nur derb, eingesprengt, massig, großkörnig trigonal	in Pegmatiten u. Graniten Beryll, Turmalin, Lepidolith u. a. —	**Rosenquarz** SiO_2 San Miguel, am Rio Jequetinonha, Brasilien

529	530
1	−1/2
531	532
−1/2	−3/4
533	534
1	−1/2
535	536
+2	−1/2

Nr.	Farbe / Strich	Glanz / Transp. / (Brechungsindex)	Härte / Dichte	Spaltbarkeit / Bruch u. a. phys. Merkm.	Ausbildung, Aggregate / Kristallsystem	Vorkommen / Begleitminerale / ähnliche Minerale	Name und chemische Formel / Fundort
537	gelbgrün, verschieden gefärbt / weiß	Fgl., matt / uds. / –	7 / 2,5 bis 2,6	– / uneben, splittrig	feinstkörnig, dicht, massig, konzentrischschichtig, Knollen, Gerölle, unregelmäßige Massen / (trigonal) amorph	Chalcedon mit Fremdbeimengungen / – / – / s. Nr. 503	**Jaspis** SiO_2 / Kabamby, Madagaskar
538	buntgefärbt / weiß	Ggl., Fgl. / dsch., uds. / 1,55	7 / 2,5 bis 2,6	– / muschelig	feinstkörnig, dicht, derb, mit schichtigem Aufbau, Knollen, Gerölle, unregelmäßige Massen / (trigonal) amorph	Chalcedon mit lagenförmiger Struktur, feinschalig; als Mandelfüllung in Ergußgest. / – / – / s. Nr. 504	**Achat** SiO_2 / Levín, Böhmen
539	blutrot, gelbrot / weiß, rötlich	Fgl. / dsch. / 1,55	7 / 2,5 bis 2,6	– / muschelig	dicht, derb, nierig, traubig, Knollen, Gerölle, unregelmäßige Massen / trigonal	s. Nr. 422	Chalcedon-Varietät **Carneol** SiO_2 / Brasilien
540	apfelgrün / weiß	Ggl., Fgl. / dsch. / 1,55	7 / 2,6	– / muschelig	dicht, nierig, schalig, eingesprengt, kryptokrist. / trigonal	auf Nickelerzlagerst. / – / Prehnit s. Nr. 297	Chalcedon-Varietät **Chrysopras** SiO_2 / Szklary (Glasendorf), Schlesien
541	gelb, rot, braun / weiß	Dgl. / ds., dsch. / 2,6 bis 2,9	6,5 / 4,2 bis 4,3	gut / spröde	feinste, nadelige, haarförmige Kr., als Einschlüsse in Bergkristall u. Rauchquarz / tetragonal	als Einschlüsse in Quarz, in alpinen Klüften / – / – / s. Nr. 347	**Sagenit** TiO_2 (Rutil, Venushaar) / Modriach, Steiermark
542	rotbraun, metallisch schillernd / weiß	Ggl. / dsch. / 1,54	5,5 bis 6 / 2,6	– / uneben	derb, feinkörnig, dicht, schieferartig / trigonal	Quarz mit eingewachsenen Glimmer- oder Haematit-Blättchen / – / – / s. Nr. 289	Quarz-Varietät **Aventurin** SiO_2 (Aventurinquarz) / Mariazell, Steiermark
543	goldbraun, blaugrün, gelblich / weiß	Sgl., matt / dsch., uds. / –	5,5 bis 6 / 3,2 bis 3,3	sehr gut / faserig	parallel-feinfaserige A., zonig gekrümmt, plattig / monoklin	faseriger Riebeckitasbest, z. T. verkieselt u. zersetzt / – / – / s. Nr. 488	**Krokydolith** $Na_2Fe_3Fe_2[(OH,F)|Si_4O_{11}]_2$ (Riebeckitasbest, Tigerauge, Falkenauge) / Südafrikanische Union
544	grau, braun, blau, violett schillernd, grau mit Farbspiel / weiß	Pgl., Ggl. / dsch. / 1,54	6 bis 6,5 / 2,7	sehr gut / uneben, spröde	dicktafelig, derb, spätig, körnig, dicht / triklin	Gemengteil in basischen Eruptivgest. u. in krist. Schiefern / – / –	**Labradorit** isomorphe Mischung von $Na[AlSi_3O_8]$ u. $Ca[Al_2Si_2O_8]$ (Feldspatgruppe) / Kangek, Grönland

537	538
−1/2	−1/2
539	540
−1/2	−1/2
541	542
1	1
543	544
+1/2	−1/2

Nr.	Farbe Strich	Glanz Transp. (Brechungsindex)	Härte Dichte	Spaltbarkeit Bruch u. a. phys. Merkm.	Ausbildung, Aggregate Kristallsystem	Vorkommen Begleitminerale ähnliche Minerale	Name und chemische Formel Fundort
545	grün, bläulichgrün weiß	Ggl., Pgl. dsch. 1,53	6 2,5	sehr gut uneben, spröde	kurzsäulige, tafelige Kr.; derb, körnig, spätig triklin	Gemengteil v. Eruptivgest., in Pegmatiten — —	Mikroklin-Varietät **Amazonit** K[$AlSi_3O_8$] (Amazonenstein) Pikes Peak, Colorado, USA
546	himmelblau, grünlichblau weiß	Fgl. uds. 1,61	5 bis 6 2,6 bis 2,9	— muschelig, spröde	kryptokrist., derb, nierig, dicht, muschelig, traubig, Krusten, Adern, Überzüge triklin	als Kluftfüllung in Kieselschiefern u. Sandstein Chalcedon Lasurit	**Türkis** $CuAl_6$ [$(OH)_2$|PO_4]$_4$. $4H_2O$ (Kallait) Anatolien, Türkei
547	lasurblau, grünlichblau hellblau	Fgl., matt uds. 1,56	5,5 2,3 bis 2,4	— muschelig, spröde	meistens derb, dicht, feinkörnig kubisch	in metamorphem Kalkstein, mit eingesprengtem Pyrit, in vulkanischen Auswürflingen — Sodalith, Nosean, Haüyn, Lazulith	**Lasurit** $(Na,Ca)_8$ [$(SO_4,S,Cl)_2$|$(AlSiO_4)_6$] (Lasurstein, Lapislazuli) Baikal am Baikalsee
548	grün, gebändert hellgrün	Ggl., Sgl. uds. 1,7 bis 1,9	3,5 bis 4 4	— Absonderung, faserig, spröde	derb, nierig, traubig, glaskopfartig, achatähnlich gebändert monoklin	in der Verwitterungszone von Kupfererzlagerst. — Chrysokoll, Pseudomalachit s. Nr. 273	**Malachit** Cu_2 [$(OH)_2$|CO_3] Katanga, Kongo
549	grün, graugrün weiß	Fgl., matt dsch. 1,62	5,5 2,9 bis 3	— sehr dicht u. zäh	kryptokrist., schiefrig, derb, dicht monoklin	dichter Aktinolith oder Anthophyllit; in losen Blöcken u. Geschieben aus serpentinisiertem Gabbro — Jadeit s. Nr. 287	**Nephrit** $(Mg,Fe)_7$[OH|Si_4O_{11}]$_2$$Na_2Ca_4$ $(Mg,Fe)_{10}$ [$(OH)_2O_2$ $Si_{16}O_{44}$] (Amphibolgruppe) Neuseeland
550	grünlichweiß, grün, grau, gelblich weiß	Ggl., Fgl. dsch. 1,65	6,5 bis 7 3,2 bis 3,3	— uneben, sehr zäh	derb, dicht, körnig, faserig, Knollen, Gerölle, kryptokrist. monoklin	Einlagerungen in krist. Schiefern — Nephrit s. Nr. 301	**Jadeit** NaAl[Si_2O_6] (Pyroxengruppe) China
551	dunkelgrün weiß	Ggl., matt ds. 1,48 bis 1,5	5,5 2,3 bis 2,4	— muschelig, scharfkantig	unregelmäßige Stücke, knollige, durchfurchte Brocken mit skulpturierter Oberfläche amorph	Tektitglas mit schlieriger Textur, in Sanden — —	**Moldavit** Besednice, Böhmen
552	honiggelb, orange, bräunlich, weißlich weiß	Fgl. ds., dsch. 1,54	2 bis 2,5 1 bis 1,1	— muschelig, spröde, brennbar	Gerölle, abgerollte Körner, Platten, schichtig, tropfenförmig, eingesprengt amorph	fossiles Harz, in Sedimentgest. — — s. Nr. 140	**Bernstein** $C_{12}H_{20}O$ (Succinit) Warnemünde, Mecklenburg

545	546
−1/2	1
547	548
−1/2	−1/2
549	550
−3/4	−1/2
551	552
1	−1/2

Gesteine a) Erguß- oder Eruptivgesteine

Nr.	Bildungsweise	Gefüge	Hauptgemengteile	Nebengemengteile	Farben	Dichte / Bemerkung	Name / Fundort
553	magmatisches Tiefengestein (sauer)	grob- bis feinkörnig	Quarz, Orthoklas, Mikroklin, Plagioklas, Muskovit, Biotit, Amphibol, Augit	Apatit, Zirkon, Topas, Turmalin, Beryll, Titanit, Rutil, Magnetit, Ilmenit, Haematit, Pyrit, Monazit, Fluorit, Cordierit, Granat u. a.	weiß-grau, dunkelgrau, weiß-rötlich, grünlich, gelblich, bläulich, rot, schwarzweiß	2,6 – 2,7 / bankige Absonderung, sehr hart, fest	**Granit** / Krkonoše (Riesengebirge), Böhmen
554	magmatisches Tiefengestein	fein- bis grobkörnig, zuweilen porphyrisch	Orthoklas, Plagioklas, Biotit, Amphibol, Augit; enthält keinen o. sehr wenig Quarz	Apatit, Zirkon, Titanit, Magnetit, Olivin, Granat	grau, dunkelgrau, grau, rötlich	2,7 – 2,9 / sehr hart, fest	**Syenit** / Plauenscher Grund, Sachsen
555	magmatisches Tiefengestein	mittel- bis feinkörnig	Amphibol, Pyroxen, Biotit, z. T. Quarz, Diallag	Apatit, Titanit, Zirkon, Rutil, Magnetit, Ilmenit, Pyrrhotin, Pyrit	schwarzweiß, graugrün, regelmäßig gefleckt	2,8 – 3 / sehr hart, zäh	**Diorit** / Göda b. Bautzen, Sachsen
556	magmatisches Tiefengestein (basisch)	grob- bis feinkörnig	Plagioklas, Pyroxen, Amphibol, Biotit, z. T. Olivin, Enstatit, Hypersthen	Quarz, Apatit, Ilmenit, Spinell, Korund, Magnetit, Titanit, Pyrrhotin, Chromit, Pyrit, Rutil, Granat	grauschwarz, weißgrau, bräunlich, grünlich, graugrün, rötlich, gefleckt	2,8 – 3,1 / fest, zäh	**Gabbro** / Hof, Bayern
557	magmatisches Ergußgestein (basisch)	feinkörnig, dicht, glasig, mit Einsprenglingen, porphyrisch, auch porös	Orthoklas, Plagioklas, Biotit, Amphibol, Pyroxen, z. T. Quarz	Apatit, Zirkon, Titanit, Magnetit	grau, gelblich, braun, braungrün, rötlich, hellfleckig	2,5 – 2,8 / nicht sehr fest	**Porphyr** / Tatobity, Böhmen
558	magmatisches Ergußgestein (basisch)	feinkörnig, sehr dicht, porphyrisch	Plagioklas, Nephelin, Leucit, Augit, Amphibol, Melilith, Olivin, Glas	Magnetit, Ilmenit, Biotit, Apatit, Haüyn, Perowskit, Zeolithe, Aragonit, Calcit	schwarz, grünlich, dunkelgrün, grau	2,8 – 3,3 / sehr hart, fest, zäh, säulenförmige Absonderung	**Basalt** / Spechtshausen bei Freital, Sachsen
559	magmatisches Ergußgestein (basisch)	fein- bis grobkörnig, dicht, massig, porphyrisch, porös, mandelförmig, blasenreich	Plagioklas, Augit, Hypersthen, Olivin, z. T. Glas, Erzminerale	Chlorit, Magnetit, Ilmenit, Achat, Quarz, Calcit, Zeolithe	schwarz, dunkelgrau, braun, rötlich, rotbraun, graugrün	2,8 – 3,3 / frisch hart u. zäh	Basalt-Varietät **Melaphyr** (Mandelstein) / Kozákov, Böhmen
560	magmatisches Ergußgestein (sauer)	glasig, feinkrist. (durch rasche Abkühlung erstarrte Lava)	Gesteinsglas	(nur in mikroskopischen Mengen) Quarz, Biotit, Oligoklas	schwarz, dunkelgrau, braun	2,3 – 2,6 / spröde, muscheliger Bruch, auch als Schmuckstein verwendet	**Obsidian** / Lipari, Italien

553	554
−1/2	−1/2
555	556
−1/2	−1/2
557	558
−1/2	−1/2
559	560
−1/2	−1/2

Gesteine b) Absatz- oder Sedimentgesteine

Nr.	Bildungsweise	Gefüge	Hauptgemengteile	Nebengemengteile	Farben	Dichte / Bemerkung	Name / Fundort
561	klastisches Sedimentgestein	grobkörnig, klastisch, eckige Stückchen durch Bindemittel verkittet	sehr wechselnd, z. B. Quarz, Calcit, Dolomit, Erzminerale u. a.	sehr wechselnd	sehr verschieden	Dichte stark wechselnd / Körner größer als 2 mm	**Brekzie** (Dolomit u. Calcit) / Tinos, Griechenland
562	klastisches Sediment-Gestein	ungleich gekörnt, durch Bindemittel verbackener Schotter	Quarz, Quarzite, Kieselschiefer	Tonminerale, Limonit, Haematit, Calcit u. a.	sehr verschieden nach der Farbe der Mineralbestandteile u. des Bindemittels	Dichte stark wechselnd / Korngröße über 2 mm	**Konglomerat** / Bělá, Böhmen
563	klastisches Sedimentgestein	klastisch, mittel- u. feinkörnig, porös, schichtig	Quarz, z. T. Opal	Chalcedon, Muskovit, Feldspat, Haematit, Limonit, Zirkon, Rutil, Glaukonit u. a.	hellgrau, gelblich, rötlich, braun, mehrfarbig	2–2,65 / Korngröße 0,05 bis 2 mm	**Sandstein** / Vrchlabí (Hohenelbe), Böhmen
564	klastisches Sedimentgestein	feinkörnig bis dicht, klastisch, geschichtet, geschiefert	Kaolinit oder andere Tonminerale, Quarz	Muskovit, Zirkon, Rutil, Calcit, bituminöse Stoffe	grau, blaugrau, weißgrau, gelblich, gelbbraun, rötlich bis schwarz	2,8 / Korngröße kleiner als 0,02 mm	**Tonschiefer** / Kopanina, Böhmen
565	klastisches, z. T. biogenes Sedimentgestein	dicht, porig, geschichtet	Calcit, Dolomit, Quarz, Tonminerale	Tonminerale, bituminöse Stoffe	hell- bis dunkelgrau, gelblich, rötlich	2,6–2,8 / Korngröße kleiner als 0,02 mm	**Mergel** / Jáchymov (Joachimsthal), Böhmen
566	biogenes, z. T. klastisches Sedimentgestein	feinkörnig bis dicht, klastisch, geschichtet, geschiefert	Kaolinit u. andere Tonminerale, Quarz	Muskovit, Calcit, Zirkon, Rutil, bituminöse Stoffe	grau, blaugrau, rötlich bis schwarz	2,8 / Korngröße kleiner als 0,02 mm, gut teilbar	**Schieferton** / Handlová, Slowakei
567	chemisches, z. T. biogenes Sedimentgestein	porig, geschichtet	Calcit, Aragonit	Tonminerale, Quarz, Haematit, Limonit, bituminöse Stoffe	weiß, gelb, braun, rötlich, grauweiß, geädert	2,6–2,8 / —	**Travertin** / Sliač, Slowakei
568	chemisches Sedimentgestein	oolithisch, dicht, porös, erdig	Alumogel, Diaspor, Böhmit, Hydrargillit, Kaolinit	Haematit, Goethit, Lepidokrokit, Chlorit, Calcit, Phosphorit, Opal	weiß, gelb, braun, rotbraun, violett, grün, grau, fleckig	2,4–2,5 / —	**Bauxit** / Gánt, Ungarn

561	562
–1/2	–1/2
563	564
–1/2	–1/2
565	566
–1/2	–1/2
567	568
–1/2	–1/2

Gesteine c) Metamorphite oder Umwandlungsgesteine

Nr.	Bildungsweise	Gefüge	Hauptgemengteile	Nebengemengteile	Farben	Dichte / Bemerkung	Name / Fundort
569	Umwandlungsgestein	mittel- bis kleinkörnig, fladerig, schiefrig oder massig	Quarz, Orthoklas, Plagioklas, Biotit, Muskovit, Amphibol, Pyroxen	Apatit, Zirkon, Rutil, Granat, Cordierit, Sillimanit, Epidot, Pyrit, Graphit	grau, grauweiß, braun, rotbraun, grauschwarz	2,6 – 2,8 / Absonderung in Platten	**Gneis** / Kunštát, Mähren
570	Umwandlungsgestein	klein- bis mittelkörnig, schiefrig, fladerig	Quarz, Muskovit, Biotit, Paragonit	Albit, Granat, Rutil, Staurolith, Epidot, Turmalin, Cyanit, Andalusit, Graphit	gelblich, braun, braunrot, grau	2,6 – 3,2 / plattige Absonderung	**Glimmerschiefer** / Vrchlabí (Hohenelbe), Böhmen
571	Umwandlungsgestein	feinkörnig, massig, schiefrig, fladerig	Quarz, Orthoklas, Plagioklas, Granat, Diopsid, Hypersthen	Apatit, Zirkon, Rutil, Cyanit, Hercynit, Biotit	weiß, grau, grauweiß, dunkelgrau	2,6 – 2,9 / –	**Granulit** / Gersdorf bei Karl-Marx-Stadt
572	Umwandlungsgestein	feinkörnig, schiefrig, fladerig, massig	Quarz, Chlorit, Serizit, z. T. Albit	Rutil, Albit, Turmalin, Magnetit	grünlich, graugrün, grau, grauweiß bis schwarz	2,7 – 2,8 / oft mit glimmerigem Glanz bis Sgl.	**Phyllit** / Ankogel, Salzburg, Kärnten
573	Umwandlungsgestein	klein- bis grobkörnig, massig, fladerig	Calcit, Dolomit	Quarz, Glimmer, Talk, Epidot, Serpentin, Tremolit, Forsterit u. a.	weiß, gelblich, bläulich, grün, grau, rot, schwarz, mehrfarbig	2,6 – 2,8 / –	**Marmor** / Schwarzenberg, Erzgebirge
574	Umwandlungsgesein	feinkörnig bis dicht, schiefrig, fladerig, massig	Chlorit, Sericit, Amphibol, Aktinolith, Epidot, Albit	Quarz, Calcit	grün, graugrün	2,7 – 2,8 / –	**Grünschiefer** / Kraslice (Graslitz), Böhmen
575	Umwandlungsgestein (basisch)	klein- bis grobkörnig, schiefrig, fladerig, massig	Amphibol, Plagioklas	Albit, Quarz, Granat, Apatit, Titanit, Rutil, Epidot, Zoisit, Biotit, Chlorit, Diopsid	schwarz, grauschwarz, grünlichschwarz	2,7 – 2,8 / zäh	**Amphibolit** / Stupava, Mähren
576	Umwandlungsgestein (basisch)	schiefrig, fladerig, massig, dicht	Olivin, Serpentin	Granat, Bronzit, Chromit, Amphibol, Magnetit, Talk, Chrysotil (Asbest)	graugrün, grün, schwarzgrün, grau bis schwarz, rot gesprenkelt	2,6 – 2,7 / –	**Serpentinit** / Dobšiná, Slowakei

569	570
−1/2	−1/2
571	572
−1/2	−1/2
573	574
−1/2	−1/2
575	576
−1/2	−1/2

Bestimmungstabelle nach Mineralfarbe und Härte

Härte	Farbe					
	farblos	weiß-weißlich	gelb-gelblich	orange	rot-rötlich-rosa	violett
1–2	17, 25, 29–31, 33, 35–39	(1), 2, 17–31, 33, 35, 36–38, 255, 256, 393, 396, 397–399	17, 18–25, 27, 28, 31, 33, 35, 36, 38, 39, 129, 131–133, 252, 313, 396–399	33, 129, 133, 181	19, 21, 22, 28, 31, 33, 36, 39, 181–183, 210	33, 209, 210
2–3	40, 42–46, 48, 50, 139, 309, 312, 402	3–7, 40–50, 139, 140, 211, 309, 310, 312, 364, 380, 402	7, 41–48, 119, 121, 122, 133–136, 138–141, 171, 172, 259, 260, 309–312, 326, 403	133, 135, 140, 141, 169–172, 188, 326	40, 44–49, 135, 171, 172, 177, 184–189, 210, 211, 326, 371, 429	46, 210, 211, 371
3–4	51, 55, 57–59, 61, 66, 67, 69, 71, 142, 151, 232, 321, 401, 405	8, 51, 55–61, 63–72, 146, 151–153, 174, 193, 211, 232, 310, 318, 320, 321, 381, 395, 401, 405, 487	51, 55–57, 59–61, 64, 67–70, 72, 123, 124, 128, 142, 143, 146–153, 174, 175, 193, 232, 270, 310, 317, 318, 320–322, 327, 328, 384, 401, 405, 481, 487, 489	143, 146, 147, 148, 174, 175 327	51, 57–59, 61, 64, 67, 70–72, 142, 151, 192–196, 211, 232, 270, 320, 324, 406, 489	58, 61, 211, 212
4–5	73, 75–80, 158, 213, 214, 236, 276	9, 12, 73–80, 157, 160, 164, 280, 310, 387, 388, 411	73–80, 156–160, 164, 197, 214, 236, 280, 310, 322, 329, 331, 411	73, 156, 280, 332	73, 75–78, 80, 157, 158, 179, 197, 213, 214, 280, 411	73, 158, 213, 214
5–6	81, 84–89, 91–95, 98, 99, 101–104, 112, 158, 161, 204, 283, 286, 291, 421	10–16, 81, 104, 112, 154, 158, 161, 162, 204, 238, 239, 288, 291, 389–392, 414, 416, 421, 486, 495	81, 84–86, 88–91, 94, 97, 98, 100, 103, 112, 154, 155, 158, 161–163, 198, 235, 238, 283, 286, 291, 336, 337, 341, 415, 417, 459, 486, 488, 495	155, 337	81, 85, 88–90, 100, 102, 103, 112, 158, 162, 180, 198–202, 204, 235, 238, 283, 289, 291, 337, 386, 415, 417, 435, 486, 495	158, 215
6–7	105, 107–109, 112, 161, 205, 236, 355, 419, 531	105–109, 112, 161, 164, 165, 205, 206, 236, 293, 294, 301, 349, 419, 491, 498, 500, 502, 506	106–109, 112, 125, 127, 161, 164–166, 203, 205, 236, 292, 295, 301, 349, 351, 355, 418, 420, 422, 438, 500, 529, 532, 541, 544	355	107, 109, 112, 200, 201, 203, 205–207, 292, 293, 295, 299, 347, 349–351, 355, 418, 420, 500, 502, 526, 536, 539, 541, 544	107, 109, 216, 217, 357, 526, 530, 533, 544
7–8	113–117, 427, 521, 522	113, 115, 116	113–117, 167, 168, 176, 244, 246, 305, 427, 518, 521, 522	117, 176, 521, 522	116, 117, 176, 208, 219, 220, 246, 305, 360, 519–522, 527	208, 219, 220, 244
8–9	428, 512, 515	514	304, 428, 512, 515	515	428, 512, 515, 524	515, 524
10	118, 513		118, 513		118, 513	

Farbe				
blau-bläulich	grün-grünlich	braun-bräunlich	grau	schwarz-schwärzlich
21, 33, 209, 221, 223–225, 250	19–21, 23, 24, 28, 36, 209, 210, 247–256, 313, 398	19, 20, 25, 31, 36, 39, 129, 132, 255, 256, 313, 393, 394, 396, 399, 442	2, 20, 22–24, 31, 35, 36, 39, 210, 255, 256, 313, 361, 362, 393, 394, 396–399, 441	39, 209, 221, 247, 248, 313, 441, 442
222, 226–229, 263, 265	136–139, 171, 172, 210, 211, 228, 229, 259–267, 311, 400, 402, 403, 444	40, 47, 49, 119, 135, 139–141, 169–171, 177, 189, 265, 267, 307, 309–312, 326, 400, 403, 404, 429, 444	3, 5, 6, 41–44, 47, 49, 171, 172, 184–186, 210, 211, 222, 228, 307, 309–312, 364–367, 369–380, 400, 402–404, 432	5, 6, 169, 177, 184, 186, 307, 310, 365, 367, 372, 373, 379, 380, 400, 402, 404, 429, 430, 432, 444
57, 58, 61, 68, 69, 230, 232–234, 243, 265	61, 64, 68, 142, 146, 149, 150, 153, 174, 175, 211, 264, 265, 268–273, 275, 314, 317, 324, 327, 407, 452, 489	51, 57, 59–61, 68, 69, 71, 72, 123, 128, 142, 143, 146–148, 150–152, 174, 175, 192, 195, 265, 269, 270, 308, 310, 314–322, 324, 325, 327, 328, 401, 406, 447, 449, 481, 487, 489	8, 56–61, 64, 66, 67, 69–71, 142, 146, 153, 174, 192, 195, 211, 270, 310, 317, 321, 381–384, 395, 401, 405–407, 431, 446, 451, 452, 481, 487, 489	142, 269, 275, 310, 314, 317, 321, 324, 383, 401, 405–407, 431, 445–449, 451, 452, 481, 489
73, 79, 236, 276, 280, 282, 338, 411	73, 78, 79, 157–160, 213, 214, 269, 276–282, 284, 329, 333, 338, 411	79, 156, 157, 197, 269, 310, 329–333, 338, 454	9, 12, 74, 76, 79, 80, 160, 164, 179, 236, 280, 310, 330, 331, 333, 385, 387, 388, 411, 443, 453	269, 310, 329, 332, 443, 450, 453, 454, 456, 460
87, 93, 112, 215, 235, 237–239, 283, 386, 416, 421, 470, 488, 495, 546, 547	87, 90, 93, 94, 98, 101, 103, 104, 112, 158, 162, 163, 238, 239, 283, 285–291, 343, 344, 412–415, 467, 488, 495, 545, 546, 551	81, 90, 91, 112, 154, 161–163, 180, 198, 200, 201, 283, 288, 291, 334–337, 339, 341–345, 348, 408, 409, 412, 413, 415, 416, 435, 455, 457, 459, 462, 464, 486, 488, 542	12–16, 82–87, 89, 92–94, 102, 112, 162, 180, 201, 204, 238, 283, 287, 288, 290, 291, 342, 343, 345, 386, 389–392, 408, 409, 412–417, 421, 435, 443, 486, 495	112, 162, 198, 201, 235, 286, 334, 341–344, 409, 413, 416, 433–435, 443, 455, 457–470
105, 107, 112, 216, 236, 241, 242, 351, 355, 422, 544	108, 112, 165, 166, 216, 292–302, 349, 351, 353–357, 418, 529, 540	106, 109, 112, 161, 166, 200, 201, 203, 205–207, 293, 295, 299, 340, 347, 349–357, 420, 426, 438, 473, 477, 491, 500, 503, 534, 541, 544	108, 109, 112, 164, 165, 201, 205, 206, 236, 241, 292, 294, 295, 301, 340, 357, 418–420, 422, 425, 426, 438, 473, 491, 498, 503, 504, 544	112, 201, 203, 295, 299, 340, 354, 356, 418, 425, 438, 440, 471–474, 476–478, 491, 498, 506
114, 117, 244–246, 305, 517, 520–522	114, 117, 168, 303, 305, 306, 475, 516–518, 520–522, 528	116, 176, 219, 246, 358–360, 427, 520–522	113–115, 244, 427	219, 246, 358–360, 475, 479
428, 512, 514, 515	304, 524	428, 512	428, 512	
118, 513	118, 513	118, 513	118, 513	118

Bestimmungstabelle nach Mineralfarbe und Glanz

Glanz	Farbe					
	farblos	weiß-weißlich	gelb-gelblich	orange	rot - rötlich - rosa	violett
Metallglanz		1–5, 7–16, 179, 364, 380, 381, 387, 388, 392	119, 123–125, 127, 128, 198, 235, 384		4, 177, 179, 180, 198, 201, 235, 371, 386, 429, 435	209, 371
Diamantglanz	39, 142, 309, 355, 402	49, 146, 157, 162, 309, 321, 393, 402	39, 129, 131, 142, 143, 146, 147, 156, 157, 162, 171, 172, 175, 188, 197, 198, 203, 235, 270, 309, 321, 326, 327, 337, 355, 393, 438, 459	143, 146, 147, 156, 171, 172, 175, 181, 188, 326, 327, 337, 355	39, 49, 142, 157, 162, 171, 172, 181, 182, 184, 185, 186, 188, 195–198, 203, 210, 235, 270, 324, 326, 337, 347, 355, 406	210
Glasglanz	25, 29–31, 33, 35–37, 40, 42–46, 48, 50, 51, 55, 57–59, 61, 66, 67, 71, 73, 75–81, 84–89, 91–95, 98, 99, 101–105, 107–109, 113, 115–117, 158, 161, 205, 213, 232, 236, 237, 283, 286, 291, 312, 355, 405, 419, 427	25, 27, 29–31, 33, 35–37, 40, 42–48, 51, 55, 56–61, 64, 66–68, 70–72, 74–81, 83–95, 99–108, 110, 111, 113, 115, 116, 152, 153, 158, 161, 162, 164, 165, 193, 205, 206, 213, 232, 236–239, 280, 291, 293, 294, 301, 312, 349, 398, 405, 414, 416, 419, 498, 500, 501	25, 27, 31, 33, 35, 36, 42–48, 51, 55–57, 59–61, 64, 67, 68, 70, 72–81, 84–86, 88–91, 94, 98, 100, 103, 106, 107, 111, 113, 115–117, 131, 137, 138, 150, 152, 153, 158, 161, 162, 164–168, 176, 193, 205, 232, 236, 238, 246, 252, 280, 283, 286, 291, 292, 295, 301, 304, 305, 312, 317, 322, 328, 331, 332, 349, 351, 355, 398, 405, 417, 418, 420, 422, 427, 428, 529	33, 176, 280, 332, 355	31, 33, 36, 40, 44–48, 51, 57–59, 61, 64, 67, 70–73, 75–78, 80, 81, 85, 88–90, 100, 102, 103, 107, 111, 116, 117, 158, 162, 176, 183, 189, 192–194, 199, 200, 202, 205, 206–208, 213, 219, 232, 238, 246, 280, 283, 289, 291–293, 295, 305, 349–351, 415, 417, 355, 406, 418, 420, 428, 519, 527, 530	33, 46, 58, 61, 73, 158, 208, 209, 213, 214, 215, 217, 219, 244, 357, 544
Fettglanz	17, 35, 36, 39, 40, 43, 44, 57, 61, 69, 81, 85, 86, 93, 109, 142, 146, 158, 237, 276, 286, 291, 427	17, 20, 22, 35, 36, 40, 43, 44, 57, 61, 62, 64, 69, 74, 81, 82, 85, 86, 93, 110, 112, 140, 157, 158, 159, 162, 165, 237, 291, 301, 310, 349, 416, 487, 495, 498	17, 20, 22, 35, 36, 39, 43, 44, 57, 61, 62, 64, 69, 74, 81, 85, 86, 112, 129, 131, 140–142, 146–148, 155, 157–159, 162, 165–167, 171, 172, 175, 176, 203, 235, 286, 291, 301, 327, 331, 349, 427	140, 141, 146, 147, 169, 171, 172, 175, 176, 181, 327	22, 36, 39, 40, 44, 57, 61, 64, 81, 85, 112, 142, 157, 158, 162, 171, 172, 176, 181, 187, 203, 208, 235, 291, 349, 536	61, 158, 208, 214, 217, 244
Perlmutterglanz	31, 40, 50, 51, 55, 57–59, 69, 71, 79, 87, 99, 101–105, 107, 113, 205, 213, 232, 236, 312	20, 21, 23, 27, 31, 40, 47, 49, 51, 55, 57–60, 69–72, 79, 83, 87, 99–105, 107, 113, 152, 164, 193, 205, 211, 213, 232, 236, 288, 293, 294, 312, 395, 397, 495	20, 21, 23, 27, 31, 47, 51, 55, 57, 59, 60, 69, 70, 72, 79, 100, 103, 107, 113, 131, 132, 136–138, 150, 152, 164, 193, 205, 232, 236, 311, 312, 317, 328, 397, 403, 420, 495		21, 31, 40, 47, 49, 51, 57–59, 70–72, 100, 102, 103, 107, 189, 193, 194, 200, 205, 210, 211, 213, 232, 293, 395, 415, 420, 495	58, 209, 210, 211, 213, 544
Seidenglanz	31, 45, 48, 79, 80, 84, 88, 139, 312	27, 28, 31, 41, 45, 48, 68, 72, 79, 80, 83, 84, 88, 134, 139, 206, 255, 312, 398, 414	27, 28, 31, 41, 45, 48, 68, 72, 79, 80, 84, 88, 132–134, 139, 148, 163, 255, 312, 336, 398, 415	133	28, 31, 45, 48, 72, 80, 88, 206, 415	216
matt	25, 30, 37, 38, 42, 43, 48, 69, 92, 113, 405	18–21, 23–26, 30, 37, 38, 41–43, 48, 56, 63, 65, 69, 70, 82, 92, 96, 97, 113, 134, 154, 160, 249, 310, 380, 396, 399, 405, 486, 501	18–21, 23–25, 38, 41–43, 48, 56, 69, 70, 97, 113, 133–135, 143, 149, 150, 154, 156, 160, 305, 317, 329, 335, 396, 399, 405, 422, 428	133, 135, 143, 156, 170	19, 21, 48, 70, 135, 154, 184, 186, 187, 194, 201, 305, 428, 435, 486, 489, 499	209

Farbe				
blau-bläulich	grün-grünlich	braun-bräunlich	grau-gräulich	schwarz-schwärzlich
209, 221, 222, 235	209	119, 123, 128, 180, 198, 201, 307, 429, 435, 449, 454, 455	5, 8, 9, 12–16, 179, 180, 201, 222, 307, 361, 362, 364, 365–367, 369–388, 392, 425, 431, 432, 435, 441, 446, 451	5, 198, 201, 209, 221, 235, 307, 365, 367, 372, 373, 376, 379, 380, 383, 425, 429–435, 440, 441, 446, 449–451, 453–455, 458, 460, 476
226, 235, 355	142, 146, 157, 162, 171, 172, 175, 266, 269, 270, 324, 327, 355, 402, 406	39, 49, 129, 142, 143, 146, 147, 157, 162, 171, 175, 198, 203, 269, 270, 309, 316, 321, 324, 326, 327, 337, 340, 347, 355, 393, 438, 459, 462	39, 49, 142, 146, 171, 172, 184–186, 195, 210, 270, 309, 321, 340, 393, 402, 406, 438	39, 142, 162, 184, 186, 198, 203, 235, 269, 321, 324, 340, 402, 406, 438, 459, 462, 469
33, 57, 58, 61, 68, 73, 79, 87, 93, 105, 107, 117, 209, 226–230, 232, 236–239, 241, 242, 244–246, 250, 263, 280, 305, 351, 355, 416, 422, 428, 544	36, 61, 64, 68, 73, 78, 79, 90, 93, 94, 98, 101, 103, 104, 108, 117, 138, 153, 158, 162, 165, 166, 168, 206, 209, 213, 228, 236–239, 248, 250, 252, 253, 254, 257, 258, 262, 263, 266–269, 271–273, 275, 277, 280, 283–286, 289–306, 313, 314, 317, 333, 343, 344, 349, 351, 353, 355, 356, 357, 398, 406, 407, 412–415, 418, 452, 529, 545, 551	25, 31, 36, 40, 47, 51, 57, 59–61, 68, 71, 72, 79, 81, 90, 91, 106, 111, 116, 150, 152, 161, 162, 166, 176, 189, 192, 200, 205–207, 219, 246, 267, 269, 283, 291, 293, 295, 299, 312–314, 317, 322, 328, 331–333, 340, 342, 343–345, 349–353, 355–359, 394, 404, 408, 409, 412, 413, 415, 416, 420, 426–428, 444, 447, 464, 473, 477, 534, 544	31, 35, 36, 42–44, 56–61, 64, 66, 67, 70, 71, 76, 79, 80, 83–87, 89, 92–94, 102, 107, 108, 111, 113, 153, 164, 165, 192, 205, 206, 228, 236–238, 241, 244, 280, 283, 292, 294, 295, 301, 312, 313, 317, 331, 340, 343, 345, 357, 394, 398, 404–409, 412–420, 422, 426–428, 452, 473, 491, 498, 501, 534, 544	162, 209, 219, 246, 269, 273, 275, 286, 295, 299, 313, 314, 317, 332, 340, 342–344, 356, 358, 359, 404–407, 409, 413, 416, 418, 444, 447, 448, 452, 456, 457, 461, 464, 465, 467, 468, 470, 471, 473–475, 477–479, 491, 498
57, 61, 69, 93, 235, 237, 242, 244, 245, 265, 416, 546, 547	20, 22, 36, 61, 64, 93, 112, 142, 146, 157, 158, 159, 162, 165, 166, 171, 172, 175, 237, 248, 262, 265, 267, 268, 275, 276, 279, 282, 286, 291, 297, 301, 303, 327, 329, 338, 349, 443, 489, 495	20, 36, 39, 40, 57, 61, 69, 81, 112, 129, 140–142, 146–148, 157, 162, 166, 169, 171, 175, 176, 203, 265, 267, 291, 310, 327, 331, 334, 341, 342, 345, 349, 359, 416, 424, 427, 454, 455, 464, 473, 487	20, 35, 36, 39, 43, 44, 57, 61, 64, 82, 85, 86, 93, 112, 142, 146, 165, 171, 172, 237, 244, 301, 331, 416, 424, 427, 443, 473, 487, 495, 498	39, 112, 142, 162, 169, 203, 235, 275, 286, 310, 329, 341, 342, 359, 416, 424, 443, 454, 455, 457, 460, 464, 468, 469, 472–474, 478, 479, 489, 498
21, 57, 58, 69, 79, 87, 105, 107, 209, 225, 232, 236, 243, 250, 544	20, 21, 23, 79, 101, 103, 104, 136, 138, 209, 211, 213, 236, 248, 250, 251, 253, 254, 257, 258, 261, 279, 288, 293, 294, 311, 313, 317, 333, 400, 403, 412, 413, 415, 452, 495, 545	20, 31, 40, 47, 49, 51, 57, 59, 60, 69, 71, 72, 79, 132, 150, 152, 189, 200, 205, 288, 293, 311, 312, 313, 317, 328, 333, 403, 408, 412, 413, 415, 420, 444, 447, 544	20, 23, 31, 49, 57–60, 70, 71, 79, 83, 87, 102, 107, 113, 164, 205, 210, 211, 236, 294, 311, 312, 313, 317, 345, 395, 397, 400, 403, 408, 412, 413, 415, 420, 452, 495, 544	209, 313, 317, 400, 413, 444, 447, 452
68, 79, 216, 223, 225, 272	28, 68, 79, 139, 163, 206, 216, 255, 273, 290, 398, 413–415, 488	31, 68, 72, 79, 132, 139, 148, 163, 206, 255, 312, 336, 408, 413, 415, 462, 488	31, 41, 79, 80, 83, 84, 206, 312, 398, 408, 413–415, 451	273, 413, 451, 456, 462
21, 69, 209, 230, 265, 305, 422, 428, 501, 547	19–21, 23, 24, 160, 209, 247, 249, 251, 254, 264, 265, 273, 278, 282, 287, 305, 317, 400, 406, 407, 443, 475, 488, 489	19, 20, 25, 69, 135, 143, 150, 154, 170, 201, 265, 307, 310, 317, 330, 335, 336, 358, 394, 396, 399, 404, 409, 424, 426	19, 20, 23, 24, 41–43, 56, 70, 82, 92, 113, 160, 184, 186, 201, 307, 317, 365, 366, 378, 380, 394, 396, 399, 400, 409, 422,	184, 186, 201, 209, 273, 307, 310, 317, 358, 365, 380, 400, 409, 424, 425, 433, 441–443, 446, 450, 453, 456, 458, 460

Bestimmungstabelle nach Mineralfarbe und Spaltbarkeit

Spaltbarkeit	Farbe					
	farblos	weiß-weißlich	gelb-gelblich	orange	rot-rötlich-rosa	violett
sehr gut	25, 31, 33, 35, 42, 44–46, 48, 49, 51, 55, 57–59, 66, 71, 73, 79, 80, 88, 91, 94, 99, 101–105, 107, 108, 115, 117, 118, 142, 205, 213, 236, 309, 312, 405	2, 4, 7, 13, 20, 21, 23, 25, 27, 31, 33, 35, 41, 42, 44–48, 51, 55, 57–60, 66, 70–72, 79, 80, 83, 88, 91, 94, 99–105, 107, 108, 115, 153, 164, 205, 206, 211, 213, 236, 238, 280, 293, 309, 312, 364, 380, 381, 395, 397, 405, 414, 416, 500	20, 21, 23, 25, 27, 31, 33, 35, 41, 42, 44–48, 51, 55, 57, 59, 60, 70, 72, 73, 79, 80, 88, 91, 94, 100, 103, 107, 115, 117, 118, 123, 131, 132, 136–138, 142, 149, 150, 153, 164, 168, 197, 205, 235, 236, 238, 252, 260, 280, 292, 295, 309, 311, 312, 317, 328, 331, 337, 397, 403, 405, 415, 420, 488, 500	33, 280, 337	21, 31, 33, 44–49, 51, 57–59, 70–73, 80, 88, 100, 102, 103, 107, 117, 118, 142, 182, 183, 186, 189, 192, 194, 197, 199, 205, 206, 210, 211, 213, 235, 238, 280, 292, 293, 295, 337, 395, 415, 420, 500	33, 46, 58, 73, 107, 209, 210, 211, 213, 544
gut	30, 40, 50, 67, 75, 76, 84, 87, 93, 116, 232, 283, 286, 402	8, 10–12, 15, 28, 30, 40, 56, 67, 68, 74–76, 84, 87, 90, 93, 116, 146, 152, 165, 193, 232, 249, 255, 286, 288, 393, 398, 402	28, 56, 67, 68, 74–76, 84, 90, 116, 133, 143, 146, 152, 156, 163, 165, 175, 188, 193, 203, 232, 255, 283, 335, 393, 398, 417, 418, 459, 481, 529	133, 143, 146, 156, 170, 175, 181, 188	28, 40, 67, 75, 76, 90, 116, 181, 184, 185, 188, 193, 196, 200, 203, 232, 283, 347, 350, 417, 418, 530	215, 244, 357, 530
deutlich	37, 38, 43, 116, 158, 286, 421	10, 15, 16, 37, 38, 43, 64, 116, 134, 157, 158, 162, 165, 286, 294, 349, 392, 421	38, 43, 64, 116, 128, 134, 157, 158, 162, 163, 165, 172, 304, 322, 349	172	64, 116, 157, 158, 162, 172, 195, 349	158, 216
schlecht	17, 61, 77, 78, 81, 86, 291, 355, 427	17, 61, 77, 78, 81, 82, 86, 106, 291, 320, 321, 387, 388	17, 61, 77, 78, 81, 86, 106, 124–127, 166, 171, 198, 246, 291, 305, 320, 321, 332, 355, 384, 427, 438	171, 332, 355	61, 77, 78, 81, 171, 198, 246, 291, 305, 355, 386	61
keine	29, 36, 39, 69, 85, 89, 92, 95, 98, 109, 113, 114, 139, 161, 239, 276, 419	1, 3, 5, 9, 14, 18, 19, 22, 24, 26, 29, 36, 62, 63, 65, 69, 85, 89, 92, 95–97, 110–113, 139, 140, 154, 159–161, 179, 301, 310, 318, 390, 391, 396, 399, 419, 486, 487, 495, 498, 501	18, 19, 22, 24, 36, 39, 62, 69, 85, 89, 97, 98, 111–114, 119–122, 124, 125, 127, 129, 135, 139–141, 147, 148, 154, 155, 159–161, 167, 176, 270, 301, 326, 330, 336, 341, 351, 396, 399, 422, 428, 438, 486, 487, 489, 491, 495, 499, 501, 518	129, 135, 140, 141, 147, 169, 176, 326	19, 22, 36, 39, 85, 89, 111, 112, 135, 154, 176, 177, 179, 180, 187, 201, 202, 207, 208, 219, 270, 289, 324, 326, 351, 371, 406, 428, 429, 486, 489, 495, 499, 519, 527, 536	208, 217, 219, 371

Farbe				
blau-bläulich	**grün-grünlich**	**braun-bräunlich**	**grau**	**schwarz-schwärzlich**
21, 33, 57, 58, 73, 79, 105, 107, 117, 118, 209, 221, 224–226, 229, 233–236, 238, 243, 250, 280, 416, 470	20, 21, 23, 73, 79, 94, 101, 103, 108, 117, 118, 136, 138, 142, 146, 149, 150, 153, 168, 206, 209, 211, 213, 225, 238, 248, 250, 252–254, 257–261, 266, 279, 280, 284, 292, 293, 295, 296, 311, 313, 314, 317, 403, 414, 415, 444, 452, 467, 488, 545	25, 31, 47, 49, 51, 57, 59, 60, 71, 72, 79, 91, 123, 132, 142, 146, 150, 189, 192, 205, 206, 279, 293, 295, 309, 311–317, 328, 331, 337, 346, 403, 408, 415, 416, 420, 444, 447, 449, 454, 455, 488, 500, 544	13, 20, 23, 31, 35, 41, 42, 44, 49, 57–60, 66, 70, 71, 79, 80, 83, 94, 102, 107, 108, 118, 142, 146, 153, 164, 186, 192, 205, 206, 210, 211, 236, 238, 280, 292, 295, 309, 311–313, 317, 331, 361, 362, 364–366, 367, 372, 380, 381, 395, 397, 403, 405, 408, 411, 414–416, 420, 432, 441, 446, 451, 452, 544	118, 142, 186, 209, 221, 235, 295, 313, 314, 317, 367, 372, 380, 405, 416, 432, 434, 441, 444–447, 449, 451, 452, 454, 455, 468, 470
68, 87, 93, 215, 222, 223, 230, 232, 237, 244, 263	28, 68, 87, 90, 93, 104, 163, 165, 175, 249, 251, 255, 262, 263, 269, 272, 273, 283, 285, 286, 288, 290, 299, 333, 344, 357, 398, 400, 402, 407, 413, 418, 529	40, 68, 90, 116, 143, 152, 156, 163, 170, 175, 200, 203, 255, 269, 283, 288, 299, 327, 333, 335, 344, 345, 347, 350, 354, 357, 393, 394, 404, 413, 459, 462, 481	8, 12, 15, 56, 67, 74, 76, 84, 87, 93, 165, 184, 185, 222, 244, 283, 288, 290, 345, 357, 385, 393, 394, 398, 400, 402, 404, 407, 413, 417, 418, 481	184, 203, 269, 273, 286, 299, 344, 400, 402, 404, 407, 413, 418, 448, 453, 459, 462, 465, 467, 472, 474, 481
216, 421	64, 157, 158, 162, 163, 165, 172, 216, 281, 286, 294, 304, 343, 349, 412, 466	116, 128, 157, 162, 163, 308, 322, 340, 342, 343, 349, 358, 412, 426, 466, 467	15, 16, 43, 64, 165, 172, 195, 294, 340, 342, 343, 374–378, 389, 392, 412, 421, 425, 426, 466	162, 286, 340, 342, 343, 358, 376, 425, 440, 466, 469
61, 227, 228, 246, 338, 355, 386	61, 78, 166, 171, 267, 271, 277, 291, 305, 306, 338, 355	61, 81, 106, 166, 171, 198, 246, 267, 291, 320, 321, 323, 332, 334, 338, 339, 348, 355, 427, 438, 464	61, 82, 86, 171, 321, 365, 369, 370, 373, 383, 384, 386–388, 401, 427, 438	198, 246, 321, 332, 365, 373, 384, 433, 438, 464, 476
69, 114, 239, 241, 242, 245, 265, 351, 422, 428, 495, 501, 517, 546, 547	19, 22, 24, 36, 98, 112, 114, 139, 159, 160, 239, 247, 264, 265, 268, 270, 275, 276, 278, 282, 287, 289, 297, 298, 300–303, 324, 329, 351, 353, 356, 406, 443, 475, 489, 495, 517, 518, 551	19, 36, 39, 69, 111, 112, 119, 129, 135, 139–141, 147, 148, 154, 161, 169, 176, 180, 201, 207, 219, 265, 270, 307, 310, 318, 319, 324–326, 329, 330, 336, 341, 351, 352, 353, 356, 359, 360, 396, 399, 409, 424, 428, 429, 438, 442, 473, 477, 486, 487, 489, 491, 499, 501, 534	5, 9, 14, 19, 22, 24, 36, 59, 85, 89, 92, 111–114, 160, 179, 180, 201, 241, 270, 301, 307, 330, 363, 371, 377, 379, 382, 390, 391, 396, 399, 406, 409, 419, 422, 424, 428, 431, 438, 443, 473, 483, 486, 487, 491, 495, 498, 501, 534	5, 39, 112, 169, 201, 219, 275, 307, 310, 324, 329, 341, 356, 359, 379, 406, 409, 424, 429–431, 433, 435, 438, 442, 443, 450, 456–458, 460, 461, 471, 473, 475, 477–479, 483, 489, 491, 498

Bestimmungstabelle nach Strichfarbe und Härte

Härte	Strichfarbe					
	weiß-weißlich	silber-weiß	gelb-gelblich	orange	rosa	rot-rötlich
1–2	17–39, 132, 224, 248, 252, 255, 256, 393, 394, 396–399		129, 131, 133, 134, 183, 251, 393	181, 183	210	182, 210
2–3	39–55, 139–141, 170–172, 189, 211, 227, 229, 262, 309, 310, 311, 312, 319, 323, 398, 402, 403, 444, 484	4, 5, 363	7, 119, 129, 133, 135–138, 169, 188, 259, 260, 267, 326	187, 188	210, 211	177, 184–186, 210
3–4	56–73, 142, 145–147, 151–153, 174, 190–194, 211, 212, 232–234, 236, 270, 272, 310, 315, 317, 318, 320, 321, 325, 329, 330, 395, 401, 405, 445, 447, 452, 481, 485, 487, 489, 490		142, 143, 148–150, 175, 191, 269, 270, 315–317, 320, 322, 324, 325, 327, 329, 445, 481, 485	406	211	195, 196
4–5	74–84, 157–160, 164, 213, 214, 236, 276, 280–282, 310, 331, 338, 411	9	156, 197, 269	156, 197, 332		454
5–6	85–105, 112, 155, 161–164, 199, 200, 202, 204, 215, 235, 237–239, 283, 286, 287–291, 333, 337, 339, 343–345, 348, 408, 412–417, 421, 459, 461, 463, 466, 468, 470, 486, 495, 543, 545, 546, 551		154, 198, 235, 334–336, 348, 409, 462, 482, 488			201, 435, 436, 437
6–7	106–114, 161, 164–166, 200, 205–207, 216, 217, 219, 236, 241, 242, 292–302, 340, 346, 347, 349, 351–357, 418–420, 422, 424, 426, 438, 461, 477, 478, 491, 495, 498, 500, 503, 504, 525, 526, 528–530, 534, 536, 544		438, 499			201, 203, 207
7–8	115–117, 167, 168, 176, 208, 220, 244–246, 303, 305, 306, 355, 358–360, 427, 479, 516–523, 525, 527					
8–9	304, 428, 512, 514, 515, 524					
10	118, 513					

Strichfarbe						
blau-bläulich	**grün-grünlich**	**braun-bräunlich**	**grau**	**grün-schwarz**	**grau-schwarz**	**schwarz**
209, 221, 223, 225	225, 247, 249–251, 253, 254, 313, 362	442	2, 39, 361, 362, 441			221, 361, 441, 442
226, 228, 265	136, 228, 249, 257–267, 400, 404	267, 307, 326	3, 4, 7, 39, 172, 364, 365, 367, 369, 370, 372, 374, 383, 400, 404, 444		307, 366, 375	222, 367, 371, 373, 374, 376–380, 429, 430, 432
230, 243, 265, 271	123, 243, 264, 265, 268, 269, 271, 273, 275, 314, 448, 449	142, 191, 315, 316, 324, 328, 406, 445, 451	8, 270, 325, 381, 407, 447, 452, 481, 489, 490	124	123, 128, 308, 382, 446	124, 379, 384, 431, 446, 449, 483
277, 278	269, 277, 279, 284, 443, 456	279, 332, 453, 454, 460	385, 388, 454		12, 387	179, 379, 388, 443, 450, 453, 456, 460
238, 547	285, 342, 443, 467, 470	154, 180, 201, 334, 335, 341, 348, 386, 409, 434–437, 455, 457, 458, 460–462, 464, 465, 468, 469, 482, 488	215, 333, 337, 343, 344, 459, 463, 464, 466–468, 470, 488	342	10, 11, 13, 14, 16, 387, 390–392	15, 180, 342, 379, 386, 389, 433, 443, 455, 458, 460, 469
	474, 478	201, 203, 341, 435, 436–438, 440, 461, 472, 473, 476	295, 340, 349, 351–353, 356, 473, 474, 491	125, 127	471	379, 425, 440
	475		358, 478			

Bestimmungstabelle nach Mineralfarbe und Transparenz

Transparenz	Farbe					
	farblos	weiß-weißlich	gelb-gelblich	orange	rot-rötlich-rosa	violett
durchsichtig	17, 25, 29–31, 33, 35, 36, 39, 40, 42–46, 50, 51, 55, 57–59, 61, 66, 71, 73, 75–79, 85–89, 91, 93–95, 98, 99, 101–104, 107–109, 113, 115, 116–118, 142, 161, 205, 213, 232, 236, 237, 281, 283, 286, 291, 309, 312, 355, 402, 405, 419, 427	17, 25, 29, 30, 31, 33, 35, 36, 40, 42–47, 51, 55–59, 61, 66, 71, 72, 75–79, 85–91, 93–95, 99, 101–104, 107, 108, 110, 113, 115, 116, 140, 153, 157, 161, 162, 165, 205, 211, 213, 232, 236–238, 281, 291, 294, 309, 312, 321, 349, 393, 402, 405, 416, 419	17, 25, 31, 33, 35, 36, 39, 42–47, 51, 55, 56, 57, 59, 61, 72, 73, 75–79, 85, 86, 88–91, 94, 98, 103, 107, 113, 115, 116–118, 129, 131, 136, 140, 142, 153, 157, 161, 162, 165, 167, 172, 176, 188, 198, 205, 232, 236, 238, 246, 252, 281, 283, 286, 291, 304, 305, 309, 311, 312, 321, 328, 349, 355, 393, 403, 405, 427, 428, 518, 529	33, 129, 140, 172, 176, 181, 188, 355	31, 33, 36, 39, 40, 44–47, 51, 57–59, 61, 71–73, 75–78, 85, 88–90, 102, 103, 107, 116–118, 142, 157, 162, 172, 176, 181, 183–185, 188, 189, 198, 199, 202, 205, 208, 211, 213, 219, 232, 238, 246, 281, 283, 291, 305, 347, 349, 355, 428, 519, 527, 530	33, 46, 58, 61, 73, 208, 211, 213, 217, 219, 244, 281, 357, 530
durchscheinend	17, 25, 29, 30, 31, 33, 35–40, 42–46, 48, 51, 55, 57–59, 61, 66, 67, 71, 73, 75–81, 84–89, 91–94, 99, 101–105, 107, 108, 113, 115–118, 139, 142, 161, 205, 213, 232, 236, 237, 276, 281, 283, 286, 291, 309, 312, 355, 402, 405, 427	17, 18, 20, 23, 25, 27–31, 33, 35–38, 40–49, 51, 55–61, 63, 66–68, 70–72, 74–81, 83–94, 99–108, 110–113, 115, 116, 134, 139, 140, 146, 152, 153, 157, 159, 161, 162, 165, 193, 205, 206, 211, 213, 232, 236–239, 249, 255, 256, 272, 280, 281, 288, 291, 294, 301, 309, 312, 321, 349, 393, 395, 397–399, 402, 405, 414, 416, 486, 487, 495, 498, 501	17, 18, 23, 25, 27, 28, 31, 33, 35, 36, 38, 39, 41–48, 51, 55–57, 59–61, 67, 68, 70, 72–81, 84–86, 88–91, 94, 100, 103, 106, 107, 111–113, 115–118, 129, 131–134, 136–143, 146–150, 152, 153, 155–157, 159, 161–163, 165, 166, 168, 171, 172, 175, 176, 193, 197, 198, 203, 205, 232, 235, 236, 246, 248, 252, 255, 256, 270, 272, 280, 281, 283, 286, 291, 292, 295, 301, 304, 305, 309, 311, 312, 317, 321, 326, 328, 331, 332, 337, 349, 351, 355, 393, 397–399, 403, 405, 415, 417, 418, 420, 422, 427, 428, 438, 486–489, 495, 501	33, 129, 133, 140, 141, 143, 146, 147, 156, 170–172, 175, 176, 181, 280, 326, 332, 337, 355	28, 31, 33, 36, 39, 40, 44–49, 51, 57–59, 61, 67, 70–73, 75–78, 80, 81, 85, 88–90, 100, 102, 103, 107, 111, 112, 116–118, 142, 157, 162, 171, 172, 176, 181–186, 189, 192–194, 196–200, 202, 203, 205, 206, 208, 210, 211, 213, 219, 232, 235, 238, 246, 270, 280, 281, 283, 289, 291, 292, 295, 305, 324, 326, 337, 347, 349, 350, 351, 355, 395, 415, 417, 418, 420, 428, 486, 489, 495, 519, 536	33, 46, 58, 61, 73, 208–211, 213, 215–217, 219, 244, 281, 317, 544
undurchsichtig		1–5, 7–16, 19–22, 24, 26, 62, 63, 65, 69, 82, 92, 96, 97, 103, 111, 112, 154, 160, 179, 239, 249, 293, 310, 318, 320, 364, 380, 381, 387, 388, 392, 396, 399, 486, 487, 500	7, 19–22, 24, 62, 69, 97, 103, 111, 112, 118, 119, 123–125, 127, 128, 135, 141, 142, 149, 154, 155, 160, 166, 197, 203, 235, 292, 320, 322, 326, 329, 330, 332, 335–337, 341, 384, 396, 399, 415, 418, 420, 438, 459, 481, 486–489, 491, 499, 500	135, 141, 169, 326, 332, 337	4, 19, 21, 22, 103, 111, 112, 118, 135, 142, 154, 177, 179, 180, 184, 187, 189, 195, 197, 201, 203, 207, 219, 235, 292, 293, 324, 326, 337, 350, 371, 386, 406, 415, 418, 420, 429, 435, 486, 489, 499, 500	209, 215, 219, 371

Farbe				
blau-bläulich	**grün-grünlich**	**braun-bräunlich**	**grau**	**schwarz-schwärzlich**
33, 57, 58, 61, 73, 79, 87, 93, 107, 117, 118, 229, 232, 236–238, 244, 246, 250, 305, 355, 416, 428, 470, 517	36, 61, 73, 78, 79, 90, 93, 94, 98, 101, 103, 104, 108, 117, 118, 136, 142, 153, 157, 162, 165, 172, 211, 213, 236–238, 250, 252–254, 257–259, 262, 266, 268, 269, 277, 281, 283–286, 290, 291, 294, 299, 300, 302–306, 311, 313, 344, 349, 355, 357, 402, 403, 407, 444, 517, 518, 529, 551	25, 31, 36, 39, 40, 47, 51, 57, 59, 61, 71, 72, 79, 90, 91, 116, 129, 140, 142, 157, 161, 162, 176, 189, 198, 205, 219, 246, 269, 283, 291, 299, 309, 311, 312, 313, 321, 328, 344, 347, 349, 355, 357, 359, 393, 403, 416, 427, 428, 444, 477, 534	31, 35, 36, 39, 42, 43, 44, 56–59, 61, 66, 71, 76, 79, 85–87, 89, 93, 94, 102, 107, 108, 113, 118, 142, 153, 165, 172, 184, 185, 205, 211, 236–238, 244, 283, 290, 294, 309, 311–313, 321, 357, 393, 402, 403, 405, 407, 416, 419, 427, 428, 534	39, 118, 142, 162, 184, 198, 219, 246, 269, 286, 299, 313, 321, 344, 359, 402, 405, 407, 416, 444, 470, 477
33, 57, 58, 61, 68, 73, 79, 87, 93, 105, 107, 117, 118, 209, 216, 223, 225–230, 232, 235–239, 244–246, 250, 263, 265, 272, 280, 305, 338, 351, 355, 416, 422, 428, 470, 495, 501, 544	23, 28, 36, 61, 68, 73, 78, 79, 90, 93, 94, 101, 103, 104, 108, 112, 117, 118, 136, 138, 139, 142, 146, 153, 157, 159, 162, 163, 165, 166, 168, 171, 172, 175, 206, 209, 211, 213, 216, 228, 236–239, 248–259, 261–263, 265–273, 275–281, 283–292, 294–306, 311, 313, 317, 324, 333, 338, 344, 349, 351, 353, 355–357, 398, 402, 403, 407, 412, 414, 415, 444, 452, 467, 488, 489, 495, 545	25, 31, 36, 39, 40, 47, 49, 51, 57, 59–61, 68, 71, 72, 79, 81, 90, 91, 106, 111, 112, 116, 129, 132, 139–143, 146–148, 150, 152, 157, 161–163, 166, 170, 171, 175, 176, 189, 192, 198, 200, 203, 205, 206, 219, 246, 255, 256, 265, 267, 269, 270, 272, 283, 288, 291, 295, 299, 309, 311–313, 316, 317, 321, 324, 326, 328, 331–334, 337, 338, 340, 341, 344, 345, 347, 349–353, 355–359, 393, 394, 399, 403, 408, 412, 415, 416, 420, 424, 426, 427, 428, 438, 444, 447, 454, 462, 464, 477, 486–489, 501, 544	23, 31, 35, 36, 39, 41–44, 49, 56–61, 66, 67, 70, 71, 76, 79, 80, 83–87, 89, 92–94, 102, 107, 108, 111–113, 118, 142, 146, 153, 165, 171, 172, 184–186, 192, 205, 206, 210, 211, 228, 236–238, 244, 270, 280, 283, 290, 292, 294, 295, 301, 309, 311–313, 317, 321, 331, 340, 345, 357, 393–395, 397–399, 402, 403, 405, 407, 408, 412, 414–418, 420, 422, 424, 426–428, 438, 452, 486, 487, 495, 498, 501, 544	39, 112, 118, 142, 162, 184, 186, 198, 203, 209, 219, 235, 246, 269, 273, 275, 286, 295, 299, 313, 317, 321, 324, 332, 340, 341, 344, 356, 358, 359, 402, 405, 407, 416, 418, 424, 434, 438, 444, 447, 448, 452, 454, 462, 465, 467–470, 477, 489, 498
21, 69, 118, 209, 221, 222, 230, 235, 239, 241–243, 245, 265, 546, 547	19–22, 24, 103, 112, 118, 142, 160, 166, 209, 239, 247–249, 264, 265, 273, 278, 279, 282, 292, 293, 298, 314, 324, 329, 333, 343, 353, 356, 400, 406, 412, 413, 415, 443, 467, 475, 488, 489	19, 20, 69, 111, 112, 119, 123, 128, 135, 141, 142, 154, 166, 169, 180, 189, 201, 203, 207, 219, 265, 293, 307, 310, 314, 316, 318–320, 322, 324, 326, 330, 332–337, 340–343, 350, 352, 353, 356, 358, 396, 399, 404, 409, 412, 413, 415, 420, 424, 426, 429, 435, 438, 442, 449, 454, 455, 459, 462, 464, 473, 481, 486–489, 491, 499, 500	5, 8, 9, 12–16, 19, 20, 24, 82, 92, 111, 112, 118, 142, 160, 179, 180, 184, 195, 201, 222, 241, 292, 307, 319, 330, 340, 343, 361, 362, 364–367, 369–388, 392, 396, 399, 400, 404, 406, 409, 412, 413, 415, 418, 420, 424–426, 431, 432, 435, 438, 441, 443, 446, 451, 473, 481, 486, 487, 491	5, 112, 118, 142, 169, 184, 201, 203, 209, 219, 221, 235, 246, 273, 307, 310, 314, 324, 329, 332, 340–343, 356, 358, 365, 367, 372, 373, 376, 379, 380, 383, 400, 404, 406, 409, 413, 418, 424, 425, 429–435, 438, 440–443, 446, 448, 449–451, 453–462, 467–469, 471–476, 478, 479, 481, 489, 491

Mineralfundorte
(Auswahl)

Bei jedem Fundort sind die Ziffern der wichtigsten Minerale angeführt – die Ziffern der **abgebildeten Minerale** sind fett gesetzt

Europa

Belgien

Berneau bei Lüttich 169
Vielsalm, Ardennen 176, 275

Bundesrepublik Deutschland

Altenberg bei Aachen **47**, 79, 280, 283, 411
Arnsberg, Westfalen 367, 374
Aschaffenburg, Spessart 358, 458
Auerbach a. d. Bergstraße 351, 433
Bad Ems bei Koblenz 270
Bad Grund, Harz 64, 73, 127, 315
Bad Harzburg, Harz 70, 287, 333, 452
Badenweiler, Schwarzwald 146, 153, 187, 270, 325
Baste bei Harzburg, Harz 333
Berchtesgaden, Salzburger Alpen 129
Betzdorf (Sieg), Siegerland 273
Blaue Kuppe bei Eschwege 61, 62, 63
Bleialf, Eifel 187
Bodenmais, Bayerischer Wald 76, 103, 206, **209**, 244, 308, 345, **472**
Brandholz bei Goldmühl, Fichtelgebirge 119, 389
Buggingen bei Müllheim, Baden 33, 35, 36, 224
Bühl bei Kassel 385
Celle, Niedersachsen 33, 35, 36, 224
Clausthal-Zellerfeld, Harz 325, 378
Dernbach, Westerwald **269**
Dollart, Niedersachsen, im Marschboden 42
Drachenfels, Pfälzer Wald 113, **420**
Drensteinfurt, Münsterland 64
Duingen bei Hildesheim 89
Dünsberg bei Gießen, Hessen 68, 272
Dudweiler bei Saarbrücken 17
Eifel 420, 444
Epprechstein bei Kirchenlamitz, Fichtelgebirge 117, 346
Erbendorf, Fichtelgebirge **296**
Eschersheim bei Frankfurt a. M. 159
Feldberg, Schwarzwald 142
Fichtelgebirge 400, 439
Freudenstadt, Schwarzwald 278
Gefrees, Fichtelgebirge **333**
Gengenbach, Schwarzwald 80
Giershagen bei Stadtberge 232
Göpfersgrün, Fichtelgebirge 111, 352
Grube Clara bei Wolfach, Schwarzwald 73, 144, 212, 234
Grube Charlotte, Clausthal-Zellerfeld, Harz 372
Grube Christian Levin bei Essen-Borbeck, Nordrhein-Westfalen 309
Grube Eleonora bei Siegen, Siegerland 148
Grube Friedrichssegen, bei Bad Ems 321
Grube Käusersteimel, Siegerland 177
Hagendorf, Ostbayern 47
Hagendorf, Oberpfalz 158, 469
Hamburg **394**
Haslach, Schwarzwald 86, 213
Hegau, Deckentuffe 444, 467
Heilbronn, Württemberg 33, 224
Helgoland **26**
Herdorf, Siegerland **409**
Hof, Bayern **556**
Hofsgrund, Schwarzwald **270**
Hohenkrähen, Hegau 95
Hohentwiel, Hegau 88, 420
Homboll, Hegau 22
Horhausen, Westerwald 269
Höwenegg, Hegau 75, 299, 360
Idar-Oberstein, Nahe 217
Jusi, Schwäbische Alb 299
Kaiserstuhl 80, 92, 213, 291
Katzenbuckel, Odenwald 291
Kinzigtal, Schwarzwald 415, 464
Kropfmühl bei Passau 441
Laacher See, Eifel 82, 92, 93, 162, **189**, 237, 238, **416**, 467
Laasphe, Siegerland 200
Lahn-Dill-Gebiet 201
Landshut, Bayern 19, 396
Lautenthal, Oberharz 200
Lauterberg, Harz 57, 58, 144, 234, 273
Leuchtenberg, Oberpfalz 212
Lindenbach bei Bad Ems 316
Lüderich bei Bensberg 143
Lüneburg, Niedersachsen **114**
Lützelberg, Kaiserstuhl **75**, **95**, **299**
Mechernich, Eifel 366, 401
Moschellandsberg, Rheinpfalz 1, 184, **393**
Müsen, Schwabengrube, Siegerland **387**
Nahe-Gebiet 83
Neubulach bei Calw, Schwarzwald 230, 273
Niedermendig, Eifel **187**, **238**, 355, 416
Nieder-Ramstadt, Bergstraße 388
Nördlinger Ries 161
Oberharz 401
Oberpfalz 20, 21
Oberrotweil, Kaiserstuhl 478
Oberstein, Nahe 70, 71, 77, 247
Odenwald 155
Pflasterkaute bei Eisenach, Thüringen 84, 90, 199
Radautal bei Harzburg, Harz 415, 418
Rammelsberg bei Goslar 227, 252
Rauschermühle bei Niederkirchen, Pfalz 294
Recht, Eifel 23
Reichenbach, Odenwald 177
Rheinbreitbach bei Bad Honnef a. Rhein 196
Richelsdorf, Hessen **392**
Röhrenhof, Fichtelgebirge 313
Rosenegg, Hegau 123
Sasbach, Kaiserstuhl 61, 62, 63
Schapbach, Schwarzwald 402
Schelingen, Kaiserstuhl 165, 334
Schwarzwald 57
Sendenhorst, Münsterland **64**
Sennelager bei Paderborn 161
Siegerland 12, 13, 124, 128, 317, 335, 370, 379, 429
Solnhofen, Fränkische Alb **442**
Spessart 312
St. Andreasberg, Harz 8, 10, 11, 38, **54**, 58, 71, 72, 76, 89, 128, **186**, **213**, 308, 363, 373, **380**, 381, 386
St. Wendel, Saar **505**
Staffel an der Lahn **159**
Stolberg bei Aachen 142, 316, **481**
Sundwig bei Iserlohn, Westfalen 207
Thannhausen, Bayern 396
Tiefengrün an der Saale 342

Dänemark

Deutsche Demokratische Republik

England

Finnland

Frankreich

Griechenland

Grönland

Irland

Island

Italien

Jugoslawien

Norwegen

Österreich

Polen

Portugal

Rumänien

Schweden

Schweiz

Sowjetunion – Europäischer Teil

Sowjetunion – Asiatischer Teil

Spanien

Tschechoslowakei

Türkei

Ungarn

Nordamerika

Kanada

USA

Mittel- und Südamerika

Afrika

Asien

Australien

Mineralregister

Die Zahlen geben die Nummern der Minerale an; kursivgesetzte Zahlen verweisen auf Textseiten

Sachregister

Literaturhinweise

In Anbetracht der Fülle der Literatur muß sich die folgende Aufstellung auf die wichtigen und neueren Werke beschränken. Der Leser findet jedoch in fast jedem der genannten Werke weitere Literaturangaben. Die Ordnung der angegebenen Titel erfolgte alphabetisch nach den Verfassernamen.

Bank, H.: Edelsteine und Mineralien. Alles & Brillant, Friedrichsdorf/Ts, 1970

Barth, Tom. F. W. u. **Correns, C. W.** u. **Eskola, P.:** Die Entstehung der Gesteine. Springer, Berlin/Heidelberg, 1970

Bauer, M. u. **Schlossmacher, K.:** Edelsteinkunde. Tauchnitz, Leipzig, 1932

Bentz, A.: Lehrbuch der angewandten Geologie. Enke, Stuttgart, 1961

Brauns, R. u. **Chudoba, K. F.:** Allgemeine Mineralogie (Sammlung Göschen Bd. 29/29a). Walter de Gruyter, Berlin, 1968

Brauns, R. u. **Chudoba, K. F.:** Spezielle Mineralogie (Sammlung Göschen Bd. 31/31a). Walter de Gruyter, Berlin, 1964

Bruhns, W. u. **Ramdohr, P.:** Kristallographie (Sammlung Göschen Bd. 210). Walter de Gruyter, Berlin, 1965

Bruhns, W. u. **Ramdohr, P.:** Petrographie (Sammlung Göschen Bd. 173). Walter de Gruyter, Berlin, 1966

Buchwald, E.: Einführung in die Kristalloptik (Sammlung Göschen Bd. 619/19a). Walter de Gruyter, Berlin, 1963

Caldo u. a.: Minerale bestimmen. Franckh, Stuttgart, 1974

Chudoba, K. F. u. **Gübelin, E. J.:** Echt oder synthetisch. Rühle-Diebener, Stuttgart, 1956

Chudoba, K. F. u. **Gübelin, E. J.:** Edelsteinkundliches Handbuch. W. Stollfuß, Bonn, 1974

Correns, C. W.: Einführung in die Mineralogie. Springer, Berlin/Heidelberg, 1968

Dana, L. u. **Hurlbut, S.:** Manual of Mineralogy. Wiley, New York, 1952

Deer, W. A. u. **Howie, R. A.** u. **Zussman, J.:** Rock Forming-Minerals, 5 Bde., 1962–1964

Desautels, P. E.: Minerale, Kristalle, Steine. Franckh, Stuttgart, 1974

Fischer, W.: Gesteins- und Lagerstättenbildung. Schweizerbart, Stuttgart, 1961

Handbuch der Physik, Bd. 25, Teil 1. Kristalloptik. Springer, Berlin/Heidelberg, 1961

Hartmann, K. u. **Binnewies, B.:** Edelsteine. Franckh, Stuttgart, 1975

Hiller, J. E.: Grundriß der Kristallchemie. Walter de Gruyter, Berlin, 1952

Hiller, J. E.: Die mineralischen Rohstoffe. Schweizerbart, Stuttgart, 1962

Huttenlocher, H. u. **Ramdohr, P.:** Mineral- und Erzlagerstättenkunde (Sammlung Göschen Bd. 1014/14a). Walter de Gruyter, Berlin, 1965

Kipfer, A.: Kleinmineralien. Franckh, Stuttgart, 1974

Kipfer, A.: Mineralindex. Ott/Franckh, Thun/Stuttgart, 1974

Kirsch, H.: Technische Mineralogie. Vogel, Würzburg, 1966

Kleber, W.: Einführung in die Kristallographie. VEB Verlag Technik, Berlin, 1965

Krebs, H.: Grundzüge der anorganischen Kristallchemie. Enke, Stuttgart, 1968

Kukuk, P.: Geologie, Mineralogie und Lagerstättenlehre. Springer, Berlin/Heidelberg, 1960

Lieber, W.: Bunte Welt der schönen Steine. Kosmos-Franckh, Stuttgart, 1972

Lieber, W.: Der Mineraliensammler. Ott, Thun/München, 1971

Machatschki, F.: Grundlagen der allgemeinen Mineralogie und Kristallchemie. Springer, Wien, 1946

Meyer, K.: Physikalisch-chemische Kristallographie. Verlag für Grundstoffindustrie, Leipzig, 1968

Nickel, E.: Grundwissen in Mineralogie. Ott, Thun/München, 1971

Pape, H.: Leitfaden zur Gesteinsbestimmung. Enke, Stuttgart, 1971

Pape, H.: Der Gesteinssammler. Franckh, Stuttgart, 1974

Ramdohr, P.: Die Erzmineralien und ihre Verwachsungen. Akademieverlag, Berlin, 1955

Ramdohr, P. u. **Strunz, H.:** Klockmann'sLehrbuch der Mineralogie. Enke, Stuttgart, 1967

Rath, R.: Theoretische Grundlagen der allgemeinen Kristalldiagnose im durchfallenden Licht. Springer, Berlin/Heidelberg, 1969

Schneiderhöhn, H.: Erzlagerstätten. G. Fischer, Jena, 1962

Schüller, A.: Die Eigenschaften der Minerale I. und II. Akademieverlag, Berlin, 1953 u. 1954

Schumann, H.: Einführung in die Gesteinswelt. Vandenhoek & Ruprecht, Göttingen, 1968

Schumann, W.: Steine und Mineralien. BLV, München, 1972

Schwahn, Ch. u. **Prokopowicz, O.:** Praktische Edelsteinkunde. Marhold, Berlin, 1963

Seim, R.: Minerale. Entstehung, Vorkommen, Bestimmung, Verwertung. J. Neumann-Neudamm, Melsungen, 1970

Streckeisen, A.: Minerale und Gesteine (Hallwag-Taschenbücherei Bd. 70). Hallwag, Bern/Stuttgart, 1962

Strunz, H.: Mineralogische Tabellen. Geest u. Portig, Leipzig, 1970

Tröger, W. E.: Optische Bestimmung der gesteinsbildenden Minerale. 1. Bestimmungstabellen, 2. Textband. Schweizerbart, Stuttgart, 1959 u. 1967

Vollstädt, H.: Einheimische Minerale, Verlag Theodor Steinkopff, Dresden, 1971

Webster, R.: Gems. Their Sources, Descriptions and Identification, 2 Bde. London, 1962

Weibel, M.: Die Mineralien der Schweiz. Birkhäuser, Basel/Stuttgart, 1966

Wild, G. O. u. **Biegel, K. H.:** Kleiner Wegweiser zum Bestimmen von Edelsteinen. Franckh, Stuttgart, 1950

Winkler, G. F.: Die Genese der metamorphen Gesteine. Springer, Berlin/Heidelberg, 1967

Woolley u. **Bishop** u. **Hamilton:** Der Kosmos-Steinführer. Franckh, Stuttgart, 1974

Zemann, J.: Kristallchemie (Sammlung Göschen Bd. 1220/20a). Walter de Gruyter, Berlin, 1966

Zeschke, G.: Mineral-Lagerstätten und Exploration. Enke, Stuttgart, 1970 (1. Bd.)